半導体・MEMSのための超臨界流体

博士(工学)	近藤　英一	編著
工学博士	上野　和良	
博士(工学)	内田　　寛	
博士(工学)	曽根　正人	
博士(工学)	生津　英夫	共著
工学博士	服部　　毅	
Ph.D.	堀　　照夫	
	森口　　誠	

コロナ社

まえがき

　本書を手にとった方は，おそらく「超臨界流体」か「マイクロエレクトロニクス」いずれかに興味のある方と思う（もちろん両方に興味のある方であれば心強いことこの上ない）。

　実のところ，超臨界流体のマイクロエレクトロニクス応用を考えるということは，現在の真空プロセスやウェットプロセスの弱点について考えるということにほかならない。また，すでに超臨界流体に興味のある読者にとっては，これまでの化学分野における応用とは異なる新たな視点について考えることになろう。その意味で本書はいずれの読者も対象としており，超臨界流体がマイクロ・ナノプロセスにおけるブレークスルーを切り開くに最適な媒体であると信じる執筆者によって成されたものである。

　「超臨界」とはものものしい語であるが，臨界点とは物質の状態が変わる特別な条件という物理学の用語で，超臨界流体とは気体と液体の区別がなくなる熱力学的な温度・圧力条件，すなわち「臨界点」を越えた状態を指す。超臨界流体の発見ははるか19世紀に遡り，工業では古く高圧蒸気などと呼ばれてきた。臨界点を越えた状態を「超臨界流体」として特別に意識するようになったのは比較的新しいことで，主に工学の化学分野においてのことである。

　超臨界流体の成書には優れたものがこれまでいくつか出版されているが，上記の事情もあり化学反応用途に関するものが主体であった。それらの書では溶媒としての作用や化学反応の特異性に力点を置いて内容が整理され，科学的また技術的にも高度な内容を含んでいる。その重要性に疑いの余地はなく，編著者も未だ大いに参考に与っているのであるが，動もすると幅広い範囲を取り扱うあまり，プロセスの実用の立場からの超臨界流体の性質や応用については導入的部分の記述が不足し，また大学専門分野の教養を前提とされることもまま

あって，わかりづらい面も見受けられたように思う。

　超臨界流体におけるナノレベルの優れた拡散輸送能と流体としてのマクロ的な振舞いの共存は，微細化の進む半導体プロセスや，ナノ〜センチにわたるさまざまな構造体が複合する MEMS においてこそ真価を発揮する。以上の信念から，本書では，乾燥，洗浄，堆積などの基本的なプロセスについての超臨界流体応用をまとめた。もちろん研究のつねとして，マイクロ・ナノエレクトロニクス分野でも，本書の範囲をはるかに越えた非常に興味深い応用事例が数多く報告されているが，あえて既存プロセスの代替を中心に絞り，丁寧な解説を行うように心がけたのは上記の理由による。

　そういうわけで，本書は超臨界流体の新しい応用の切り口を提供することを意図したものであるから，上記したように，すでにある程度知識のある諸兄にとっても，応用はもちろん基本的な事項の説明などについても新たな思わぬ視点が得られるものと思う。

　超臨界流体はすでに工業的に多く実用化されている媒体である。マイクロエレクトロニクス分野でも優れた最適の応用例は必ずあるはずであり，少品種大量生産から多品種少量生産への転換が求められている現在こそ，活用が必要であり，本書がそれを志す読者諸兄の一助になれば望外の慶びである。

　本書の企画はもともと，東京工業大学曽根正人先生によって着想されたものであり，閑居を決め込んでいた編著者に鞭撻の労をおかけしたものである。曽根先生には著者に名を連ねていただき，また，各分野で日本を代表する執筆者にご参加いただくことができた。文体の統一や加除・加筆，各著者の重複部の調整は編著者が行ったものであり，撰述の不備は編著者がその責を負うものである。

2012 年 7 月

弦信庵

目　　次

1. 超臨界流体とマイクロ・ナノプロセス

1.1　超臨界流体とは ………………………………………………………… *1*
　1.1.1　物質の三態と超臨界流体 ………………………………………… *1*
　1.1.2　超臨界 CO_2 流体の性質 ………………………………………… *9*
　1.1.3　CO_2 以外の超臨界流体 ………………………………………… *22*
1.2　マイクロ・ナノプロセスにおける超臨界 CO_2 のメリット ……… *25*
　1.2.1　乾　　　　燥 ……………………………………………………… *26*
　1.2.2　洗　　　　浄 ……………………………………………………… *28*
　1.2.3　流体としての特長 ………………………………………………… *33*
　1.2.4　反応場としての利用 ……………………………………………… *37*
　1.2.5　安全性・リサイクル性 …………………………………………… *39*

2. 半導体とMEMSの製造プロセス

2.1　半導体プロセス ………………………………………………………… *40*
　2.1.1　半導体集積回路の歴史と特徴 …………………………………… *40*
　2.1.2　半導体集積回路プロセス ………………………………………… *42*
　2.1.3　超臨界流体プロセスの半導体プロセス導入に関する考察 …… *51*
2.2　MEMSプロセス ………………………………………………………… *53*
　2.2.1　MEMSプロセスと超臨界流体への期待 ………………………… *53*
　2.2.2　MEMSプロセスの特徴と超臨界乾燥・洗浄 …………………… *55*

	2.2.3	貫通電極と薄膜堆積 ………………………………………………	59
	2.2.4	バイオMEMSへの期待 ………………………………………………	63

3. 超臨界乾燥

3.1	超臨界乾燥の原理と特長 ………………………………………………………	65
	3.1.1 パターン倒れの原因 ……………………………………………………	65
	3.1.2 ライン列（高密度パターン）のパターン倒れ ………………	66
	3.1.3 表面張力ゼロの乾燥 ……………………………………………………	70
	3.1.4 孤立レジストラインのパターン倒れ ………………………………	71
3.2	半導体プロセスへの応用 ……………………………………………………	73
	3.2.1 CO_2を用いた超臨界乾燥 ………………………………………………	73
	3.2.2 フッ素系化合物を用いた超臨界乾燥 ………………………………	75
3.3	MEMSへの超臨界乾燥応用 …………………………………………………	80
	3.3.1 超臨界CO_2乾燥 ……………………………………………………………	80
	3.3.2 超臨界HFE乾燥 ……………………………………………………………	82
3.4	超臨界乾燥装置 ………………………………………………………………………	84
3.5	レジストパターンの改質 ………………………………………………………	86
3.6	ま と め ………………………………………………………………………………	89

4. 超臨界流体を用いた半導体・MEMS洗浄技術

4.1	次世代半導体洗浄に超臨界流体を用いる背景 ………………………	90
4.2	トランジスタ形成工程（FEOL）への適用 ………………………………	91
	4.2.1 トランジスタ形成工程での洗浄の課題 …………………………	91
	4.2.2 超臨界CO_2によるフォトレジスト剥離・洗浄 ………………	93
4.3	多層配線工程（BEOL）への適用 …………………………………………	97

- 4.3.1 多層配線工程での洗浄の課題 ……………………………… 97
- 4.3.2 超臨界 CO_2 によるフォトレジスト剥離・エッチング残渣除去 ‥ 99
- 4.3.3 超臨界 HFE によるフォトレジスト剥離・エッチング残渣除去 ‥ 102
- 4.4 大口径ウェーハへの実用化に向けて ………………………………… 105
  - 4.4.1 超臨界 CO_2 によるパーティクル除去 ……………………… 105
  - 4.4.2 物理的な補助手段の活用 …………………………………… 106
  - 4.4.3 その他の課題 ………………………………………………… 108
- 4.5 MEMS 洗浄への適用 ……………………………………………… 108
- 4.6 おわりに ……………………………………………………………… 110

5. 多孔質薄膜と細孔エンジニアリング

- 5.1 低誘電率薄膜と多孔質化 …………………………………………… 111
  - 5.1.1 集積回路の高速化と多孔質薄膜 …………………………… 111
  - 5.1.2 多孔質薄膜と超臨界 CO_2 流体 …………………………… 112
- 5.2 多孔質薄膜の作製 …………………………………………………… 114
  - 5.2.1 ゾル・ゲルプロセスと超臨界乾燥 ………………………… 114
  - 5.2.2 ブロックコポリマーとテンプレート除去 ………………… 117
- 5.3 細孔エンジニアリング ……………………………………………… 119
  - 5.3.1 細孔形成・細孔内洗浄 ……………………………………… 119
  - 5.3.2 細孔改質 ……………………………………………………… 120
  - 5.3.3 細孔内吸着と拡散 …………………………………………… 122

6. めっきへの応用

- 6.1 めっき前処理 ………………………………………………………… 126
  - 6.1.1 高分子材料のメタライズ …………………………………… 126
  - 6.1.2 超臨界流体の特性と高分子内への化合物の注入 ………… 127
  - 6.1.3 超臨界流体を用いる繊維・プラスチックのめっき ……… 131

  6.1.4　めっき繊維の特徴・機能 ································· *135*
  6.1.5　プラスチック基板のメタライズ ························· *137*
 6.2　電気めっきへの応用 ··· *140*
  6.2.1　技 術 的 背 景 ··· *140*
  6.2.2　超臨界 CO_2 エマルジョン ······························· *142*
  6.2.3　超臨界 CO_2 エマルジョンの電気伝導性 ················ *143*
  6.2.4　SNP による金属皮膜 ······································· *144*
  6.2.5　結晶粒の微細化 ··· *146*
  6.2.6　SNP の反応メカニズム ···································· *147*
  6.2.7　超臨界 CO_2 の役割 ······································· *148*
  6.2.8　SNP 法による多孔薄膜 ···································· *149*
  6.2.9　無欠陥で均一な金めっき薄膜 ····························· *150*
 6.3　無電解めっきへの応用 ·· *151*
  6.3.1　無 電 解 SNP 法 ·· *151*
  6.3.2　超微細孔への埋込み ·· *152*
  6.3.3　高分子表面のメタライズへの SNP 応用 ················ *155*
  6.3.4　半導体プロセスへの応用 ··································· *158*
  6.3.5　MEMS への応用 ·· *159*

7.　化学的薄膜堆積

 7.1　薄膜堆積プロセスの一般 ·· *163*
  7.1.1　　　PVD　　　　　　　　　　　　　　　　 ·········· *164*
  7.1.2　　　CVD　　　　　　　　　　　　　　　　 ·········· *165*
  7.1.3　液　相　法 ··· *166*
  7.1.4　薄膜堆積プロセスに求められること ···················· *167*
 7.2　薄膜堆積における超臨界流体の役割 ·························· *169*
  7.2.1　堆積媒体としての超臨界流体 ····························· *169*
  7.2.2　超臨界流体を用いるメリット ····························· *171*
  7.2.3　半導体集積回路・MEMS プロセスにおける位置づけ ········· *175*

7.3 装置構成 ……………………………………………………… 179
  7.3.1 密閉式 ………………………………………………… 180
  7.3.2 流通式 ………………………………………………… 180
7.4 金属膜堆積 …………………………………………………… 182
  7.4.1 堆積機構 ……………………………………………… 182
  7.4.2 段差被覆性と埋込み性 ……………………………… 188
7.5 絶縁膜堆積 …………………………………………………… 193
  7.5.1 原料化合物の溶解・再析出 ………………………… 193
  7.5.2 原料化合物の化学反応 ……………………………… 194
  7.5.3 反応装置 ……………………………………………… 196
7.6 まとめ ………………………………………………………… 198

8. 超臨界流体を用いたエッチング加工

8.1 従来のエッチング手法 ……………………………………… 199
  8.1.1 マイクロマシニングにおけるエッチング工程 …… 199
  8.1.2 ウェットエッチングとドライエッチング ………… 200
  8.1.3 等方性エッチングと異方性エッチング …………… 202
8.2 超臨界流体を利用したエッチング手法 …………………… 203
  8.2.1 構造体付着/破壊の抑制 …………………………… 204
  8.2.2 エッチング剤や反応生成物の除去 ………………… 206
8.3 超臨界中でのエッチング，洗浄，乾燥一貫処理 ………… 207
8.4 まとめ ………………………………………………………… 211

引用・参考文献 …………………………………………………… 212
索　　引 …………………………………………………………… 223

1章 超臨界流体とマイクロ・ナノプロセス

1.1 超臨界流体とは

1.1.1 物質の三態と超臨界流体

〔1〕**状態図** 物質のとる形態を物理的に分類すると，「気体」，「液体」，「固体」の3種類になり，これを物質の三態という。水（H_2O）でいうと，気体は「水蒸気」（湯気のことではない），液体はいわゆる「水」，そして固体は「氷」である。

二酸化炭素（CO_2）を例にとると，まず，空気には気体の CO_2 が含まれている。透明なので目で見ることはできないが，身近に存在している。ドライアイスは冷たい CO_2 の固体で，これも身近な物質である。

生ビールのサーバーの横に緑色のボンベがあるのを見かけるが，あの中に液体の CO_2 が入っている。それは読者には周知のことであろうが，液体の CO_2 はわれわれの生きている常温・常圧の世界には存在できないということに注意していただきたい。高圧に圧縮することで液化し，ボンベの中に保存しているわけである。ボンベから出ると気体に戻るのだが，その圧力を使ってタンクのビールを押し出しているのである。

純物質が気体，液体，固体のどの状態をとるかは，温度と圧力で決まる。これを地図のように領域分けして示した図を，「状態図」あるいは「相図」という。図 1.1 の CO_2 の状態図を見ると，常温（約 300 K）・常圧（1 気圧 = 0.1 MPa）†で

---

† メガパスカル。正確には，1 MPa = 9.87 atm。

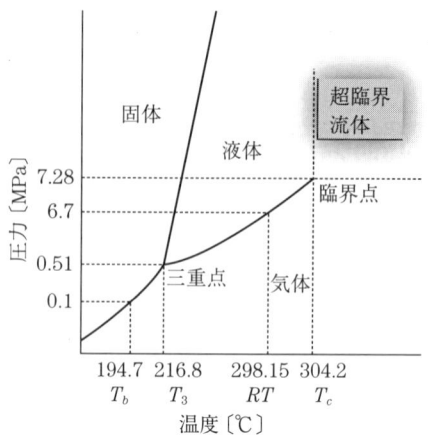

図 1.1 CO$_2$ の状態図

は気体であるということがわかる。常圧で温度を下げていくと固体, すなわちドライアイスになる。ドライアイスは 1 気圧では $-79°C$ 以下の極低温でのみ存在できる固体である。実際には, われわれは常温でドライアイスを扱うことができるが, 保管容器から取り出すとみるみる気化して消えてしまう。状態図はより正確には平衡状態図といい, 時間の概念を無視して物質が本来とるべき姿を分類しているのである。

　状態図中に引かれている線は, ちょうど地図における国境のように, 各態の存在領域の境界線を示している。国境の経度緯度を読み取るように, ある温度で気体から液体へと態が変わる圧力を読み取ることができる。

　気体と液体の境界線は他の二つの線と違って盲腸線になっている。この終点を臨界点という。国境に終わりがあるということはどういうことなのだろうか？それは, そこから先はどこにも属していないということであり, 状態図における臨界点を越えた状態, すなわち「超臨界」状態では, 物質は気体でも液体でもなくなった状態になる。液体でも気体でもなく, 両者の性質をそれぞれ少しづつ併せもつことになる。臨界点を越えた流体は圧縮しても液化せず, どんなに温度を上げても沸騰することはない。

　気体も液体も流体であるので, 超臨界状態でも流体となる。そこで超臨界流

体 (supercritical fluid) と呼ぶ。CO_2 の臨界点は 31°C・7.4 MPa (73 気圧) であるから,それ以上の温度・圧力で超臨界流体となる。温度については夏場であれば容易に到達する温度である。73 気圧以上というとずいぶんと高く感じるが,N_2 などのガスボンベの内圧は 15 MPa であるから,工業的には決して高い値とはいえない。**表 1.1** に種々の物質の臨界点を示す。

表 1.1　各種の物質の臨界点

物　質	臨界温度〔°C〕	臨界圧力〔MPa〕
二酸化炭素	31.2	7.38
水	374.3	22.1
メタノール	240.0	8.09
エタノール	240.8	6.14
アセトン	235.1	4.70
ヘキサン	280.5	4.07
アンモニア	132.6	11.3
亜酸化窒素（N_2O）	36.6	7.24

〔2〕　**臨界点と超臨界**　　超臨界現象は 1822 年に Cagniard de La Tour によって CO_2 において発見された[1]†。得られた臨界点は現在知られている値に近いものである。1869 年に Thomas Andrews により「critical point」の名称が用いられた[2]。当時は高圧のガスの挙動に大きな興味がもたれており,周期律表を考案したメンデレーエフも,シャルルの法則や,臨界温度についての研究を行っていた。なお,超臨界 CO_2 が溶解性を有し,圧力に応じて変化することは Hanny and Hogarth によって発見された[4]。

気体や液体を構成する分子は,熱エネルギーをもって運動している。気体分子は実質的に運動エネルギーのみをもち自由に動き回っており,その熱運動エネルギーは 1 自由度当り $kT/2$ のエネルギーをもち温度に比例する。液体は熱エネルギーのうちの一部が凝集エネルギー（分子間引力のつくる位置エネルギー）に分配されている。分子間凝集力の最も基本的なものはファンデルワールス力で,分子間距離の 6 乗に逆比例する。気体を圧縮すると分子間距離が縮まり,熱運動エネルギーの一部が分子間凝集エネルギーに転化し安定化すると気体は

---

†　肩付番号は,巻末の引用・参考文献の番号を表す。

液化する。気体がある温度（臨界温度）より高い場合には，加圧による凝集力より熱運動エネルギーが大きくなり，気体はいくら加圧しても液化せず，高密度の気体となる。これが超臨界状態である。この説明から明らかなように，超臨界流体では熱運動エネルギーが凝集エネルギーを上回っており，凝集相でないという意味で厳密にいえば気体である。臨界温度 T_c と気液変態温度，つまり沸点 T_b の間には絶対温度で

$$T_b = \frac{2}{3}T_c \tag{1.1}$$

の関係がほぼ成立することが知られている（グルベルグ則[6)†]）。

図 **1.2** に CO_2 の体積–圧力線図（p–V 等温線図）を示す。これは，一定の CO_2 量のまま，ある温度で体積を変えた場合の，温度と体積の関係を示したものである。例えば，ピストンに気体の CO_2 を入れ，圧縮していくとしよう。温度は 20°C として点 A から圧縮していくと，ボイル・シャルルの法則（$pV =$ const.）に従って，p が V に反比例する曲線をたどって圧力は上昇していく。この図は

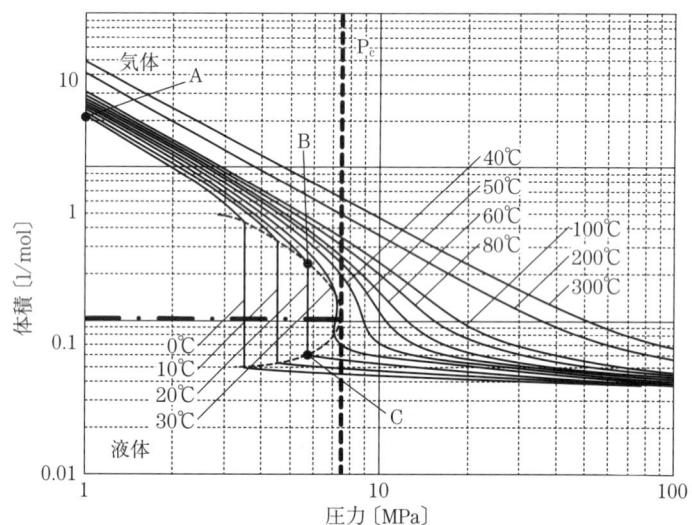

図 **1.2** CO_2 の体積–圧力線図（p–V 等温線図）

---

† C.M. Guldberg (1890)。

両対数グラフなのでその関係は直線となっている。点B（約6 MPa）に達すると，B–Cを結ぶ線（tie line）を左に移動して圧力一定のまま体積は急に減ずる。これが液化現象で，20°Cにおけるtie lineの圧力が，図1.1のp–T状態図における気液共存線の与える値になる。したがって，tie lineの上側ではCO_2は気体，下側では液体であり，このときピストン内では液体CO_2と気体CO_2が同じ圧力で共存し平衡状態にある。この圧力は20°CにおけるCO_2の蒸気圧に相当する。点Cを過ぎて圧縮を続けると，液体の圧縮率に従って体積は減少するが，液体の圧縮率は小さいから大きな圧力を要し，曲線（実質的に直線）の勾配は非常に大きくなる。

臨界温度で同じことをするとどうなるだろうか。このとき，気相側では最初はpがVに反比例するが，臨界圧力に近づくに従って少しずつ反比例則に従わなくなり傾きが小さくなる。tie lineは短くなり，平衡にある気体と液体の密度がたがいに近づいてくる。そして臨界点においてついに一致する（臨界体積）。つまり，気体と液体の区別は消失するわけである。tie lineの両端の軌跡がつくる山形は，各温度における気液の共存線を示している。この山の頂点より右の領域が超臨界流体である。

臨界温度より温度が離れると再び，完全ではないがほぼボイル・シャルル則に従うようになる。例えば80°Cではほぼ直線（両対数なので反比例関係）であることがわかるであろう。超臨界流体が基本的には「濃い気体」であるということはこのことからも理解できる。臨界温度よりやや上の温度，例えば40°Cでは，臨界体積付近における挙動をまだ少し保っている。

〔3〕 **超臨界流体の密度** ここで沸騰現象について考えてみよう。

容器に液体を入れて熱すると，その物質は気化し，そのときの平衡蒸気圧は温度で決まる。平衡蒸気圧が外環境の圧力と等しくなると，液体内部にも等しい圧が作用しているので，液体表面で気化した蒸気も，また液体内部で発生した蒸気も外圧と等しい蒸気圧をもつ。これを沸騰といい，そのときの温度を沸点という。

沸点以下の場合でも，気化は当然起きており，その（平衡）蒸気圧は状態図

上の気液共存線として与えられる。H_2O の平衡蒸気圧は，20°C で 2.3 kPa 程度と大気圧よりも低いので，その温度では沸騰せず，最大その圧力まで空気に「溶解」することができる。CO_2 の 20°C 平衡蒸気圧は約 6 000 kPa (0.6 MPa) であるので大気圧よりも高く，液体炭酸ガスは大気に取り出すとみるみる沸騰・蒸発してしまう。

閉容器で液体を加熱すると，液体に加わる圧力は自分自身の蒸気の圧力だけであるので，上記のような意味での沸騰は起こらない[†]。気液は分離したままであるが，気体は蒸気圧が高くなるので密度を増し，一方液体は加熱膨張により密度を減じていく。そしてついには気液の境目がなくなる。この状態が臨界状態である。

図 1.3 を見ると，臨界点に達していない亜臨界状態でも臨界点近くでは気相と液相の密度はかなり近いことがわかる。例えば，0°C では気体 CO_2 の密度は $\rho_G = 2.2\,\mathrm{mol/l}\,(= 97\,\mathrm{kg/m^3})$，液体 CO_2 の密度は $\rho_L = 21.1\,\mathrm{mol/l}$

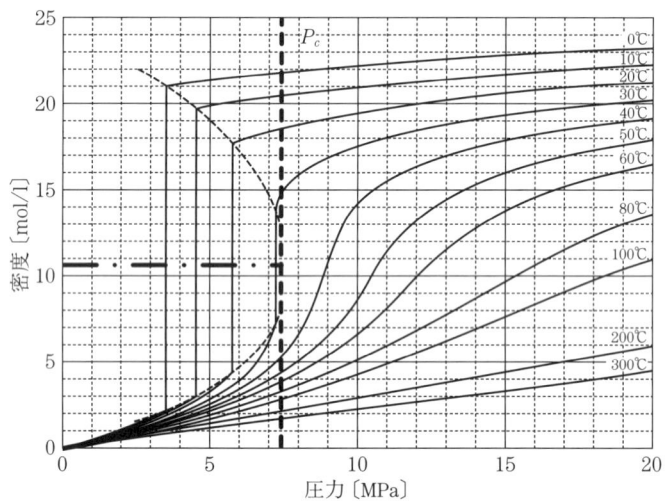

図 1.3　CO_2 の密度–圧力（ρ–p）線図

[†] 真空中での沸騰は，内部で発生する気体が液体の自重を押しのけるに足る蒸気圧を獲得したときに起こる。

($= 927\,\mathrm{kg/m^3}$) と 10 倍程度の差があるが,25°C では,$\rho_G = 5.5\,\mathrm{mol/l}$ ($=242\,\mathrm{kg/m^3}$),$\rho_L = 16.9\,\mathrm{mol/l}$ ($= 710\,\mathrm{kg/m^3}$) と 3 倍程度になり,臨界点の値 $\rho_c = 10.6\,\mathrm{mol/l}$ ($= 468\,\mathrm{kg/m^3}$) の 0.5〜1.5 倍にまで近づく。一般に臨界点における密度は,液体の密度の 1/2〜1/3 程度である。

図 1.4 に示すように臨界温度以下では,温度を決めると気体と液体の密度は一意に定まってしまうが[†],臨界温度以上では圧力と温度両方が密度を操作するパラメータとなる。臨界点よりすぐ上の 35°C まで加熱すると,臨界圧力を維持しても密度は $5.84\,\mathrm{mol/l}$ ($= 257\,\mathrm{kg/m^3}$) まで急激に下がってしまうが,10 MPa まで圧力を上昇すると $\rho = 16.2\,\mathrm{mol/l}$ ($= 712\,\mathrm{kg/m^3}$) まで増加する。このことは,曲線の傾きが非常に大きくなっていることからも定性的に理解できる。また上記の 25°C における $\rho_G = 5.5\,\mathrm{mol/l}$ ($= 242\,\mathrm{kg/m^3}$) と同じ密度は,100°C・12 MPa で得られ,同じく $\rho_L = 16.1\,\mathrm{mol/l}$ ($= 710\,\mathrm{kg/m^3}$) は 35°C・10 MPa

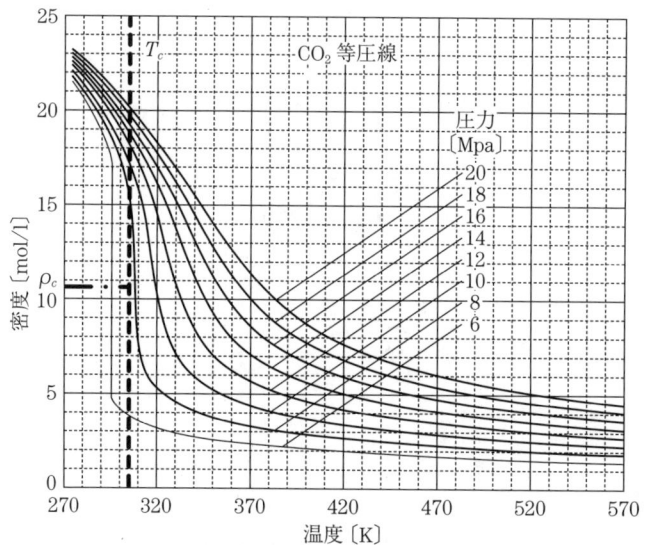

図 1.4 CO_2 の密度–温度 (ρ–T) 線図

---

† 自由度 $F = C + 2 - P = 1$ であるため。

で得られる†。

このように,臨界点近傍では液体,気体,超臨界流体の密度はたがいに大きく離れておらず,実際のプロセス上の観点からはほぼ等価とみなせることも多い。重要なことは,圧力や温度をパラメータとして流体の密度を大きく変化させることができるということである。そして,超臨界状態とすれば,単一相になるので均質な系を容易につくることができる。これが大きなメリットとなるといえる。

〔4〕 **添加物と臨界状態** 共溶媒などの添加剤を加え,2成分系とした場合には,2元系の状態図で考える必要がある。図 **1.5**[5)] に示す CO_2-アセトンの状態図においては,山形の右側(白印がつくる線の右側)は気相,反対側の黒印がつくる線の左側は液相を表している。臨界点は星印の点である。例えば 333 K において超臨界相を得るためには 8.8 MPa 以上に加圧する必要がある。

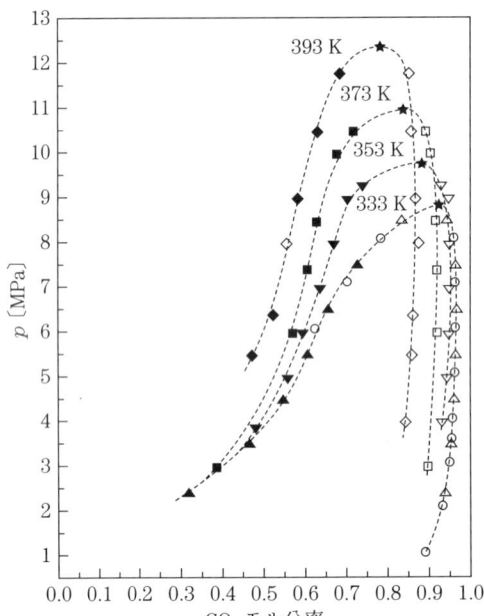

図 **1.5** CO_2-アセトンの状態図

---

† 自由度 $F = C + 2 - P = 2$ であるから,他の温度・圧力の組合せで得られる。

つまりCO_2の臨界温度・圧力以上であっても，第2成分が存在する場合は超臨界状態であるとはかぎらないのである．また，臨界点がおのおのの成分の値を維持して二つ存在するわけでもない．CO_2-アセトン系の場合，333 Kにおいて8 MPaの超臨界CO_2にアセトンを（少しでも）加えると熱力学的には気体になり，10%以上まで加えると気液に2相分離する．そのときの液体はCO_2を溶解したアセトンである．

　一般に添加成分が存在すると，分子間に働く誘引作用により液相を保とうとするので臨界点は上昇する．しかし，若干の成分を添加するかぎりでは，高密度な均一相（気体）は維持されるので，媒質としての多くの性質もそのまま維持される．そこで，熱力学的な臨界点には関係なく「超臨界流体」として取り扱い，添加物の効果が加わった媒体としてプロセスを考えて問題ない．複雑な系の場合，あるいは不安がある場合には，単一相であることを窓付きの高圧容器で確認するとよい．

1.1.2　超臨界CO_2流体の性質

　臨界点の存在は，前述のように古くから知られており，また大学の物理化学の教科書などには必ず記載されているごく基本的なことである．しかし，臨界点を越えた状態の性質や特徴については，一般にはあまり特別な注意は払われていないといえる．

　臨界点近傍では下記のような特異な物性が現れることが知られている[3]．
 (1)　熱容量，熱伝導度，粘度にピークが生じる．
 (2)　音速が極小となる．
 (3)　臨界点では表面張力や蒸発潜熱がゼロとなる．
 (4)　高密度，低粘性，高拡散性を有する．
 (5)　相互拡散係数が減少する．
 (6)　反応速度に極大が生じる．
 (7)　大きな溶解度差が得られる．

　臨界点を越えた流体を特別に「超臨界流体」として意識するのは工業の中で

も比較的最近の動きである。特に，臨界点前後での特殊な作用や性質の変化に積極的に着目してプロセスを行う分野でこのように呼称されることが多いようである。これに対し，例えば，発電用の熱水や水熱合成反応の環境は超臨界状態であることも多く，また高温高圧の超臨界 NH_3 を用いる反応もあるが，いずれも必ずしも超臨界流体という用語が用いられるわけではない。

さて，そのような「超臨界流体」の世界で，実用あるいはそれに近いレベルで用いられている流体は，CO_2 と H_2O である。本書では超臨界 CO_2 の応用を中心に述べるので，まず，超臨界 CO_2 を例として超臨界流体の特徴と物性を概観する。

なお，上記の性質は臨界点近傍で発現するものであることには注意する必要がある。実際の超臨界流体プロセスは，温度・圧力が臨界点から離れて行われることもある。その場合は，温度・圧力に応じ，臨界点近傍の物性値よりも気体ないし液体に近い値をもつようになる。

〔1〕 溶媒作用

（a） 溶解現象　　原子間あるいは分子間には，弱いながらも，引力が働いている。引力の正体は主には静電相互作用，つまり電気的引力である。不活性ガスのような本来中性の単原子の場合でも，原子がたがいに接近したとき，原子を取り巻く一番外側の電子が少しだけ移動し，電荷の不均一つまり分極を起こす。分極すると静電引力は容易に作用する。分子の場合，原子同士が結合しているが，化学結合は電子の移動そのものであるので，分子内の電子分布は不均一となり，分子全体では大きな分極が現れる。

さて，溶媒に溶質が溶ける現象は，基本的には二つの段階に分けて考えられる。まず，単純に，溶質と溶媒の分子がほとんど相互作用なく，勝手にランダムになる状態である。これは，例えば窒素に酸素が「溶けて」空気ができる現象と同じである[†]。その場合の駆動力は，ランダムな熱運動である。

それに加えて，溶媒と溶質の分子に引力的相互作用がある場合，つまり溶質分子（あるいは原子）同士が隣接しているよりも，溶媒分子との相互作用がよ

---

† ラウール則。

り強い場合には，溶媒中に溶質分子が存在したほうが有利となる。例えば砂糖（ショ糖）の分子は単分子となって水の分子と近接していたほうが有利であるので，塊にならず水に溶解するわけである。

一般に溶解として理解されているのは，後者の原理に基づくものであろう。しかし，超臨界流体への溶解現象についてはしばしば両者が混同されるように思えるので，あえて記載した。

さて，後者の溶解現象についてもう少し詳しく考えよう。溶質分子が分極している場合には，溶媒分子間および溶質溶媒分子間の相互作用はより強く働く。また，密度が高いと単位体積当りの分子数が増えるので，溶質分子により多くの溶媒分子が作用し，溶媒能力は大きくなる（溶媒和）。したがって，大雑把にいって，溶媒の能力は分子の分極と密度の積として表されることになる。このことから，気体の溶解力は強く，液体の溶解力は強いことがわかる。

CO_2 分子は弱いながらも分子内では分極しているので（ただし分子全体としては双極子モーメントはゼロ），液体や超臨界状態の CO_2 はマイルドな溶媒になる。H_2O は，分子全体として強く分極しており（双極子モーメントが大）強い溶解力をもつ。N_2 や Ar は超臨界状態でも溶媒としての作用がない（後述のように，超臨界 Xe 流体には溶媒作用があることが知られている）。

ところで臨界点近傍（$T \sim T_c$）では，分子は気体と液体の性質を併せもっているので，溶媒分子の密度の粗密のゆらぎは非常に大きい[†1]。このような状態の溶媒に溶質分子を入れると，溶質分子のまわりに溶媒分子が集まり「クラスタ」を形成し溶媒作用が発現する。このクラスタリングの密度は溶質分子から遠く離れた溶媒分子のバルク密度の数倍になることもある[†2]。また，クラスタによる密度の局所増大は密度が凝集した分だけ全体の体積を減少させる。

フルオロカーボン，フルオロシリコンなどのフッ化有機化合物は通常の溶媒には難溶であるが，超臨界 CO_2 流体にはよく溶解することが知られている。シ

[†1] つまり，気体的な分子は容易に液体的な分子になり，そのため臨界点近傍では等温圧縮率が大きい。$T > T_c$ では密度は均一になり，等温圧縮率は小さくなる。
[†2] 溶質分子の存在で局所的に臨界点に近づいたのと同じ効果が生じたことになるといえる。

リコーンのような低蒸気圧の油類の洗浄には最適な媒体である。

誘電率は分子の分極とその密度にほぼ比例するので (5.1.1 項), 誘電率は溶媒の能力を示す指標となる。溶媒の誘電率の増大は反応速度を大きく変化させる。

(b) ヒルデブラントの溶解度パラメータ ヒルデブラントの溶解度パラメータ δ は溶解度の目安となる値で, δ の似通ったものはたがいによく溶解する。δ は凝集エネルギー（実質的に気化熱）を $-E$, モル体積を V_M として

$$\delta = \sqrt{-\frac{E}{V_M}} \tag{1.2}$$

で与えられる。δ は歴史的に $(\mathrm{cal}/(\mathrm{cm})^3)^{1/2}$ の次元で用いられ, 以下でもその単位を用いる†。

溶解度パラメータでは, 分子の凝集力は分子間力のみとして取り扱われているので広く適用するには限界もあるが, 超臨界 CO_2 の場合には水素結合など分子間力以外の力は作用しないからよい目安となる。超臨界 CO_2 流体の溶解度パラメータを図 **1.6** に示すが, つぎの近似式[7]も簡便である。

$$\delta = 1.25 P_c^{1/2} \frac{\rho_{\mathrm{rsf}}}{\rho_{\mathrm{rl}}} \tag{1.3}$$

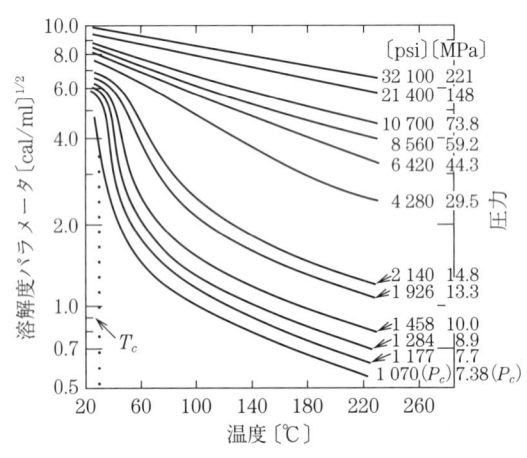

図 **1.6** 超臨界 CO_2 流体の溶解度パラメータの温度・圧力依存性 (1 psi = 6 894.757 29 Pa)

---

† 最近は SI 単位も使用される。SI 単位の場合には $(\mathrm{J}/(\mathrm{m})^3)^{1/2} \equiv (\mathrm{MPa})^{1/2}$ であり, $(\mathrm{cal}/(\mathrm{cm})^3)^{1/2}$ の値を $\sqrt{4.19} = 2.05$ 倍した値になる。

ここで、$P_c^{1/2}$ は臨界圧力（atm）の平方根で「化学効果」を表し、ρ_{rsf}/ρ_{rl} は「状態効果」を表す。ρ_{rsf} は超臨界流体の「換算密度」（reduced density）で、ある温度圧力における超臨界流体密度 ρ_{sf} を臨界点における密度 ρ_c で規格化したものである。また、ρ_{rl} は液体の通常の融点密度を沸点に対する密度で定義される。

さまざまな流体について $\rho_{rl} = 2.66/\rho_c$ と近似できるので、超臨界流体の溶解度パラメータとして、つぎの簡易式が得られる。

$$\delta = 0.47 P_c^{1/2} \rho \tag{1.4}$$

例えば、35°C・8 MPa では、$\delta \sim 1.8$ となり、臨界点付近では図 1.6 から読み取る値（約 3.5）と少しずれている。おおまかな目安としては有用である。ρ は、温度圧力に依存するので、明らかに δ は温度・圧力の関数となる。

実際の溶質の溶解度については、臨界点のごく近傍では溶解度が急激に増加することが知られている。これは、溶質–溶媒間の相互作用のためである（前述）。図 1.6 に超臨界 CO_2 流体の溶解度パラメータを示す。

ナフタレンは非分極の芳香族有機物で、超臨界 CO_2 によく溶解するので、溶解度の挙動を見るモデル物質としてよく利用や引用がされる。図 1.7（a）に超臨界 CO_2 に対するナフタレンの溶解度を示す。加圧とともに溶解度は増加する。温度依存性（図（b））を見ると、臨界圧力近傍での溶解度変化が大きいことがわかる。密度の圧力・温度依存性（図 1.3、図 1.4）と対応していることがわかる。

（c）**温度・圧力の影響** 簡単のため固体ないし固体様の物資の溶解を考える。溶質の濃度 x は

$$\ln x = \frac{\Delta H_f}{R} \left(\frac{1}{T_f} - \frac{1}{T} \right) \tag{1.5}$$

で与えられる。ここで ΔH_f はモル融解熱、T_f は溶質物質の融点、T は溶媒濃度である。この式はクラウジウス・クラペイロンの式あるいは飽和蒸気圧の式に由来し、定容条件で溶媒–溶質間に相互作用がないなどのごく簡単な理想溶液

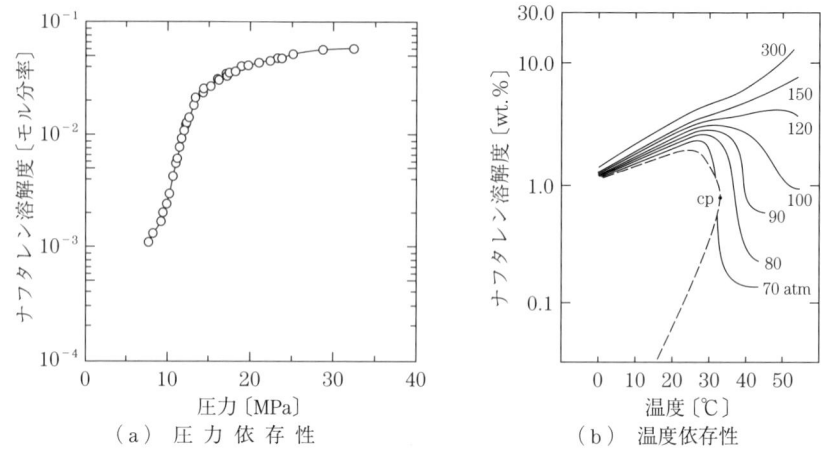

図 1.7 ナフタレンの溶解度の圧力・温度依存性

で成立する式で，温度が上がると物質が固体から脱離しやすくなり，溶媒中に混入し溶解量が増加することを示している。

しかし前述したように，超臨界流体の溶媒能は密度に依存し，温度や圧力の関数となる。温度が高くなると密度が低下するため，溶解度は下がる。そのどちらが支配的かは温度領域によって異なり，つぎのような式で与えられる。

$$\ln s = \frac{a}{T} + b + k \ln \rho \tag{1.6}$$

ここで s は容量モル濃度で表した溶解度，ρ は流体密度，a, b, k はパラメータである。これを Chrastil 則[8]といい，溶解度ミニマムの温度が現れる。

図 1.8 に，溶解度の圧力・温度依存性の模式図を示す。領域 A–B はやや概念的で，圧力とともに媒質密度は増加するが，溶媒–溶質相互作用が小さく，溶解度が低下することを示している。領域 B–C では，圧力とともに溶媒和が強くなり，溶解度が増加する。

温度依存性においては，全体的な傾向として温度とともに溶解度が増加するのは，先のラウジウス・クラペイロンの式で見たとおりである。しかし，領域 P–Q では媒質の密度のみが主に増加するため溶解度が減少する。領域 Q–R では，溶解量が再び温度とともに増加する。

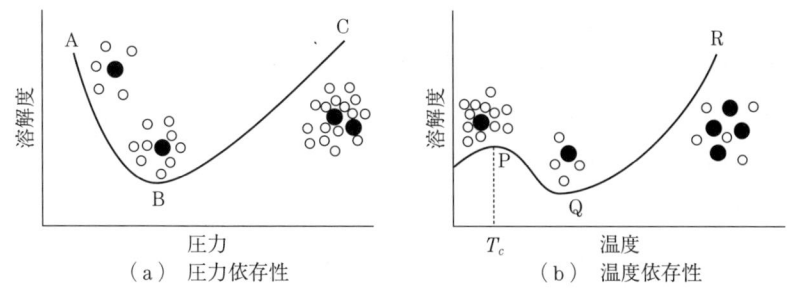

図 1.8 溶解度の圧力・温度依存性の模式図

(d) 反応速度への影響 溶媒が化学反応速度に影響することはよく知られている．構造的に単純な溶質分子同士の反応を考えたとき，CO_2 のように不活性な溶媒の場合，溶媒和により各溶質分子が溶媒分子に囲まれると，基本的には反応は阻害されると考えてよい[†]．つまり，反応が進行するためには溶媒分子が外れて相互作用しなくてはならない．

一方，反応生成物分子が溶媒によく溶解する場合には，系全体としては反応が進行したほうが有利となる．したがって，溶質分子と反応生成物の溶解しやすさが全体の反応平衡を決めるうえで重要になり，溶解度パラメータはそれを測る尺度となる．例えば，溶媒 S 中の反応

$$A + B \rightarrow C$$

で，おのおののモル体積 V と溶解度パラメータ δ に対し

$$V_C(\delta_C - \delta_S)^2 - V_A(\delta_A - \delta_S)^2 - V_B(\delta_B - \delta_S)^2$$

が小さいほうが反応は進みやすくなるから，$\delta_C \sim \delta_S$ つまり反応生成物がよく溶解するほうが反応は進みやすい．反応途中（遷移状態）で生じる中間体についても同様である．

超臨界 CO_2 中の反応の場合，上記に加え，良好な拡散（あるいは低粘性）が反応増速に及ぼす効果も非常に重要になる．この拡散は，拡散律速反応のよう

[†] 「かご効果」により周囲からの熱エネルギーを受け取りやすくなる効果自体は反応速度を増加させる．また，溶媒の配位により分子の構造が変わり，あるいは遷移状態が安定化されて反応が促進される場合もある．

なマクロ的な意味だけでなく，ミクロ的なレベルでもいえることで分子同士の接近についても当てはまる。超臨界流体中ではクラスタリングは部分的で分子の散逸が競合し，一方密度は高く維持されているので，その分反応の確率が高まる。**図1.9**は，超臨界CO_2流体中でRhやRu触媒を用いてCO_2の水素化を行った反応速度の例である。説明の詳細は省略するが，ほぼ同一の温度・密度でも超臨界流体CO_2中での反応速度は有機溶媒中に比べてはるかに高いことがわかる[12]。

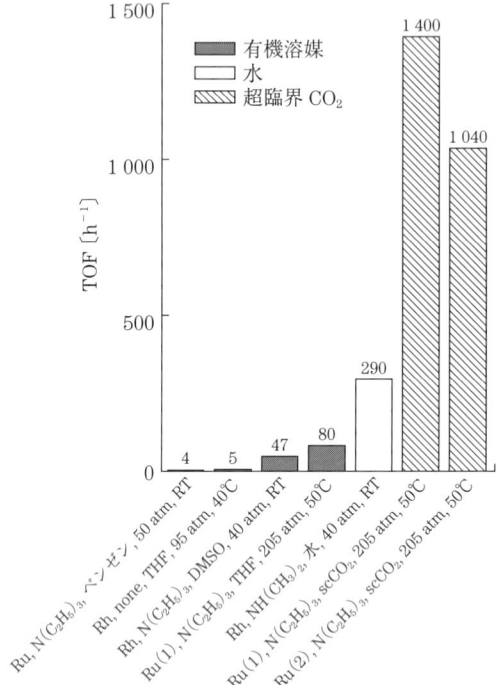

図 1.9 超臨界 CO_2 流体中の反応増速

（e）表 面 吸 着 本書が対象としている半導体やMEMSのプロセスは表面プロセスが主であり，超臨界CO_2中に溶解している溶質分子の表面吸着は重要である。気体分子が表面に吸着される場合，吸着量θは一般的には下記

のラングミュア吸着等温式で表される。

$$\theta = \frac{Kp_\mathrm{a}}{1+Kp_\mathrm{a}} \tag{1.7}$$

ここで，p_a は分子 A の分圧，K は平衡定数である．この式から，全圧が増加すると吸着量が増加すること，また p_a が上昇すると吸着量が増加することがわかる．一般に吸着反応は発熱反応であるので（吸着熱は正），温度が上がると K は低下し吸着量は減少する．

しかし超臨界流体中では逆に，圧力が上昇すると溶質の吸着量は減少し，温度が上がると増加する特性を示すことが知られている．これは，圧力が増加するとクラスタリング・溶媒和により超臨界流体の溶解能力が増し，溶質が流体中に優先的に分配され，一方溶媒分子自体は表面に吸着して溶質の吸着を阻害するためである（図 **1.10**）．

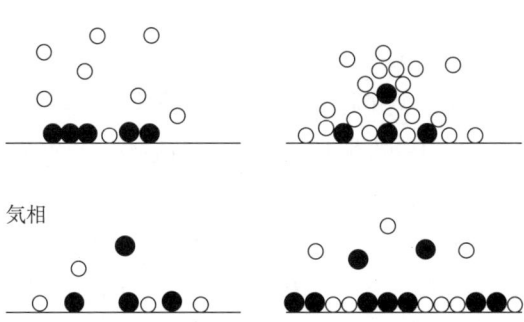

図 **1.10** 超臨界流体中と気体中の競争吸着の模式図

例えば，カーボングラファイトへのエチレンの吸着量の圧力・温度依存性[10]を見ると，臨界点以下の気相領域では圧力の上昇に伴い吸着量が増加し，また温度上昇につれて減少している（図 **1.11**）．特に臨界点直下では多層吸着が起こるため吸着量は増加する．しかし，臨界点を越えた領域では逆の挙動も示す．多層吸着層は液化層と同様の性質を示すので消滅し，吸着量は減少する．またクラスタリングにより溶媒分子が安定化するので表面との相互作用は相対的に

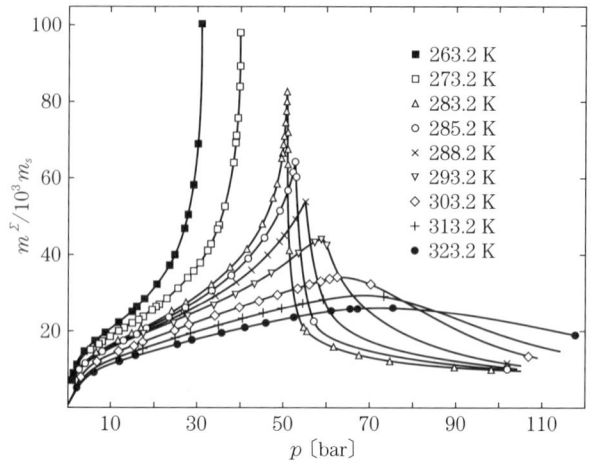

図 1.11　カーボングラファイトへのエチレンの吸着

弱くなる。温度上昇による密度低下と圧力上昇による密度上昇の相殺が複雑な挙動を示す。

　超臨界流体中の溶質分子については，溶媒効果とともに考える必要がある。圧力が高くなると，密度が増加して溶解力が大きくなるため，溶媒と溶質の相互作用が強くなって溶質の吸着は弱められる。同時に，全体の密度は増加するため CO_2 が基板に配位し，結果的に溶質の吸着量は減少するといえる。

〔2〕　**表面張力がゼロ**　「超臨界流体には表面張力がない。そのため優れた浸透力をもつ。」これはよくいわれることで誤りではないが，やや正確性を欠く。

　表面張力は，表面（界面）があることによって発生する。その起源は液体分子の不連続性[†]，要は表面より上には分子が存在しないことにある。液体内部の分子同士はたがいにまわりを囲んでいるが，最表面の分子は結び付き合う相手がないので，自分自身同士がより強く結合しようとする。化学結合のエネルギーは，誘引相互作用で位置エネルギーと同じである。結合ができることは位置エネルギーが低下することで，表面の原子は結合相手がないのでエネルギー的に

---

　†　固体でも同じであるが，いま液体を考える。

1.1 超臨界流体とは

高い状態にある。つまりエネルギー余剰となっていて，そのエネルギーを表面エネルギーという。表面エネルギーの単位は J/m^2 であり，余剰エネルギーがつくる仕事によって生じる力が表面張力である。表面張力の単位は N/m であり，表面エネルギーと同じ次元をもち，値も同じになる。表面張力の値そのものは物質に依存し，温度とともに低下する。

くどくどと表面張力について述べたが，ここで大切なことは表面張力は表面があるから生じるということで，つまり液体と気体の界面がなければ生じることはない。気体のみあるいは液体のみしかない場合には表面張力はそもそも存在しないのである。したがって超臨界流体中でも表面張力は存在しない。より正確には，定義できないといえる。

さて，われわれが大気中で取り扱う際，液体は必ず表面をもつ。液体と気体が共存するから当然である。いま，軽石やスポンジのような多孔体中に水をしみ込ませることを考えよう。多孔体内にはすでに気体が入っている。それを外側から水で置換しようとすると，先に存在する気体と水との間に液面ができることになる。その液面には表面張力が作用するので，液体を押し戻して細孔内への浸入を阻害する。

一方気体を「しみ込ませる」場合にはそのような問題は起こらない。すでに空気が存在している細孔内に別の気体（例えば Ar）は容易に置換する。この例から単一相であるかぎり表面張力は発生しないことがわかる。気体が充填している細孔内に超臨界流体が容易に侵入するのは，気体が超臨界流体に溶解する場合についてであり，すでに存在する気体に対して流入する超臨界流体の量は圧倒的に多く（かつ，その際気体も高圧になりおそらくは超臨界状態となり），超臨界状態を保ったまま元の気体は溶解する。

液体同士の場合でも，たがいに混和する場合は同様である。すでに液体（例えばエタノール）が充填されている細孔内に別の液体（例えば水）を置換する場合，流体の移動のしやすさは別として，少なくとも表面・界面がないという意味では表面張力の影響はない。

細孔内に存在する液体を超臨界 CO_2 で置換する場合には，液体と超臨界流体

がたがいに混和して単一相をつくる必要がある。エタノールは超臨界 CO_2 によく溶解するので，すでにたがいに分離することなく単相のまま超臨界 CO_2 が細孔に進入することになる。

〔3〕**高拡散性と低粘性**　超臨界流体の拡散係数は液体よりも高く，粘性は液体よりも小さい。つまり，さらさらの流体である。これには，密度と分子間相互作用の両者が関与している。臨界点近傍においても超臨界流体の密度は液体より低いからその分，分子は自由に運動できて拡散しやすくなる。

拡散現象は，ランダムに熱運動する分子が全体として濃度の高い領域から低い領域に移っていくことである。拡散しやすいということを単に拡散係数が大きいと考えると本質を見誤る。物質の実際の移動量である拡散流束で考えなくてはならない。拡散が起こりやすいということは，分子が他の分子にぶつからず自由に空間を運動でき，かつ，その空間内に分子が高濃度で存在するということである。つまり，拡散係数 D〔m^2/s〕と密度 ρ〔kg/m^3〕の積 $D\rho$〔$kg \cdot m/s$〕で評価を行う必要がある。

図 **1.12** に気体，液体，超臨界流体の $D\rho$ 積（拡散流束）を概念的に示した。気体は拡散係数は大きいが密度が小さ過ぎ，$D\rho$ 積は小さい。液体は逆に，密度は大きいが拡散係数が小さ過ぎ，$D\rho$ 積は小さい。超臨界流体はどちらも中間的な値であるが，それゆえ $D\rho$ 積は最大になる。

この現象は，二相流を流す仕組みによく似ている。砂をパイプに流すとき，少々の水を加えると流動性が増加してよく流れるようになる。水が多くては薄

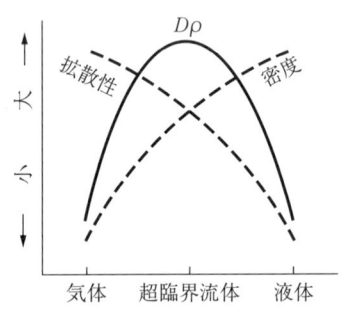

図 **1.12**　気体，液体，超臨界流体の $D\rho$ 積

過ぎて単位時間当りに流れる全質量は下がってしまう。超臨界流体中の分子クラスタを砂粒，独立気体粒子を水と考えると得心がいく。

低粘性も，同じ物理的仕組みで解釈されている。臨界点付近で動粘性係数は最低となる（**図 1.13**）[†]。

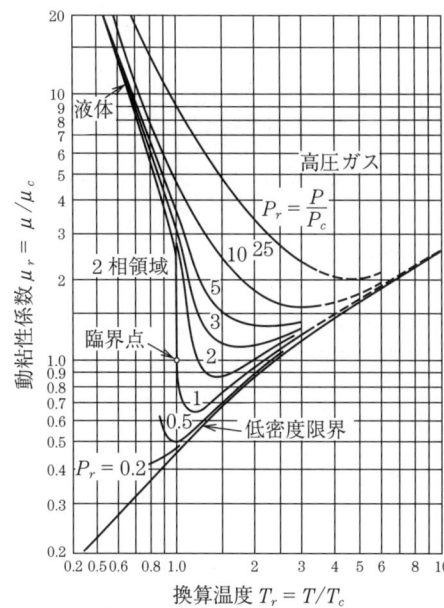

図 1.13 ν の換算圧力・温度依存性[9]

拡散係数と動粘性係数の温度依存性は異なる。**図 1.14** を見ると，換算圧力の変動により動粘性係数は大きく変化するが，一方図 1.13 を見ると温度に大きく依存していることがわかる。**表 1.2** に超臨界流体の物性質をまとめた。この表はよく書籍文献に用いられるが，記載されている数値はごく大雑把なものであるといえる。

[†] 動粘性係数（動粘度）ν は，粘性係数 η を密度 ρ で除した（$\nu = \eta/\rho$）物理量であり，粘性力に対する慣性力の影響をキャンセルした量である。SI 単位は m^2/s で拡散係数と同じ次元をもっており，つまり動粘性係数は運動量の拡散であると解釈される。

22 1. 超臨界流体とマイクロ・ナノプロセス

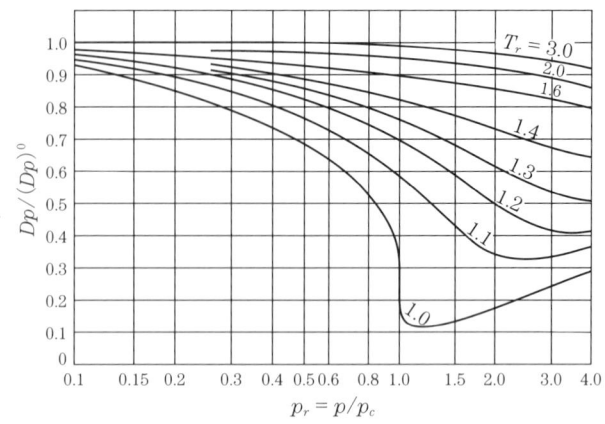

図 1.14 Dp の換算圧力・温度依存性[9]（添字の 0 は標準状態を示す）

表 1.2 超臨界流体の物性値

状　態	密　度 〔kg/m^3〕	拡散係数 〔m^2/s〕	粘　度 〔Pa·s〕	拡散流束 〔kg·m/s〕	動粘度 〔m^2/s〕
気体	1	10^{-5}	10^{-5}	10^{-5}	10^{-5}
超臨界流体	500	10^{-7}	10^{-4}	5×10^{-5}	10^{-7}
液体	1 000	10^{-9}	10^{-3}	10^{-6}	10^{-6}

1.1.3 CO_2 以外の超臨界流体

以上では主に CO_2 を例として，超臨界流体の物性について述べた。CO_2 をマイクロ・ナノプロセスで用いるメリットについてはつぎの 1.2 節で述べるので，ここではその他の超臨界流体について簡単に触れておく。

なお，超臨界流体プロセスでは，臨界点が通常室温付近以上であるものを用いることが多く，また，そのような場合に超臨界流体と呼称することが多い。例えばメタン（CH_4）の臨界点は $-82.4°C \cdot 4.60\,MPa$ で満充填のボンベ内で超臨界状態であるが，高圧ガスと呼ばれ，超臨界流体として認識されることは少ないだろう。また，とりわけ超臨界流体としての利用メリットが現れるわけではない。というのも，臨界温度が低過ぎると，室温付近ではたとえ熱力学的には超臨界状態であっても実際上は単なる気体で，高密度性が得られない。また，高密度を得るために低温にすることは，反応や溶解・洗浄用途を考えると

得策ではないのは明らかである。

〔1〕 **超臨界水と亜臨界水**　　H_2O の臨界点は 374.3°C・22.1 MPa である[†1]。

H_2O 分子の双極子モーメントは大きいので，液体水は高い誘電率（常温常圧で約 80）をもっている。溶解力は溶媒の分極の程度と密度に依存し，誘電率はその指標である。H_2O は誘電率が非常に大きいため，有機溶媒のような無極性の物質を溶解しにくく，その代わりにアルコールや塩などの極性物質はよく溶解する。高温・高圧になると誘電率が低下するとともに分子の熱運動が活発化し有機物質を溶解するようになる。亜臨界水による抽出[†2]などが研究されている。

H_2O の大きな特徴は，$H_2O \rightleftharpoons H^+ + OH^-$ のように電離していることにある。電離の程度は温度圧力に依存して変化し，その指標であるイオン積（$[H^+][OH^-]$）は，亜臨界状態（の液体）では圧力の上昇によって大きく上昇し，超臨界状態になると密度の低下により大きく低下する。すなわち圧力・温度に応じて自在に変化させることができる。イオン積が小さいと当然電離度は小さいが，$[H^+] = [OH^-]$ の関係が成り立つので pH 値は小さくなる。つまり純水の pH は 7 に固定しているのではなく，温度圧力に応じて pH を変化させることが可能であり，その範囲は弱酸からアルカリまでにわたる。

大雑把にいえば，亜臨界液体は高い電離度，つまり H^+ や OH^- 濃度を活用したイオン性の反応や加水分解に適し，超臨界状態では溶媒能を活用した熱分解や水酸化反応などのラジカル反応の促進に適しているといえる。これらの能力は圧力・温度により調節できるから，溶媒能により反応速度が増加，有機物質に対する溶解力とのトレードオフが重要になる。ポリマー，プラスチック，バイオマス，含塩素化合物，廃液などの加水分解・水酸化（燃焼）処理については，大きな研究対象になっている。

ナノテクノロジー分野では，強い酸化力による酸化膜や酸化物粒子の合成の研究例がある。反応容器内壁が酸化されてしまうので，インコネルやハステロ

[†1] 発電用の熱水や，水熱合成反応の環境は超臨界状態であるが，必ずしも超臨界流体と呼称されるわけではない。

[†2] 多くは蒸気相（$T > T_c$, $P \lesssim P_c$）を用いる。

イなどの耐酸化性の高い材料を用いる必要がある。

〔2〕 有機化合物

（a） メタノール　　メタノール CH_3OH の臨界点は $512.6\,K \cdot 8.09\,MPa$ であり，CO_2 に近く，比較的容易に超臨界状態が得られる。メタノールは還元力があり，超臨界状態とすることで反応の高速化が期待できる。H_2O と同様に，媒質自体が反応に関与する点で，超臨界 CO_2 などとは用途が異なるといえる。

（b） 炭化水素類　　エタン（C_2H_6，$T_c = 32.4°C$，$P_c = 4.88\,MPa$）やエチレン（$CH_2=CH_2$，$T_c = 9.2°C$，$P_c = 5.07\,MPa$）は CO_2 と同じような性質を示す溶媒で，洗浄や抽出には同様に使用できる。容易に気化しかつ可燃性であるため取扱いに注意が必要であり，高いコストが問題であるといえる。また，不活性な媒体としては使用できない。

プロパン（C_3H_8，$T_c = 96.8°C$，$P_c = 4.25\,MPa$），ブタン（C_4H_{10}，$T_c = 155.2°C$，$P_c = 3.80\,MPa$）などの C3，C4 炭化水素は，臨界温度が 100〜150°C 程度にあり，比較的簡単に超臨界流体を使用できる。難揮発性の分子量が大きな物資に対する溶解力は C2 炭化水素よりは強い。

（c） フルオロ化合物　　フルオロ化合物はきわめて安定・不活性な極性分子であるので，臨界点は低く，不活性溶媒としては超臨界 CO_2 以上に使いやすいといえる。SF_6（臨界点 $318\,K \cdot 3.75\,MPa$）や C_2HF_5（臨界点 $339\,K \cdot 3.62\,MPa$）を使った超臨界乾燥の有用性については 3.2.2 項で紹介するが，いずれもフロン規制に抵触するため，工業用途としては現在では現実的でない。化学物質審査規制法や化学物質排出把握管理促進法・PRTR[†]に抵触せず，地球温暖化係数も低いハイドロフロロエーテル（臨界点 $464.5\,K \cdot 2.55\,MPa$）を使った乾燥や洗浄は有望であろう（3.2.2 項，3.3.2 項，4.3.3 項）。

〔3〕 無機物質

（a） キセノン　　キセノン Xe は臨界点 $289.8\,K \cdot 5.84\,MPa$ の希ガス元素である。最外殻電子が原子核から離れているためイオン化しやすくまた分極も起こしやすい。つまり，超臨界 Xe は溶媒能がある。超臨界状態を得るのも

---

† Pollutant Release and Transfer Register，環境汚染物質排出移動登録制度。

容易であるから，不活性溶媒としての利用が可能である．密度が大きくCO_2に溶解しないので，2相分離した際には平滑な界面が大面積で生ずる．そのような界面に，貧溶媒誘起相分離を適用して物質製造することは面白い試みといえよう．

しかし，Xeはきわめて高価であるので工業的利用にはコストの問題が大きく立ちはだかる．

（b）亜酸化窒素とアンモニア 亜酸化窒素N_2Oは，CO_2に近い臨界温度・圧力を有するのでその点では取り扱いやすく，その一方双極子モーメントがあるので極性溶媒をよく溶解し，CO_2よりも溶媒としての適用性が広いと思われる．しかし，N_2Oは笑気ガスとして知られているとおり有害で，高温で助燃性があるので有機物と爆発的に反応する可能性があるから，少なくとも半導体・MEMSプロセスにおいては有機溶媒代替としての用途は限られるだろう．

アンモニアNH_3はポピュラーな液化ガスで，かつては冷媒としても用いられていた．アンモニア製造のボッシュ法自体が超臨界状態で実施されることからも明らかなとおり，化学合成用途では高温・高圧下で利用されることも多い．しかしながら，毒性や悪臭を考えると，溶媒代替として大量に用いるにはあまりに難があるといえよう．

1.2　マイクロ・ナノプロセスにおける超臨界CO_2のメリット

集積回路やMEMSの製造技術の進歩が，電子機器・情報機器の進歩・小型化に大きく貢献していることはいうまでもない．微細加工プロセス技術は総合技術であるが，とりわけ，真空技術とクリーン技術の進歩は微細化に大きく貢献してきたといえる．

真空（希薄気体）の役割は，大きく分けると，プラズマ利用などの気体の機能化と環境のクリーン化であり，その本質は気体を制御することにあると考える．気体分子を加工媒体として用いることにより，ごく微細な加工の精度が得られるとともに，クリーンで均質な環境を比較的簡単に得ることができた．ク

リーン化技術は空気・ガス・真空・水や薬液の純度を管理することにあり，欠陥や歩留まりの低減に直結するので，特に日本の半導体の生産性向上に大きく寄与した。

しかし現在，真空と水に依存する微細加工技術にも問題が生じている。物理的には，微細化の結果，気体分子や薬液はもはや微細な構造内に到達しなくなってしまったことが問題である。ナノ構造のみならず，超高アスペクト構造や3次元的な複雑形状など，かつて単なる概念にとどまっていた構造も現実化しており，しかも実際のプロセスは依然として種々の課題を秘めている。装置や生産の規模がきわめて巨大になり，多消費型・大量生産型のプロセスになってしまったことも問題である。つまり，多数の単工程（ユニットプロセス）ごとに真空装置を用意し，その真空を維持するために連続運転するとともに，水や薬液を無尽蔵に使用して清浄性を維持しなければならなくなった。

真空と水に依存する微細加工技術は今後も主流を占めるだろうが，すべての微細加工プロセスがそれを踏襲する必要はない。上記の問題の根源は，真空や水のもつ機能がきわめて限られているためであると筆者は考えている。機能が限られるから，単工程であり多消費にならざるをえない。一つの加工媒体が，さまざまなプロセスに適用できれば，プロセスの集約や一貫化は容易であり，少量多品種生産への対応も可能であろう。

以上の問題意識の下，本節では超臨界流体を加工媒体として用いる際の特長を述べ，次章以降で順次紹介する洗浄・乾燥・堆積（たいせき）・エッチングなどの導入としたい。

1.2.1 乾　　　燥

超臨界流体を用いると，毛管力による凝集を防止したパターン形成が可能になる。生体などの含水試料を電子顕微鏡に加工する際の，臨界点乾燥法（critical-point drying）として以前から知られているものと基本的には同一である。

乾燥の際，構造内に残っている水は，水-固体-空気（水蒸気）からなるメニスカスを形成する。水の表面張力は大きいので，メニスカスには大きな力が働

く。いま細管に水が残留している場合を考える。

曲率半径 R のメニスカスがつくる力 F は[†1]，水の表面張力を γ として

$$F = \frac{2\gamma}{R} \tag{1.8}$$

である（ヤング・ラプラスの式）。細孔の半径を r とすると，接触角 θ は $\cos\theta = r/R$ であるので

$$F = \frac{2\gamma\cos\theta}{r} \tag{1.9}$$

となる[†2]。例えば，$r = 1\,\mu\text{m}$，$\gamma = 7.2 \times 10^{-2}\,\text{N/m}$（25°C の H_2O），$\theta = 30°$（やや親水性）として，$1.2 \times 10^5\,\text{Pa}$（約 $1\,\text{kgf/cm}^2$）であるので非常に大きな値になる。

細孔の径が小さく，壁が薄くて機械的に弱く，かつよく水に濡れる材料であれば，構造の力学的な強度を上回る大きな乾燥凝集力が働く。そのため，例えば生体試料は収縮してしまう。MEMS の場合には，梁(はり)やメンブランなどの微細構造同士がスティッキング（sticking，癒着）してしまう。また MEMS や半導体プロセスの高アスペクト比のレジスト同士がスティッキングすると，パターン崩壊（パターン倒れ）を起こしてしまう（3.1 節参照）。

乾燥の原理は，気液の界面を形成せず，したがって気液のつくる表面張力を生じさせないように周到にプロセスを行うことにある（図 1.15）。まず，湿潤試料をメタノールに浸して水をメタノールに置換する。液体水が液体メタノールに置換するだけなので界面は生じない。つぎにメタノールを超臨界 CO_2 に置換する。メタノールと CO_2 は 2 相分離するが，約 35°C・8 MPa では完全に均一相（超臨界状態）になるので，やはり気液界面を生じることはない。温度を CO_2 の臨界点以上に保ったまま減圧すると，超臨界 CO_2 は気体に転換するがこのときも当然気液界面は生じないので，一度も気液界面を生じることなく水を空気に置換する，つまり乾燥を行うことができる。

[†1] 正確には，液面が平坦(へいたん)な場合に対する圧力差。
[†2] メニスカスの周縁のつくる表面張力 $2\pi\gamma r$ を断面積 πr^2 で除したことと等しくなる。

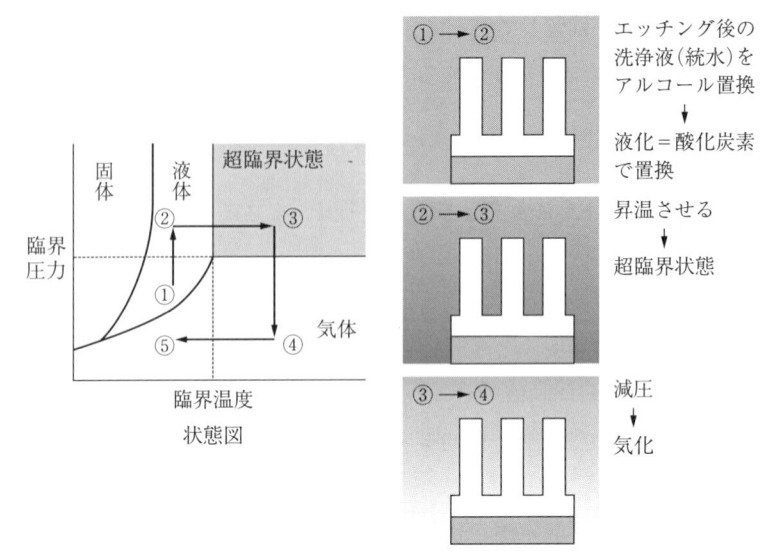

図 1.15 超臨界乾燥の圧力–温度経路

メタノールの代わりに，溶媒能の強い酢酸イソアミル $CH_3COO(CH_2)_2CH(CH_3)_2$ も用いられる．特に，減圧時の膨張作用により内部に流体や不純物が残存しにくいことも大きな効用である．

1.2.2 洗　　　浄

〔1〕 **洗浄の物理化学**　洗浄とは，固体表面から汚染物質を取り除くことで，付着・吸着した固体や液体あるいは気体を溶解除去すること，および粒子などの付着物を脱離させることである．いずれも大量の溶媒で希釈して系外に排出して除去を行う．超臨界流体プロセスの場合には，多量の超臨界 CO_2 中に対象物を静置するか，あるいは流体を流通させて行うことが多く，撹拌などを積極的に導入することもある．超臨界 CO_2 流体は，低粘性・良拡散輸送特性・表面張力ゼロの性質のため微細構造への良好な浸透性を有しており，安全性も相まって，フロンなどに代わる精密洗浄溶媒として大いに期待されている．

洗浄においては，汚れが溶媒側にのみ移行し，表面の残留濃度に対する溶媒中の濃度の分配係数（濃度比）ができるだけ小さく保たれることが必要である．

つまり，環境中に汚染物質が多く移行しても，表面は清浄な状態でなくてはならない．

洗浄が進むかどうかは，図 1.16 に示すように，汚染物質（C）が媒体（F）と固体表面（S）のどちらに接触しているのがエネルギー的に有利であるかを考え，取り扱うことができる．付着エネルギーの目安として界面エネルギーをとると，おのおのの間の界面エネルギー γ_{CS}, γ_{CF}, γ_{FS} を

$$\gamma_{CS} > \gamma_{CF} + \gamma_{FS} \tag{1.10}$$

の条件にすると洗浄が理想的に進行する．

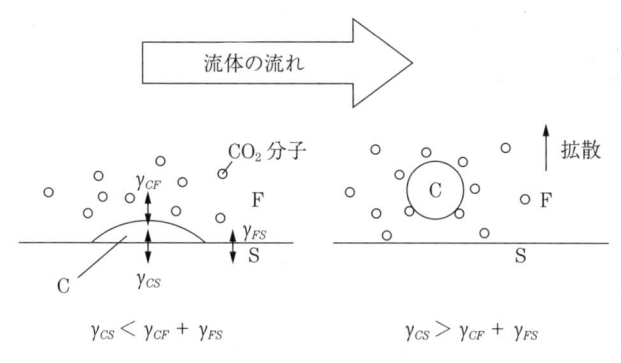

図 1.16　洗浄による汚染物質の除去

この条件を満たすためには，汚染物質 C と媒体 F との親和性が高く γ_{CF} が小さいことが必要である．これは取りも直さず溶解度が大きく溶媒側に汚染物質が分配されやすいことである．しかし単に溶解度が大きいだけでは，汚染物質が表面に残留してしまうこともありうる．したがって，γ_{CS} は大きくなければならない．しかし本来 γ_{CS} が小さいから汚染が発生していることに注意してほしい．固体表面と流体間の分配は吸着現象として取り扱われ（1.1.2 項），吸着のしやすさが最表面の汚染の残留のしにくさに対応している．

上記の式を満たすための重要な条件は，γ_{FS} が小さいこと，すなわち溶媒と表面の相互作用が大きく，表面に吸着しやすいことである．CO_2 は不活性で，プロセス温度では十分な蒸気圧を有しており，この条件を満足しにくい．した

がって基質（S）の選定や共溶媒添加（後述）も重要である。また，超臨界CO_2が汚染物質自体に溶解・拡散しやすいことも重要であるが，大まかにいえば，このような性質もγ_{CF}が小さいことに由来しているといえる。

極性溶媒（親水性）は極性のある物質をよく溶解し，無極性溶媒（疎水性・親油性）は無極性物質によく溶解する。H_2Oは代表的な極性溶媒で，塩や糖類などをよく溶解することは前述のとおりである。一方，直鎖状炭化水素はヘキサンなどの無極性溶媒によく溶解する。超臨界CO_2は無極性溶媒であり，溶媒としての性質はヘキサンに近いといわれ，基本的には機械油や潤滑油などに代表される炭化水素系油脂の洗浄に適しているといえる。1.1.2項で述べた溶解度パラメータは，溶媒同士の溶解度の目安となる値で，値が近いほどたがいによく溶解する。この指標からも，超臨界CO_2はヘキサンに近いことがわかる（**表1.3**）。

表1.3 代表的な溶媒の性質（常温常圧）

溶媒	誘電率	双極子モーメント	溶解度パラメータ*
CO_2 (35°C・8 MPa)	1.5	0	3.5
H_2O	80.1	1.85	23.4
Xe	1.88	0	—
SF_6	1.81	0	6.2
エタノール	25.3	1.44	12.7
アセトン	21.0	2.88	10.0
ヘキサン	1.89	0	7.3

* cal/cm^3 系

洗浄が効率的に進行するためには，溶解した汚染物質が迅速に系外に排出される必要がある。そのためには，表面近傍の拡散境界層が薄くて実効的な拡散係数が小さいこと，バルクの流体の輸送速度が大きいことが要求される。

〔2〕 添加剤の効果

（a）共溶媒　他の溶剤を添加すると溶解度が大きく変動する。これは共溶媒効果と呼ばれる[†]。

一般的には溶解物質と相互作用の強いものを添加する。超臨界CO_2は極性

[†] 添加する溶媒は，共溶媒（コソルベント），エントレーナー，モディファイアなどと呼ばれる。

物質を溶解する能力が小さいが，アルコール類を添加することで溶解力を高めることができる．例えば図 **1.17** の例を見ると，超臨界 CO_2 流体に若干のメタノールを添加することで，環状有機窒素化合物であるアクリジンの溶解度が増加することがわかる[11]．

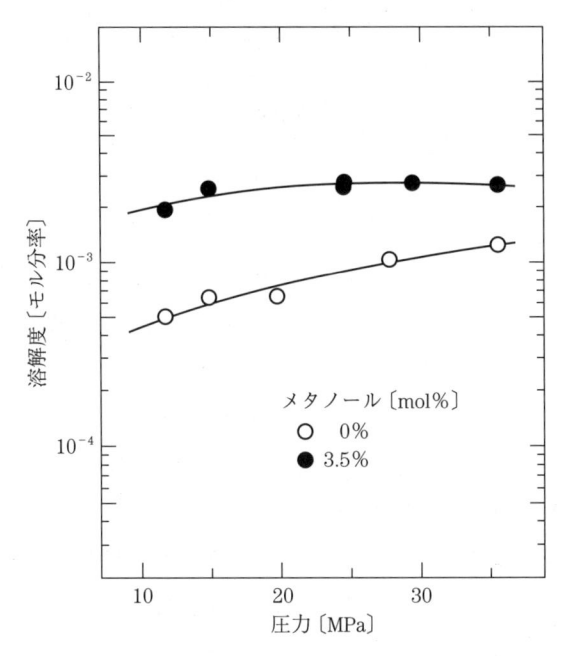

図 1.17 超臨界 CO_2 流体へのアクリジン溶解の共溶媒効果

4.3 節で述べるように，半導体工程などで生ずる複雑な汚染の洗浄においては，超臨界 CO_2 だけでは不十分なこともあり，洗浄用薬剤やその薬剤を CO_2 中に溶解するための相溶剤を添加する．

（b） **界面活性剤**　何度か述べたように，超臨界 CO_2 はほぼ無極性の溶媒であり，極性物質，特にイオン性の物質をほとんど溶解しない．共溶媒には有害な物質もあり，また使用後の超臨界 CO_2 からの分離も難しいことが多い．

そのような場合には，界面活性剤を添加してマイクロエマルジョン化することは有効である．図 **1.18** に，超臨界 CO_2 中の逆ミセル（reverse micelle）構造を示す．ミセルとはこのように，分子が会合してできたコロイド粒子のこと

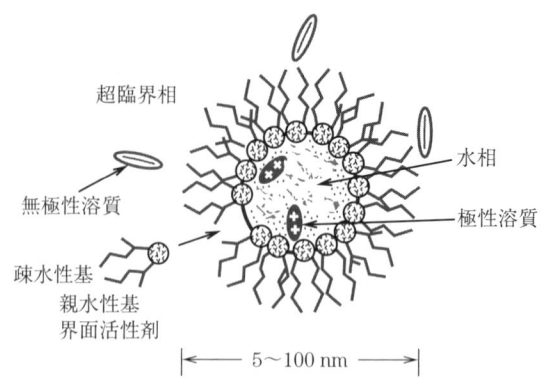

図 1.18 超臨界 CO_2 中の逆ミセル構造

で，ここに示した図では界面活性剤が層状に会合して内部に水を保持した構造をとり，逆ミセルと呼ばれる。界面活性剤の疎水性基が超臨界 CO_2 を，親水性基が内水相側を向いている。

逆ミセル構造を用いると，超臨界 CO_2 流体と水相のハイブリッド化が可能となる[†]。すなわち超臨界 CO_2 流体の低粘性や溶媒能を併用しつつ，水相や電解液を利用したウェットプロセスの構築が可能になる。

本書のテーマとしては，めっき（6 章）や洗浄への応用が特に有効であると考えられる。洗浄においては，金属イオンの除去に特に有効である。また，パーティクルを帯電させて（あるいは除電し）表面から除去させるうえでも効果的である。

〔3〕 パーティクル除去　　洗浄の重要な役割として，表面に付着した微小な粒子（パーティクル）を除去することがある。パーティクルの除去には物理力がきわめて有効である。超臨界 CO_2 流体は高密度であるため運動量が気体に比べて圧倒的に大きく，物理的な剥離力が大きい。また，上記の溶解洗浄力があるので粒子を付着している有機汚染物質を除去することができ，不活性であるため表面を化学的に汚染しない（例えば水は表面を酸化し表面に OH 基を付与してしまう）。流体としての特長はつぎに述べる。

[†] 超臨界 CO_2 には H_2O はほとんど溶解しない。

1.2.3 流体としての特長

〔1〕 物 質 輸 送

(a) 拡散と移流 流体中の物質輸送には，流体自身の動き（移流）と拡散によるものがある．どちらが支配的であるかを知る指標となる無次元数はペクレ数 Pe である．

$$Pe = \frac{uL}{D} \tag{1.11}$$

ここで，u は代表速度，L は代表長である．$Pe \ll 1$ のときは拡散支配であり，移流による輸送は無視できる．$Pe \gg 1$ では移流が支配となる．流動がない小さいスケールでは拡散が，流動が大きく大きなスケールの系では移流が支配的となる．

このような考察をするときには，u すなわち流体の供給速度（流量）をどのように考えるかが問題になる．現実的な研究室規模の実験として，$64\,\mathrm{cm}^3$（$4^3\,\mathrm{cm}^3$）の容器に，臨界点に近い条件で超臨界 CO_2 流体を $5\,\mathrm{cm}^3/\mathrm{min}$ で供給することにすると，大雑把に考えて，$u = 5/64^{2/3} = 0.31\,\mathrm{cm/min}$（$5 \times 10^{-5}\,\mathrm{m/s}$）より

$$Pe = \frac{(5 \times 10^{-5}\,\mathrm{m/s}) \times (4 \times 10^{-2}\,\mathrm{m})}{10^{-7}\,\mathrm{m}^2/\mathrm{s}} \approx 20$$

となる．容器全体としては拡散と輸送が混在しているといえる．内部に熱対流などの流動が加われば内部はより均質になるだろう．超臨界流体は温度・圧力の調整により体積（密度）を広く可変できるから，装置構成も工夫すれば，容易に所望の Pe を得ることができるといえる．

同様の計算を真空プロセスで行ってみる．同じく $64\,\mathrm{cm}^3$ の容器に，標準状態で気体を $5\,\mathrm{cm}^3/\mathrm{min}$ で供給すると[†]$Pe = 0.2$ となり完全に拡散支配，すなわち容器内は均質なガスで直ちに満たされる．また，同条件での液体は $Pe = 2\,000$ であり，こちらは全然に移流支配となるから，積極的に容器内部を撹拌しないと内部を均質にすることはできないといえる（**表 1.4**）．

[†] 減圧下では気体が膨張するので u は大きくなるが，D も同じ比率で拡大するので相殺される．

表 1.4 輸送にかかわる無次元数

	Pe Macro	Pe Micro	Re Macro	Re Micro	Sc	Gr	Pr
気体	0.2	5×10^{-6}	0.2	5×10^{-6}	1	4×10^4	1
超臨界流体	20	5×10^{-4}	0.02	5×10^{-4}	10^3	1.2×10^4	10^4
液体	2 000	0.1	0.002	0.1	2×10^6	0.25	10^4

Macro: $L = 4$ cm, Micro: $L = 1$ μm

一方,細孔のような構造では代表長が小さいので,(代表速度として容器内の流通速度をとると)内部の Pe はきわめて小さくなる.つまり,細孔内には,主流からは拡散のみで媒質が進入すると考えてよい.1.1.2項で述べたように,拡散支配領域では $D\rho$ 積は超臨界流体で最大となる.これは,微細構造内の処理を行ううえで超臨界流体はきわめて有効であることを示している.

さて,超臨界 CO_2 の特性はこれらの物性のチューナビリティにあるから,操作パラメータとして温度と圧力は重要である.拡散係数と粘性係数の温度依存性と圧力依存性を見ると,拡散係数の温度依存性のほうが大きい.つまり,温度操作するほうが,物質輸送については効果的であるといえる.

以上主に拡散輸送について述べたが,移流による輸送能力を表す物質流束 ρu (例えば kg/min, mol/s) は密度 ρ の関数であり,超臨界流体は物質流速についても可変性をもった流体であることがわかる.超臨界流体はマクロ的には移流支配から拡散支配まで,ミクロ的には高い拡散輸送能力をもち,マクロ・ミクロ両方に対応している流体といえる.

(b) 粘性力と輸送 レイノルズ数 Re は慣性力と粘性力の比で,粘度を ν として

$$Re = \frac{uL}{\nu} \tag{1.12}$$

で表され,流れの相似性を測る最も基本的な無次元数である.Re が大きい場合には乱流になる.

表 1.4 に示した Re は気体と液体の中間で,流体としても両者の中間であるような振舞いをすることがわかる.ただし,Re は非常に小さく上で考察した装置スケールでは完全に層流である.しかし,プロペラなどの撹拌手段を導入す

る，あるいはノズルからの噴流を利用するなど[†]，装置構成の簡単な工夫で液体より容易に乱流的（均質）にすることができる．Re が大きいと，速度境界層が薄くなり，基板近傍での流れの質量流速が大となるので表面に剪断力が大きく作用する．気体噴流を用いる場合よりも高密度の分，低速でも大きな運動量を提供でき，物理力を活用できるといえる．洗浄においては粒子の除去にも有利に作用するだろう．

洗浄や薄膜堆積など，本書で扱うプロセスの多くでは表面と流体のバルク部の間の物質供給が問題になる．バルク部分の流れと表面との間に生じる拡散境界層は，物質輸送（洗浄の場合汚染物質の輸送，薄膜堆積の場合は原料や副生成物の輸送）を制限することがある．Re を大きくし，拡散境界層を薄くして表面とバルク流体の間の物質輸送を促進させることは重要である．

つまり，超臨界流体プロセスにおいても液体（ウェット）プロセスと同様，ときに撹拌など流動の促進は必要となるが，気体よりはその効果ははるかに大きく有効であるといえる．

シュミット数 Sc は流体の動粘度と拡散係数の比を表す無次元数で

$$Sc = \frac{\nu}{D} \tag{1.13}$$

で定義される．粘性つまり流通のしやすさと拡散のどちらが支配的であるかを示しており，速度境界層と拡散境界層の比に対応する．表1.4 に示すように，超臨界流体はちょうど中間的な Sc 値をとる．$Sc = Pe/Re$ であるから，D が大きくなれば ν は小さくなるので，物性値をとるかぎり Sc はそのどちらかを見ればよいように思える．しかし，例えば，D と ν の温度依存性は異なるので，10 MPa において 35°C から 100°C に昇温すると Sc は 1/10 に落ちる．高温では拡散輸送が非常に有利に働くことがわかる．

〔**2**〕**熱　輸　送**　半導体プロセスでは真空プロセスが多く用いられるが，いうまでもなく，真空の大きな特長は平均自由行程が大きく拡散性が良好なことである．これは気体が広がりやすく，均一な空間を形成しやすいことを意味

[†] 回転や急峻な圧力変動なども提案されている

している.表面への入射分子数が小さいから清浄な空間・表面を形成することも容易である.拡散と粘性については 1.1.2 項ですでに述べたが,拡散係数は圧力に反比例するので,真空中では表 1.2 に示した値よりもはるかに大きなものになる.当然対流も存在しない.真空は断熱作用があり熱容量が小さいことも大きな特長である.局所的な迅速な加熱を行うことができる.

温度分布は対流によって決まり,分子拡散は 1 次近似で無視し得る.ただし,温度が急激に変化している場所ではこれは成立しない.一方向に勾配が大きい場合には,伝熱方程式の分子項の係数が小さくとも伝熱境界層が存在する.高 Pe 数では流体は二つの領域に分けられる.一つは,ほとんど均一な温度で固体表面近傍,もう一つは境界層の非常に薄い領域である.

一方超臨界流体は,平均自由行程は 1 nm 程度となり当然連続流体の性質をもつ.圧縮性の高密度流体であるので,熱対流が発生しやすく,液体よりは活発な均一化が期待できる.熱対流の指標となる無次元数にグラスホフ数がある.雰囲気との温度差のある物体付近の流れの性質を表しており

$$Gr = \frac{g\rho^2\beta\Delta T L^3}{\nu^2} \tag{1.14}$$

で表される.ここで,g は重力加速度 [m/s^2],ρ は密度 [kg/m^3],L は代表長さ [m],ν は粘度 [Pa·s],β は体膨張係数 [1/K],ΔT は温度差 [K] である.この中で,物質の性質に関係する量を抜き出した比 $\rho\beta/\nu$ は同一条件で熱対流の指標になるだろう.液体,気体,超臨界流体についてまとめると,超臨界流体は非常に大きな値をもっていることがわかる.特に臨界点に近いほど(**表 1.5** では 35°C・8 MPa)その値は大きく,温度・圧力により物性が大きく変動する臨界点付近では対流が活発であることがわかる.

表 1.5 流体の熱輸送特性

相	温度 [°C]・圧力 [MPa]	密度 ρ [kg/m^3]	粘度 ν [Pa·s]	熱伝導率 [W/mK]	$\rho\beta/\nu$
超臨界	35°C・8 MPa	419	3.02×10^{-5}	0.079	3.5×10^6
超臨界	35°C・20 MPa	866	8.36×10^{-5}	0.100	6.1×10^4
気体	20°C・0.1 MPa	1.82	1.47×10^{-5}	0.016	4.3×10^2
液体	20°C・8 MPa	828	7.57×10^{-5}	0.093	1.2×10^5

流体としての熱伝達についてはここで詳しく述べないが，物質輸送と同様の取扱いができる．表 1.4 のプラントル数 $Pr = $ 粘性係数/熱拡散係数 を見ると，超臨界流体と液体はほぼ等しい．伝熱に関しては対流輸送が支配的であるといえる．

また，超臨界流体は，密度の低い割には熱伝導率が大きいといえる（熱伝導率は，熱拡散率・定圧比熱容量・密度の積であるが，本質的には分子同士の熱エネルギー交換の頻度に対応している）．密度が同程度の 35°C・20 MPa の超臨界流体と 20°C・8 MPa の液体 CO_2 を比べると，熱伝導率はほぼ同一である．一方，35°C・8 MPa では，密度は半分程度であるにもかかわらず熱伝導率が高い．

なお，臨界点付近では熱容量が急増する．これは臨界温度付近での密度のゆらぎに原因する現象である．熱エネルギーの分子の運動と凝集力（位置エネルギー）への分配が均等に生じていないため，密度以上の熱エネルギーを蓄積しているためと解釈できる．

1.2.4 反応場としての利用

CO_2 は不活性な気体で，通常は反応に関与しない媒体として利用する．本書で取り扱う，乾燥，洗浄，堆積，エッチングなどの処理でも超臨界 CO_2 を反応や輸送の媒体として取り扱う．

超臨界 CO_2 流体が反応の基本に及ぼす影響については，すでに 1.1.2 項で述べた．反応を利用した薄膜堆積については 7 章で詳述するが，超臨界流体を利用するメリットは以下のとおりである．

(1) 溶媒効果により反応増速，反応活性化エネルギーの低下，すなわちプロセスの低温化が可能である（図 1.19）．

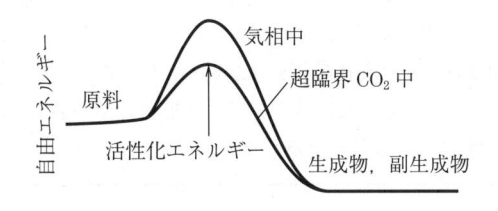

図 1.19 超臨界 CO_2 流体中での反応の自由エネルギー変化

(2) 一般に反応副生成物である有機物やガスは，超臨界流体に対する溶解度が高い。そのため反応が進みやすいばかりか，不純物が媒体中に優先的に分配され（洗浄効果），不純物や欠陥の少ないプロセスが可能。

(3) 高密度であるため表面吸着量が大きい。溶媒能を調節することで，原料の選択的吸着や反応制御が可能。

(4) 気相反応，溶液反応では利用できないような，難揮発性物質や加水分解しやすい物資を溶解して原料として利用できる。原料選択の多様性がある。

(5) 表面張力ゼロ・低粘性・高い拡散輸送能力により，ナノ構造内に浸透する。MEMSのような複雑な構造体表面の均質な処理が可能。

(6) エマルジョンなどの多層化により，ウェット反応などとの複合化が可能。

(7) 共溶媒の添加や温度圧力条件の調整によりこれらの特性が大きく変わる

コーヒーブレイク

第4の相

超臨界流体は，気体でも液体でも固体でもないという意味で，「第4の相」と呼ばれることがある。臨界点を越えたとき異なる状態が現れることが相転移に相当する。

LSIやMEMSのプロセスでおなじみのプラズマも同じく第4の相と呼ばれることがある。プラズマはイオンと電子に分離（電離）した気体であるが，特別なエネルギー遷移を経て可逆的に現れるからそのように呼ばれるのである。

超臨界流体中でプラズマを発生させる試みがなされている。熱力学的に臨界点を越え，かつ電離を生じている状態であると考えられており，たいへん興味深い。

ところで，気体でも液体でも固体でもないものは身近にもいろいろと存在する。ゲルは液体と固体の中間の状態で，例としてゼラチン，寒天，どこまでものびるおもちゃの"スライム"などがある。また，ガラスも非晶質（アモルファス）だから液体でも固体でもないといえる。ソフトクリームは固体と空気の混合体である。これらも考え方によっては第4の相といえるだろう。

なお，宇宙論などでは第4の相転移はまた別種の相転移を指すようである。使い方が分野によって異なるとはいえ，いろいろな第4の相について違いや共通点を調べることは，相転移の概念を学ぶよい機会になるだろう。

ので，反応制御がしやすい。

(8) CO_2 の循環・再利用，原料や不純物の抽出・回収が可能（次項）

1.2.5 安全性・リサイクル性

CO_2 は，われわれ生体が製造してることからもわかるとおり，無害である[†]。超臨界 CO_2 流体はしたがってきわめて安全な溶媒であり，食品産業などで実用化されていることはその性質に大きく由来する。

超臨界 CO_2 流体は圧力を下げると気体に戻る。物質は気体に溶解しないため，その際溶解していた物質が回収できる。例えば未反応の物質や，有用・不要にかかわらず溶け込んでいた物質を回収できる。残った CO_2 を加圧すると再び超臨界状態になるから，冷却精製・濾過し，純化したきれいな状態で利用できるというのがリサイクルの原理である。

工業製品としての CO_2 は，石油化学プラントなどから排出されたものを回収して生産され，比較的安価な材料である。国内の年間生産量は 80 万 t 程度であり，年間で 12～13 億 t といわれる国内の全 CO_2 排出量に比べれば非常に小さい値である。また，地球温暖化係数（global warming potential, GWP）は 1 であることも考えると，環境負荷も小さいといえる。

[†] もちろん，すべての化学物質同様，高濃度で吸引すれば危険である。各社の MSDS シートなどを参照のこと。

2章 半導体とMEMSの製造プロセス

2.1 半導体プロセス

2.1.1 半導体集積回路の歴史と特徴

半導体集積回路（large-scale integrated circuit, LSI）の歴史は，1959年にKilbyやNoyceによるそれぞれの発明に始まるが，1960年にKahngとAtallaにより報告された金属-酸化物-半導体電界効果トランジスタ（metal-oxide-semiconductor field effect transistor, MOSFET）[†]を基本素子として，今日に至るまで，スケーリングによる微細化と高集積化が進展してきた。図 **2.1** にMOSFETの断面構造とスケーリング則を示す[1), 2)]。

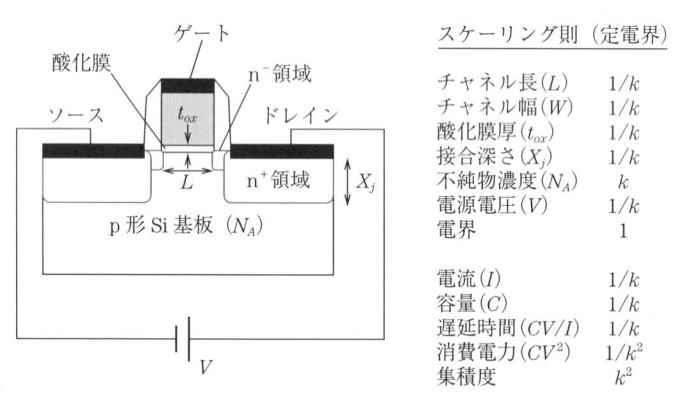

スケーリング則	（定電界）
チャネル長(L)	$1/k$
チャネル幅(W)	$1/k$
酸化膜厚(t_{ox})	$1/k$
接合深さ(X_j)	$1/k$
不純物濃度(N_A)	k
電源電圧(V)	$1/k$
電界	1
電流(I)	$1/k$
容量(C)	$1/k$
遅延時間(CV/I)	$1/k$
消費電力(CV^2)	$1/k^2$
集積度	k^2

図 **2.1** MOSFET（nチャネル，LDD構造）の断面構造とスケーリング則

[†] 印加電圧の大小で通過電流を制御するトランジスタで，消費電力が少ない。

微細化・高集積化のトレンドにおいては，基本素子寸法の縦横比が一定になるように比例縮小すること（スケーリング）で性能と集積度の向上を同時に図られることを基盤に，おおよそ2年周期ごとに0.7倍に最小寸法をスケーリングすることが行われてきた。このトレンドは提唱者の名前からムーアの法則と呼ばれている。0.7倍の寸法縮小は素子面積にすると $0.7 \times 0.7 = 0.49$ 倍の縮小につながり，同じチップサイズで2倍の集積度が実現できることになる。同じ規模の集積回路であれば，チップ面積が半分になるので，原理的にコストも半分になり，集積回路を搭載した製品価格も低下し，製品の普及につながる。さらに製品普及により生産量が増えるので，コスト削減が進むというよい循環ができる。事実，半導体産業を含む電子産業は2000年ごろには売上高で自動車産業を上回り，世界の売上高のおおよそ1割を占める規模とされ，その中でも半導体産業は急速な成長を遂げてきている。

このように規模の大きくなった半導体産業においては，国際半導体技術ロードマップ（International Technology Roadmap for Semiconductors, ITRS）[3]が重要な役割を果たしてきている。ITRSは，1990年ごろより米国半導体産業協会（SIA）により始まったSIAロードマップに端を発し，半導体産業の地域的な広がりに伴って，順次，日本，欧州，韓国，台湾からの専門家が参加して1998年以降，国際的な議論を基に作成されるようになった。今日では，各国の専門家からなる技術分野ごとのInternational Technology Working Group（ITWG）によって，毎年，技術動向の調査，議論，予測がなされ，1年置きに改定が行われている。

集積回路の発展の中では，微細・高集積化と性能向上を図るために，さまざまな新しいプロセスや材料の導入が必要であり，実際に行われてきた。例えば，1997年に導入が始まった銅（Cu）配線によるAl合金配線の置換えである。一方，半導体生産が大きな投資を必要とし，歩留まりや品質の改善，コスト削減が事業を成立させるうえで必須条件であることから，新規技術や材料の導入には慎重にならざるを得ないという側面ももっている。半導体プロセス技術は，90 nm，65 nmノードテクノロジーというように世代ごとの技術パッケージで

生産展開されるが，一般的に開発や設備投資を回収するまでに数年ないし5年以上かかるといわれている。さらに，新規技術の基礎研究から量産までには5～10年程度の期間がかかる。特に近年は，技術的な困難度が高まり，新規技術や新材料の必要性が高まる一方で，開発や設備投資も増大し，経済的な面から研究・開発の必然的な流れとして，国際的な共同開発やコンソーシアム化が進んでいる。それでも新規技術が導入されれば，その経済的なインパクトは大きく，新技術の必然性の見極めと実用化に向けたマネジメントが重要と考えられる。

本書の趣旨は超臨界流体プロセスの半導体への応用であるので，本章では新技術を半導体に適用するという視点から，基本的な半導体プロセスを解説し，導入に向けた課題について考察する。

2.1.2　半導体集積回路プロセス

〔1〕 **CMOS集積回路の構造と特徴**　　半導体プロセスは前工程と後工程に分けられる。前工程は，シリコンウェーハプロセスで，シリコン基板上に成膜，微細加工などを施して集積回路を製造する工程を指す。後工程は，前工程でできたシリコンウェーハを，パッケージなどに実装・組み立てる工程を指す。前工程と後工程は，工場も別であることが一般的である。

前工程で製造されるロジック集積回路の断面構造を図 **2.2** に示す。前工程はさらに，フロントエンドプロセス（front–end of line, FEP, FEOL），バックエンドプロセス（back–end of line, BEP, BEOL）に分けられる。FEOL は，トランジスタを形成する工程であり，BEOL は配線を形成する工程である。

集積回路では，主として図 **2.3** に示す CMOS インバータ†を組み合わせて，論理回路や記憶回路などの機能ブロックを構成し，それらを配線によって電気的に接続して，さまざまな機能を実現している。機能ブロックは，図 2.3 において中間配線層と呼ばれる配線層を主に使って構成され，それらをさらに上層の配線で接続する多層配線構造になっている。機能が複雑になるほど，多数の配線層が必要になるため，配線層数が増加する。MOSFET は平面に配置するため，

---

† CMOS の C は complementary（相補型），インバータは論理反転器の意味。

2.1 半導体プロセス　43

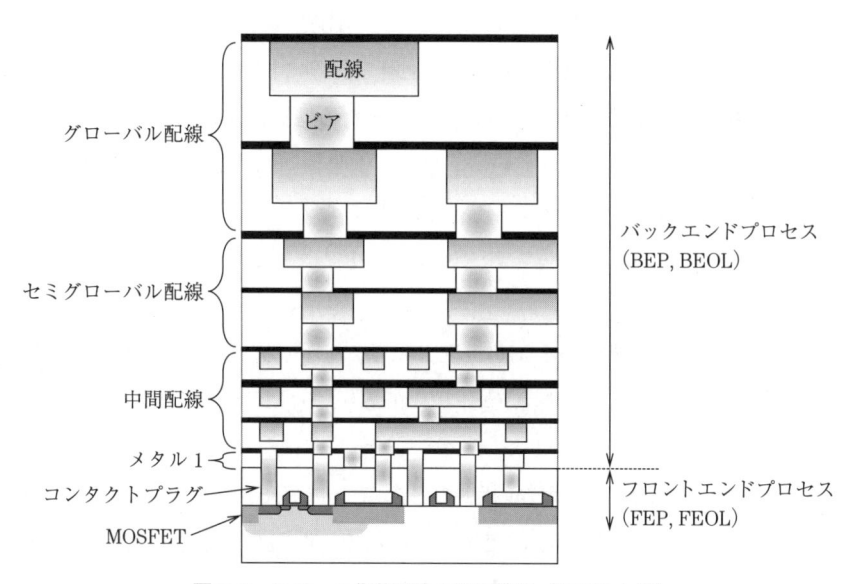

図 2.2 ロジック集積回路の断面構造（ITRS より）

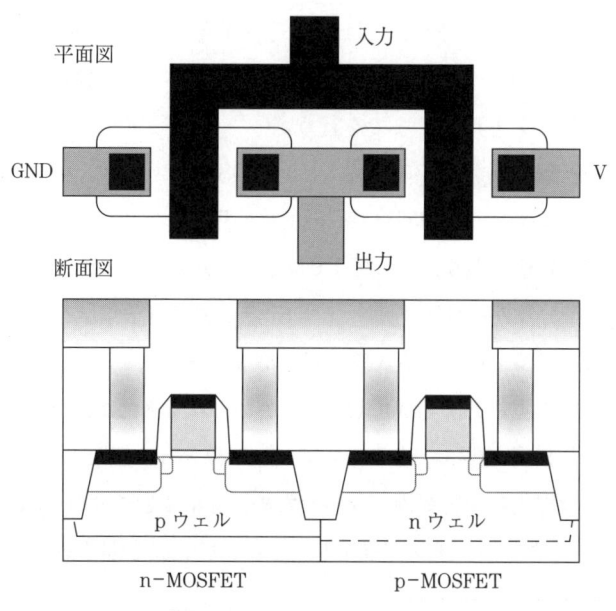

図 2.3 CMOS インバータの構造

集積度を上げるためには微細化が要求される。配線では，下層の配線ではトランジスタと同様に微細化が求められるが，上層の配線においては，離れたブロック間や長い距離を電気的に接続する必要があるため低抵抗が求められ，配線断面積が上層ほど大きく設計されている。ロジック集積回路の他に，DRAM[†1]やフラッシュメモリなどのメモリ素子では，記憶のための容量などの素子を形成する工程が加わる。DRAM やフラッシュメモリでは，配線層数が 4 層程度と大幅に少ない。

半導体集積回路を構成する MOSFET には，電子が流れる n 形 MOSFET と正孔（ホール）が流れる p 形 MOSFET があり，n–MOS と p–MOS を相補的に組み合わせたいわゆる CMOS インバータが基本になっている。CMOS インバータでは，n–MOSFET が on 状態のときに，p–MOSFET が off 状態となり，on/off が切り換わる瞬間のみ電流が流れるため，低消費電力にできるという特徴があり，高集積化に適している。

〔2〕集積回路のプロセスフロー（**FEOL**）　図 2.4 に FEOL のプロセスフローを示すように，FEOL では，① 素子分離，② チャネル形成，③ ゲート酸化膜形成，④ ゲート電極形成，⑤ ソース・ドレイン電極形成，⑥ 絶縁膜堆積およびコンタクト形成，までを行う。

① **素 子 分 離**　素子分離工程では，MOSFET（素子）をつくる領域を電気的に分離する。集積回路に一般的に使用されるのは，導電性のある p 形の半導体基板であり，それだけでは素子間が電気的につながってしまうため，素子分離が必要である。まず Si 窒化膜で素子領域を覆い，素子分離領域に絶縁層を形成する。絶縁層を形成する方法として，選択的に分離領域を熱酸化する方法（LOCOS 法）がとられてきたが，LOCOS[†2]法では酸化膜と Si の境界で，鳥のくちばし状に幅をもつ領域（バーズビーク）ができて微細化の阻害要因となったため，近年は素子分離領域の Si を RIE（後述）によりエッチング加工し，そこに酸化膜を埋め込んで CMP 平坦

[†1] dynamic random access memory の略で，一時記憶型メモリーを指す。
[†2] local oxidation of silicon の略

2.1 半導体プロセス

① 素子分離
- トレンチエッチング
- 酸化膜堆積
- CMP

② チャネル形成
pウェル　nウェル
- pウェルイオン注入（Bなど）
- nウェルイオン注入（Pなど）
- チャネルイオン注入

③ ゲート酸化膜形成成
酸化膜　酸化膜
- ゲート酸化

④ ゲート電極
ポリシリコンゲート
- ポリシリコン CVD
- ゲート RIE

⑤ ソース，ドレイン電極形成
シリサイド　側壁酸化膜
n^+ LDD　　p^+
- LDD イオン注入
- 側壁酸化膜堆積，エッチバック
- p^+, n^+イオン注入，活性化
- 電極金属堆積(Ti, Co, Ni)など
- シリサイド化

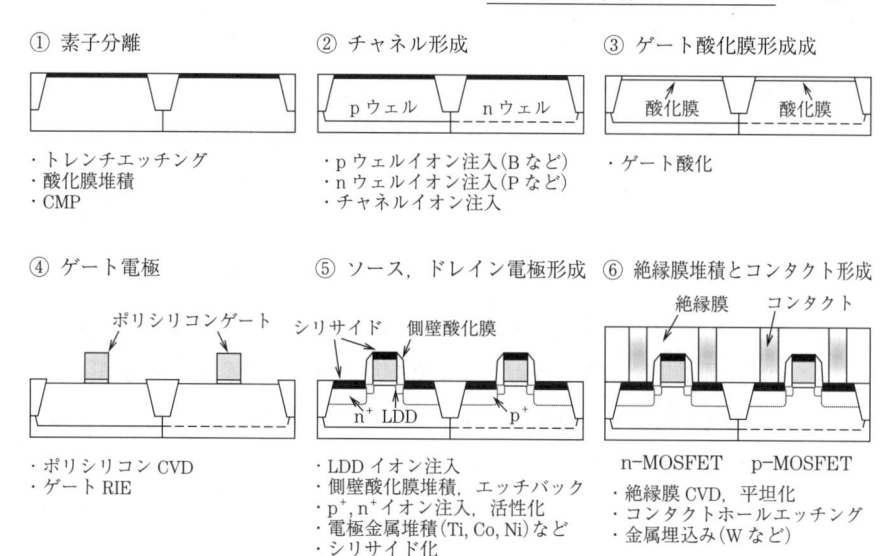

⑥ 絶縁膜堆積とコンタクト形成
絶縁膜　コンタクト
n-MOSFET　p-MOSFET
- 絶縁膜 CVD，平坦化
- コンタクトホールエッチング
- 金属埋込み（Wなど）

図 2.4　プロセスフロー（FEOL）

化（後述）し，溝状の絶縁領域を形成する STI (shallow trench isolation, 浅溝素子分離）が用いられている。

② **チャネル形成**　つぎに，トランジスタのチャネルとしてnチャネルおよびpチャネル領域を形成するが，チャネルと基板の間には，通常，ウェルといわれる電位の壁を形成する。n形チャネルを形成する領域にはpウェルを，p形チャネルを形成する領域にはnウェルを，それぞれ，ボロン（B）やリン（P）などをイオン注入して形成する。イオン注入量や深さは，所望のトランジスタのしきい値電圧や電流値を得るために設計する。

最近は，しきい値電圧のシフトなどの短チャネル効果や，基板リーク電流を抑制するためにチャネルの下に絶縁層を設けた silicon on insulator (SOI) を基板に用いる場合もある。また，チャネルを流れるキャリア（電子，正孔）の移動度を向上するため，チャネルにひずみを加えるひずみ Si チャネルも用いられ，Si より格子定数の大きな SiG_x 層をチャネルの

下に設けたり，ソース，ドレイン領域に選択的に堆積することでチャネルに引張りや圧縮ひずみを加えることができる。

③ **ゲート酸化膜形成**　つぎにゲート酸化膜を熱酸化により形成するが，微細化とともに超薄膜化が必要で，リーク電流の問題や経時絶縁破壊 (time-dependent dielectric breakdown, TDDB) などの信頼性劣化があるため，Si 酸化膜のみでなく，Si 窒化膜との積層構造，さらには高誘電率 (high-k) 絶縁膜 ($HfSiO_2$) も用いられる。ゲート絶縁膜形成工程では，界面準位密度の制御が重要であり，原子レベルでの構造制御が求められている。また従来の MOSFET では，主に (100) Si 基板の表面を用いているため，(100) 面のみを考えればよかったが，最近はダブルゲート構造，FinFET，縦型 MOSFET などの立体的なトランジスタ構造によって，RIE 処理された表面や，(100) 以外の表面の構造制御が重要になってきている。

④ **ゲート電極形成**　つぎにゲート電極を形成するが，ゲート電極には高濃度に不純物を導入したポリシリコン（多結晶 Si）を用いる。不純物の導入には，イオン注入や CVD 法（後述）でポリシリコンを堆積するときに不純物を導入する方法がある。ポリシリコンゲートでは，微細化により金属的とはいえ半導体であるために生じるゲートの空乏化の問題や，high-k 絶縁膜使用に伴うしきい値電圧の制御の必要性のために，45 nm ノード以降，ポリシリコン以外に金属も用いられるようになっており，high-k/メタルゲート技術と呼ばれている。ゲート金属としては，NiSi, TiN などが用いられ，ポリシリコンゲートと同様にゲート酸化膜を形成した後にゲートを加工する方法と，ソース，ドレイン電極を形成した後に，ゲート開口部に所望のしきい値電圧が得られる金属を埋め込む方法（ダマシンゲート）が報告されている[4]。

⑤ **ソース・ドレイン電極形成**　つぎに，ソース，ドレイン電極を形成するが，電極領域での寄生抵抗を低減するため，電極領域にチャネルより濃度が高い不純物領域をイオン注入により形成する。電極下の不純物濃

度が高く，厚さが厚いほど寄生抵抗は小さくなるが，ドレイン電極部での電界集中によりホットエレクトロンと呼ばれる高エネルギーの電子が発生し，ゲート絶縁膜の信頼性劣化要因となり，さらに，微細化による2次元効果によって短チャネル効果が大きくなる問題があるため，LDD (lightly doped drain) と呼ばれる，階段状に不純物濃度と厚さを設計した構造が一般的に用いられる。さらに LDD 構造の作製では，ゲート電極およびその側壁をイオン注入のマスクとすることで，注入領域とゲート電極間隔が自動的に配置されるセルフアライン（自己整合）プロセスが用いられる。

セルフアラインプロセスは，以下のようにソース，ドレイン電極金属の形成においても用いられる。ソース，ドレイン電極のゲート電極に対するセルフアライン形成では，まず全面に Ti, Co, Ni などの金属をゲート電極を覆うように全面に堆積し，熱処理することで，選択的に金属と Si が反応し，シリサイド（金属とシリコンからなる化合物）が形成される。このとき，ゲートの側面に設けられた絶縁膜（SiO_2 など）上に堆積した金属は，シリサイド化反応を生じない。シリサイドを残して母体金属を選択的にウェットエッチングすることで，シリサイド化した領域だけが，ゲート，ソース，ドレイン電極として自動的に配置されて形成される。このプロセスはサリサイド[†] (self-aligned silicide, salicide) プロセスと呼ばれている。

⑥ **絶縁膜堆積およびコンタクト形成**　　つぎに，トランジスタを覆うように絶縁膜を堆積し，配線工程に移るために化学機械研磨 (chemical mechanical polishing, CMP) による絶縁膜の平坦化を行う。平坦化された絶縁膜にコンタクトと呼ばれる縦方向の配線をつくるために，コンタクトホールを反応性イオンエッチング (reactive ion etching, RIE) により形成する。コンタクトホールは，アスペクト比（孔の深さ/直径）が大きく金属を埋め込むのが難しいため，埋込み性に優れた成膜方法が必要で，ポ

[†] 文字どおり，シリサイドが自己整合で配置される技術を意味する。

リシリコン CVD（chemical vapor deposition，化学蒸着）や，タングステン（W）の CVD が用いられる。W-CVD では，バリアメタルが必要で窒化チタン（TiN）などが主として用いられる。微細化に伴い，コンタクト抵抗の低減が求められており，銅（Cu）の適用も検討されている[5]。

〔3〕 **集積回路プロセスフロー（BEOL）** 配線工程（BEOL）では，多層配線を形成するが，180 nm ノードより前は，金属に Al 合金，配線間絶縁膜に SiO_2 を用いた配線が主流であった。180 nm 世代以降は，Al/SiO_2 配線の信号遅延の増大や信頼性劣化の問題を解決するため，Cu 配線が用いられるようになった。また層間絶縁膜として 180 nm ノードまでは SiO_2 が主に用いられてきたが，130 nm ノード以降，低誘電率絶縁膜（low-k 膜）が用いられている。Al 配線と Cu 配線では，配線加工法が大きく異なる。Al 配線では，全面に Al 合金（信頼性を向上するために Cu を 0.5 wt.%程度添加）をスパッタ法で堆積した後，RIE による配線加工が用いられる。一方，Cu 配線では，Cu の RIE 加工が困難なため，図 **2.5** にプロセスフローを示すダマシン法（ダマスカスの縄目模様に由来して命名された，象嵌細工と同様の手法）が用いられている。ダマシン法では，図に示すように，① 層間絶縁膜堆積，② 配線溝，ビアホールエッチング，③ 金属埋込み，④ CMP 平坦化および絶縁キャップ膜堆積，により配線パターンを形成する。

① **層間絶縁膜堆積** 誘電率（k 値）を酸化膜より低くする方法としては，膜中の炭素の割合を増やすか，ナノサイズの空孔を膜中に導入して密度を下げる方法がある。また low-k 膜の堆積方法には，CVD 法と塗布（スピンオン）ベークがある。$k = 3.0$ 程度（90～65 nm ノード）までは，プラズマ CVD 法による，空孔のない SiOCH 膜が主として用いられた。おおよそ $k = 2.5$ までは，空孔を導入したポーラス SiOCH 膜が用いられている。低誘電率（low-k）薄膜は，k 値の低下とともに機械的強度の低下や，RIE や薬品処理によるプロセスダメージの増加の問題があるため，材料とプロセスの開発が必要である。

① 層間絶縁膜堆積

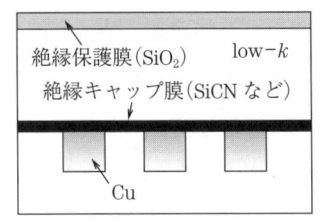

絶縁保護膜(SiO$_2$) low-k
絶縁キャップ膜(SiCN など)
Cu

・low-k 膜堆積
・絶縁保護膜(SiO$_2$)堆積

② 配線溝,ビアホールエッチング

配線溝
ビアホール

・ビアホールエッチング
・配線溝エッチング

③ 金属埋込み

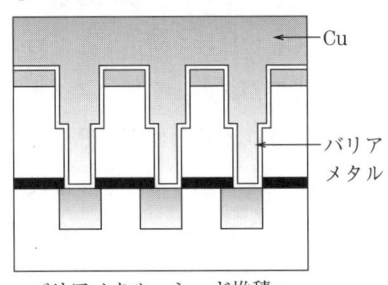

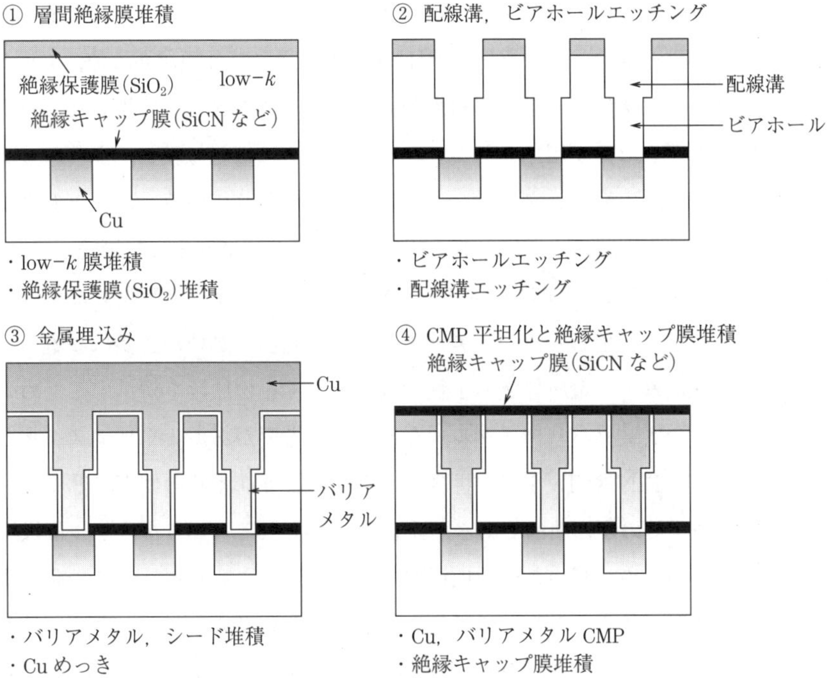

Cu
バリアメタル

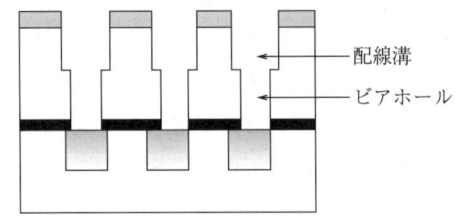

・バリアメタル,シード堆積
・Cu めっき

④ CMP 平坦化と絶縁キャップ膜堆積

絶縁キャップ膜(SiCN など)

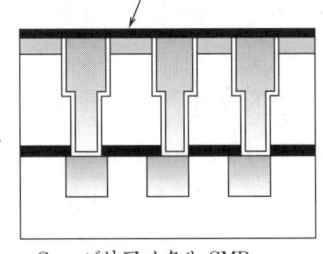

・Cu,バリアメタル CMP
・絶縁キャップ膜堆積

図 2.5　プロセスフロー(BEOL)

　また low-k 膜を単独で用いることが誘電率を下げるためには望ましいが,プロセス制御や信頼性の面から,SiO$_2$ や SiCN などの絶縁保護膜との積層構造が用いられる。図 2.5 では,CMP によるダメージを軽減するため low-k 膜表面に SiO$_2$ などを堆積している。また,配線層間に比較して絶縁膜体積が大きくなるビア層間では,機械的強度を保ち,プロセスダメージによるビア接続不良を低減するために,配線層間と異なる low-k 膜を用いることもある。

② **配線溝,ビアホールエッチング**　層間絶縁膜に配線溝(トレンチ)やビアホール[†]を形成する方法もさまざまなものが開発されている。現在では,溝とビアを同時に形成するデュアルダマシン(DD)法が主流であ

[†] 図 2.5②に示すように,上下の配線層間をつなぐ部分。

る。DD 法にも，トレンチファースト，ビアファーストといった配線溝とビアホールのどちらを先に RIE するかによって分類がある他，エッチングのマスクにエッチング耐性の高い材料をマスクとして用いたハードマスクプロセスが用いられる。ハードマスクには絶縁膜や，よりエッチング選択比の高いメタルハードマスクも用いられている。エッチング工程における課題の一つは，ポイズンド・ビアと呼ばれるビア接続不良で，フォトレジスト†（単にレジストともいう）とエッチング残留物などとの反応によって生じるため，エッチング後の適切な処理が必要になる。

③ **金属埋込み**　　金属埋込み工程では，まず Cu の拡散を防止するためのバリア金属層（バリアメタル）を形成する必要がある。バリアメタルとしては，TaN や Ta を異方性スパッタ法により溝や孔の側面に薄く均一に堆積するのが標準的であるが，Ti も用いられる。バリアメタルは抵抗率が高いため，厚いと配線抵抗が上昇するため，数 nm レベルに薄膜化する必要がある。さらに微細化に対応するため従来のスパッタ法に代わる方法として，CVD 法や原子層堆積（atomic layer deposition, ALD）法などのメタル堆積によるバリア形成の他，Cu に Mn や Ti などを混入させ，絶縁膜との界面反応によって MnSiO などの自己形成バリアを形成する方法も開発されている。

Cu の埋込みには電解めっき法が用いられる。電解めっきには，めっき反応に必要な電子を供給する電極層（シード層）が必要で，前述のバリア膜と真空連続で異方性スパッタにより Cu が堆積される。近年は，このシード層の被覆性（カバレッジ）不足によるボイド発生を防止する対策として，Ru や Co などのシード補強層の堆積も開発されている。Cu めっきには硫酸銅浴が用いられ，堆積を抑制する抑制剤や促進剤などの添加剤の作用により，孔の底の堆積速度を上げるボトムアップめっき（スーパーフィリング）が用いられる。さらにめっき膜の安定化のために，150

---

† 半導体のリソグラフィー工程において，加工すべき基板にパターンを形成するための感光剤をいう。

〜400°C の熱処理が行われる。

④ **CMP 平坦化と絶縁キャップ膜堆積** CMP では，スラリーを用いて化学反応により Cu の表面に酸化層を形成し，その反応層をアルミナなどの砥粒(とりゅう)を用いて物理的に研磨して，溝や孔以外の部分の金属を除去すると同時に平坦化を行う。一般的に Cu 用とバリアメタル用の 2 種類のスラリーを用いて研磨を行う。

CMP 研磨後のクリーニングは，配線信頼性確保の点で非常に重要になる。CMP 後の Cu 表面は，SiCN などの絶縁膜で覆われるが，その界面の密着性がエレクトロマイグレーション（electromigration, EM）信頼性に大きな影響をもつため，CMP 後の表面酸化をできるかぎり抑制する必要がある。また，CMP 後の絶縁膜表面は，配線間リークの主要経路となるため，残留金属などの不純物の除去が，配線間の経時絶縁破壊（time-dependent dielectric breakdown, TDDB）の抑制のために重要である。

CMP 後の表面に Cu 拡散を防止するための SiCN, SiCO などの絶縁キャップ膜を堆積する。絶縁キャップ膜の誘電率は，一般に low-k 膜より高いため，配線の実効 k 値を下げるためにできるだけ k 値が低いことが望ましい。また EM 信頼性を向上するために，Cu 表面のシリサイド化処理や無電解めっきによる CoWP キャップ堆積も行われている。

2.1.3 超臨界流体プロセスの半導体プロセス導入に関する考察

超臨界流体プロセスにかぎらないが，新しいプロセスを半導体プロセスに導入しようとした場合，いくつかのハードルを越えなければならない。ここでは，それについて考察してみたい。新プロセス導入においては，① 新プロセス導入の必然性，② 既存プロセスラインとの整合性，③ 量産性，が重要と考えられる。

① **新プロセス導入の必然性** 第一に新プロセス導入の必然性が重要な理由は，半導体生産ラインに多くの投資を必要とすることから，プロセス変更リスクが大きい点にある。歩留まりを向上できるとか，微細化を実

現するために，他に有力な解決手段がないなどの必然的理由が新規プロセス導入の最大の動機になる．性能改善効果が少ない場合や，回路設計など他の手段で問題が解決できる場合には，コストやリスクの面での大きなメリットがないかぎり，導入されることは難しい．例えば，high-k 絶縁膜の場合，酸化膜では原理的に実現できないゲート絶縁膜の薄膜化を実現できた．また Cu 配線では Al 配線では実現できない電流密度限界を超えることができた．また CMP ではドライエッチングでは実現困難なグローバル平坦化が実現でき，Cu めっきでは，スパッタや CVD では実現できないボトムアップ埋込みが実現できた．

超臨界流体プロセスにおいては，超臨界流体を用いた単金属の微細埋込みについては，ナノレベルの埋込み性がすでに実証されている．Cu 配線埋込みめっきの代替やバックアップとして非常に有望である（6 章）．洗浄・乾燥（3 章，4 章），絶縁膜堆積（7.5 節）や処理（5 章）などについても技術蓄積が進んでいる．このような，新規プロセスの可能性検証については，他のプロセスでは原理的に実現できない特徴，例えば，溶媒としての優れた作用や表面張力フリー，微細パターンへの侵入などの特徴はすでに基礎研究レベルでは行われている．今後特に，適切な費用対効果を示すことが重要と考えられる．

② **既存プロセスラインとの整合性**　　第二の整合性については，導入によって他のプロセスへの影響を最小限に抑える必要があるということである．半導体生産ラインでは，すべてのプロセスが歩留まりや性能，信頼性を担保するために最適化され，管理されている．したがって，新プロセスは基本的に，従来プロセスの条件の制約を受け，歩留まり，性能，信頼性などの劣化を起こさないことが求められる．例えば，配線工程に導入する場合であれば，プロセス温度を 350～400℃ 以下にしなければならない．また例えば，新しいビア埋込みプロセスであれば，ビア抵抗値などの電気的特性ばらつき，ビア歩留まり，信頼性などのデータを取得し，従来プロセスと比較して優位性を明らかにしなければならない．

研究室レベルの可能性検証後，従来プロセスとの性能比較を実デバイスに近い形で実施するために，開発ラインなどを使って試作が行われる。その際には，パーティクルや不純物汚染など，ラインに汚染を持ち込まないように，事前の汚染評価を行い，適切なクリーニングや管理が必要となる。この試作によって，ばらつきや歩留まりを含めた新プロセスのポテンシャルが明らかにされる。また，この段階において開発ラインと同じウェーハサイズを処理できる α 機[†1]などの試作装置が必要になる。

③ **量 産 性**　量産展開には，装置導入コスト，プロセスコスト，稼働率などのコストに見合った効果が必要である。スループットは1時間当りのウェーハ処理枚数で表されるが，メンテナンスによる装置の停止時間も考慮する必要がある。また量産装置が，遅滞なくラインに導入されるようにする必要がある。ITRS の立上げモデルによれば，量産24箇月前に β 機[†2]が必要とされている。

半導体プロセスにおいては，low-k 膜など機械的強度の弱い材料の導入により，よりプロセスダメージの少ないクリーニングや表面処理が求められている。また微細化の進展により，微細パターンのクリーニングや金属堆積が求められている。超臨界流体の特徴がこれらの課題解決に必然的であることが示され，デバイス評価が進めば，今後，新たなプロセスとして半導体プロセスへの導入が期待される。

2.2　MEMS プロセス

2.2.1　MEMS プロセスと超臨界流体への期待

近年 MEMS デバイスはわれわれの生活の身近なところに使用されるようになってきている。代表的なデバイスは3次元加速度センサであり，パソコン，携帯電話やスマートフォン，ゲーム機，歩数計など非常に多くの機器の中に組

[†1] ウェーハ量産を意図したウェーハ対応試作機。
[†2] 装置市販・量産を意図した試作機。

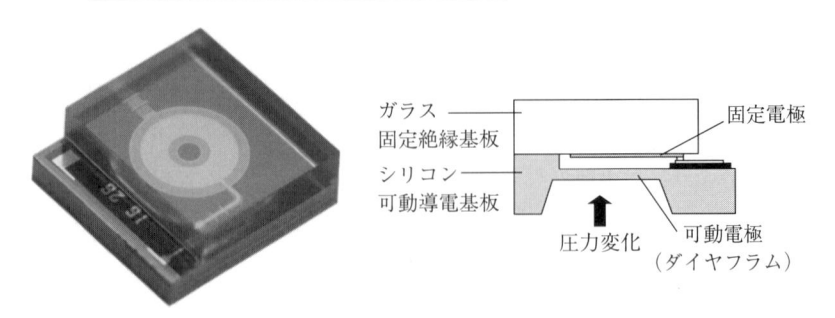

図 2.6　MEMS デバイス例（静電容量型圧力センサ（オムロン社製））とその基本構造

み込まれるようになった。他にも自動車，家電分野，医学・バイオ分野，検査装置，製造装置，科学機器などにも応用を広げつつある（図 2.6）。

　MEMS デバイスは 1990 年代にも，自動車など，小型・高精度などが求められる場面でも使われていたが，現在のように多様な商品に搭載されるには至らなかった。それが打開された要因の一つは，直接のユーザである製品メーカーのセンサデバイスメーカーへの依存度が少なくなったこと，つまりユーザの自由度が大きくなったことにある。例えば，センサデバイスには制御回路が組み込まれており，そのレジスタ†を用いて，オフセットやバイアスの調整ができるようになった。そのため，比較的簡単に製品への適合を検討することが可能となった。さらにこの結果として，過剰に商品数を増やさず量産効果メリットを生かすことができるようになり，低価格でセンサを提供できるようになったのである。さらに現在ではサンプリングの条件，可動・休止状態の設定などの回路も組み込まれており，回路部品をいたずらに増やすことなくセンサを組み込むことが可能になっている。

　以上の事実は，現在までの MEMS デバイスの進化とともに，将来の MEMS デバイスが進化する方向性をも示唆している。デバイスの進化は，ユーザニーズに応えるためのデバイス構造の複雑化でもあり，その中で超臨界流体利用プロセスが期待され，また，一定の役割を果たしてきた。

---

† 設定用メモリの一種。

この節では従来からのMEMSデバイスの集積化の課程とその発展の中でどのような超臨界技術が求められてきたか，また将来求められるかを述べていきたい。

2.2.2 MEMSプロセスの特徴と超臨界乾燥・洗浄

〔1〕 **MEMSプロセスの特徴と問題**　MEMSデバイスは，LSIやメモリを製造する半導体の微細加工技術をベースに，機械的な動きが可能な3次元構造体を形成し，小型で高精度なセンサやアクチュエータを実現したものである。

MEMSが登場する以前の従来の組立て系のセンサシステムでも，半導体デバイスの小型化により内部の制御回路は小さくなり，より小さなスペースに組み込めるようになっていた。しかし，センサ検知部が従来サイズのままでは，小型化に限界が存在した。また，半導体集積回路は量産効果で急激に値段が下がっても，制御回路部分だけでは効果は限定的で，センサシステム全体のコスト削減にも限界があった。そこでセンサ検知部の小型化が求められていたわけである。

この要求に応えるには，より小さな入力量でも反応する微細な構造が必要であり，さらにそれを再現性よく製造できる技術が必要である。半導体集積回路製造技術は量産微細加工技術で最高に位置するものであり，MEMSデバイスは半導体回路で制御されるという宿命から，MEMSデバイスの微細加工技術が半導体技術をベースとして発展したことは必然であった。

しかし，この事実は半導体製造プロセスの制約も同時に受けることを意味する。すなわち，Siやガラスといった基板を加工することがMEMSデバイス製造の根本プロセスとなり，ウェーハ上に成膜，リソグラフィー，エッチング，ダイシングを使って微細加工することが基本となる。そのような半導体プロセスの制約下でも，MEMSに特化したプロセスが必要となり，特にエッチングと接合技術が重要となった。

例えばエッチングでは，MEMSの開発の黎明期ともえいる1990年前後の半導体デバイスの加工では，ウェーハ裏面の高速エッチング（バックサイドシン

ニング）工程を除いて，せいぜい数 μm レベルの加工しか行われていなかった。それに対して MEMS プロセスにおいては当時から，ウェーハ表面に 10 μm 以上のスケールのエッチング加工を実現する技術が多用されていた[†1]。さらに，Si 基板の厚み方向を支持躯体や錘（おもり）として活用するようなデバイスにおいては，厚みをほぼすべて利用するため，400〜500 μm ほどエッチングする[†2]。このような深くエッチングする技術は MEMS プロセスの大きな柱の一つである（図 2.7）。

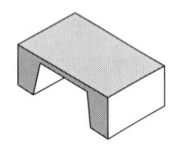

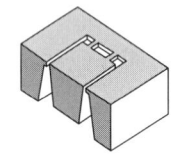

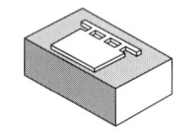

（a）バルク MEMS 構造　　（b）表面マイクロ MEMS 構造

図 2.7　バルクと表面マイクロ MEMS 構造イメージ

　MEMS を特徴づけるもう一つの技術は，異種材料の接合技術である。現在では半導体デバイスでも多用されるようになったが，MEMS の場合 3 次元の構造体形成に必須の技術である。Si 基板同士を熱で張り合わせる直接接合や，プラズマやレーザ技術の発達により実現可能になった常温域での表面活性化接合など多様な種類が存在するが，当初は，ほう珪酸ガラス基板と Si 基板を接合する陽極接合技術が，接合安定性の観点から実用性の高い接合方式であった。ガラス基板を支持基板兼絶縁基板とし，Si 基板を導電層および可動部とすることで機械構造を実現した。図 2.6 の MEMS デバイスのガラス基板と Si 基板との接合は陽極接合によるものである。

　MEMS を特徴づける以上二つのプロセス，すなわち半導体デバイス製造プロセスと材料接合技術は，MEMS プロセスにおいて超臨界乾燥・洗浄を導入する大きな動機になった。MEMS デバイスの構造を見ると機械的動作を可能にする空間が存在し，この空間の洗浄・乾燥が大きな問題になる。加速度センサや角速

[†1] 表面マイクロプロセス，あるいは表面マイクロマシニングと呼ばれる。
[†2] バルクマイクロプロセス。

度センサなどの慣性センサの多くは，微小なギャップ（だいたい2～5μm程度）形成と可動ダイアフラムとなる薄膜形成が基本構造となる。例えば，圧力センサでは，圧力の変動によって生じるダイアフラムの変形を静電容量やピエゾ抵抗効果によるひずみ測定で測定する。また，インクジェットプリンタヘッドでもピエゾ方式ではピエゾ効果で薄膜を変形させ，この変形を利用してインク流路の一部を押し縮め，吐出口からインクを飛び出させている。ディスプレーで使われているDMD（digital mirror device）も，ギャップを介してミラー下にある電極に電圧を印加して静電力を働かせてミラーを傾けるものである。これらのデバイスを高感度化するには，ギャップ間隔を狭くすることが有効となる。

ギャップを製作するには，犠牲層を形成してその上に目的の構造を形成した後，犠牲層を除去すればよい。例えば，金電極上に有機膜やシリコン酸化膜をギャップ間隔となる厚さに形成し，この上にダイアフラムとなるシリコン薄膜などを形成する。ダイアフラムをパターン化（加工）した後，犠牲層がシリコン酸化膜であれば緩衝フッ酸などによりこれをエッチング除去すれば，ギャップが形成できる。しかしながら，エッチング工程で水洗～乾燥工程が行われると，毛細管力が働いてダイアフラムと電極とが張り付いてしまい（スティッキング），センサとしての機能が失われる。

可動部品を用いたセンサは，駆動体のばね性を下げることで感度向上効果や駆動効率削減効果を得ている。やわらかくて動きやすいばねがわずかな電極間（だいたい2～5μm程度）で配置されているため，もともとスティッキングを起こしやすい状態にある。また，その空間にはエッチングのマスク材や，オーバーエッチングで発生した有機物や金属残渣が溜まりやすい。可動複雑構造体を洗浄・乾燥することは，MEMSデバイスを構成するうえでは必須となる。

さて，MEMSセンサの需要が牽引力となり，MEMSは少しずつ応用領域を拡大してきた。しかし，小品種大量生産がはっきりしている業界向けが主力であり，多様な商品に提供できるような状況には至っていなかった。エンドユーザでオフセット・感度調整を可能とし，同一センサで複数の商品に展開する技術が確立されていなかったためであり，これを実現したのが現在普及している

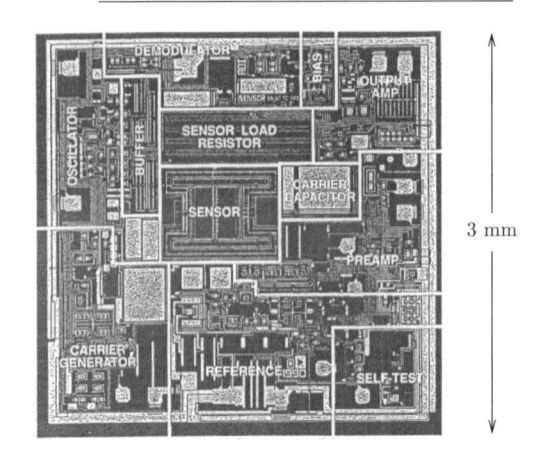

58   2. 半導体と MEMS の製造プロセス

図 2.8 集積化加速度センサ
（アナログデバイセズ社製）

集積化加速度センサである（図 2.8）。

従来のセンサでは実現できていなかったオフセットバイアスの調整機能は，デバイス・回路一体設計を行うことで実現し，複数の製品に対応ができる MEMS センサが実用化された。このセンサは，前述の表面マイクロ MEMS 技術を用いたものであり，半導体デバイスプロセスとの親和性が高いため，半導体デバイスメーカーが開発を先導した。そしてこのセンサの中心技術は櫛歯型構造であり，梁やダイヤフラムよりもさらに複雑でスティッキングを起こしやすい。超臨界乾燥・洗浄はこのような櫛歯型構造に対して非常に効果的で，実際に使用・評価されてきた。

〔2〕 加速度センサの例　　図 2.9 は真空封止構造をもつ静電容量型加速度

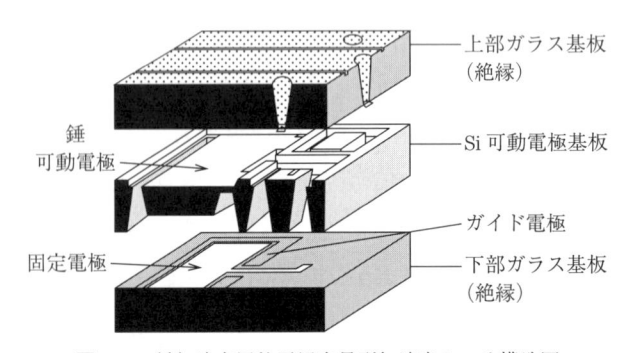

図 2.9 低加速度用静電用容量型加速度センサ構造図

センサの例である．ガラス基板・Si 基板・ガラス基板の 3 層からなり，Si 基板部に錘が存在し，片持ち梁で支持されている．この錘は上下のガラス基板に錘に対向するように形成した電極に数 μm の距離をおいて挟まれている．この電極は Si で形成された配線層を通じて上部ガラス基板上面の取出し電極に導かれている．錘も Si 基板を通して上部取り出し電極に導かれており，この錘と上下電極間の静電容量の差をとることで，環境影響の少ない，精度のよい加速度を検知することが可能になる．

この加速度センサ製造プロセスにおいて重要な点は，接合後にエッチングで梁・錘・構造体の分離を行うことである．先に梁・錘・構造体のエッチングを行うと非常に不安定な駆動部をもったままプロセスを続行することになる．さらにこのデバイスの場合，Si 基板配線層は独立した構造体であるので，先にエッチングを行うとウェーハから欠落する．

しかし，接合後にエッチングを実施するとマスクとして使用するレジスト残渣が空間内部へ残る．また，エッチング面でのレジストの欠落やドライエッチング時に生じる電位差により電極がスパッタリングされる．その量はわずかであるが，確実に発生する．

こういった有機系の残渣はガスの発生要因となり，金属パーティクルはマイグレーションなどを起こしてリーク要因になる．したがって，残渣を溶解し，パーティクルを押し流すことができ，微小ギャップに液体を残さないといった要件を満たす洗浄プロセスが求められている．超臨界流体を用いた乾燥や洗浄は，このような要求を満たすといえる．

2.2.3 貫通電極と薄膜堆積

センサ・回路一体化の時代の後に来るといわれているのが複数のセンサや通信機能を集積する技術である．これは，ユビキタスネットワークやセンサネットワークと呼ばれる世界に対応するために必要となる技術である．電力不足対策としてのエネルギー監視や空調システムなどの省電力駆動，耐久寿命を迎えつつある建築物（ビルや橋・堤防など）の監視や人の健康管理などの分析で，装

着しても邪魔にならない大きさで，簡単にかつ低消費電力で必要な情報を取得し，制御すべきところに必要な情報を伝達するセンシングモジュールが求められるようになってきている．

例えば，空調の効率運用では建物全体や，1日単位でのエネルギー効率向上を快適性を落とさずに実現することが求められてる．このためには，温度，湿度といった基本的な情報のみで制御するのではなく，人の位置・動き・状態，CO_2 濃度，などの情報から送風の向き・量・時間，換気のタイミングなどの制御が必要となってきている．またスマートグリッドや自家発電などエネルギーの創出源の多様化に伴い，小型の発電所や家庭での"エネルギーの流れの見える化"需要が高まってきている．"エネルギーの見える化"にはまず電流測定用の電磁界センサが重要な鍵になるが，つぎに発電量向上のための環境情報（照度，温度など）の取得も求められている．これらをきめ細かく，設定するには低価格，小型，高信頼性，低消費電力を有するセンサモジュールが必要となる．

このような多様なセンサをもつセンサモジュールを実現するには，センサの制御ができる LSI デバイスとその制御規格に適合したセンサ，低消費電力で通信できる無線システム，エネルギーの供給源，そして，それらデバイスを接続するプロセス技術が必要となる．この複数のセンサおよび制御回路・通信回路を効率よく接続できる縦・積層方向への集積化技術の研究・開発が進んでいる（図 **2.10**）．

その技術の一つが，デバイスの集積化・積層化に必要な技術である，貫通孔を用いた配線技術である．

このような貫通孔はシリコンチップを貫通するので，一般的に TSV (through Si via) と呼ばれる．LSI の駆動エネルギー供給から，LSI の高速信号伝播，MEMS デバイスの駆動電力供給からセンサ信号の伝播まで，質の異なるさまざまな電流を流すことが求められている．例えば，バルク MEMS デバイスも含め，複数のセンサを積層集積するには数百 μm 程度の厚さの Si を貫通させ，リークなく導通させる必要がある．

図 2.10 (a) に示すのが TSV 形成プロセス例である．この TSV の形成には，

2.2 MEMSプロセス

```
①  Si 基板
②  エッチング用マスク形成
③  貫通孔の形成
    （ボッシュプロセス）
④  マスク除去
⑤  Si バックサイドの CMP
⑥  絶縁保護膜の形成
⑦  導電層の形成
⑧  配線形成
```

（a）センサモジュール例　　（b）TSV 形成プロセス例
　　　　　　　　　　　　　　　　（NEDO グリーンセンサネットワーク端末）

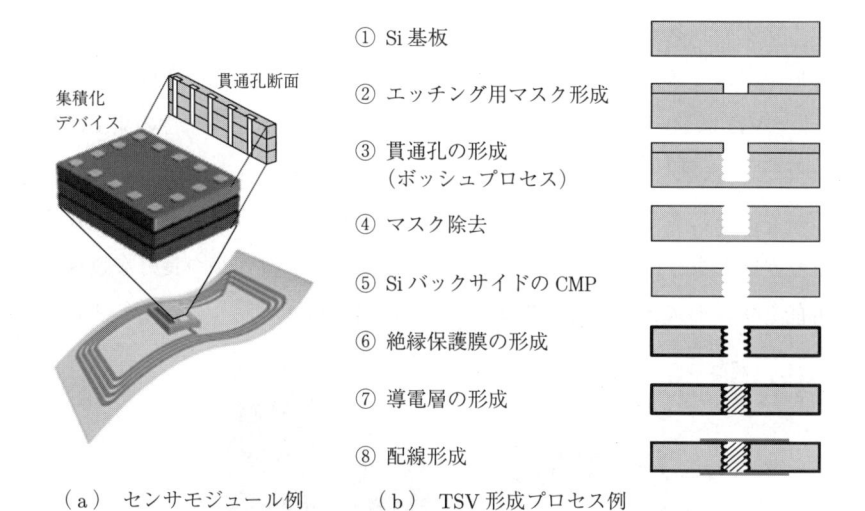

図 2.10　集積化へ向けての配線構造と集積化技術によるセンサモジュール

通常ドライエッチング技術が用いられる。その技術の中でもほとんどの場合ボッシュ（Bosch）法と呼ぶ垂直方向へのエッチングと側壁への保護膜の形成を繰り返すことで，高アスペクト比の縦貫通孔を形成する技術を行うことが一般的である。この高アスペクト比の配線をいかに早く精度よく低コストで実現するかが求められている。ここに超臨界流体の利用が効果的であるといえる。

具体的に図 2.10 のプロセスの中の場合，⑤ Si バックサイドの CMP 後洗浄，⑥ 絶縁保護膜の形成後洗浄，⑦ 導電層の形成後洗浄，において超臨界流体技術が期待される。

CMP（⑤）後の洗浄においてはサブミクロンオーダーの径の貫通孔からアスペクト比 50 程度の貫通孔まで内部の洗浄を行う必要があるが，表面張力の大きな洗浄液では貫通孔内部に入らず，適切な洗浄が進まない。表面張力のない状態での洗浄が一番安定した環境となることは自明である。

また，⑥ 絶縁保護膜の形成プロセス，においては高アスペクト比で形成された貫通孔の側壁に均一に絶縁層を形成することが求められている。しかし，このような貫通孔内で均一な成膜を行うには，壁面にて同じように成膜反応が進

むことが求められる．PVD，CVDなど気体を用いたプロセスの場合，入口付近と底部ではガスの到達密度，ガスの到達比率が変わり，均一な成膜は得られない．CVDはPVDに比べればはるかにましであるが，不均一性の発生は避けられない．

超臨界流体による成膜やめっきの技術は，材料分子を入口であろうが底部であろうが同じようにガスを到達させることが可能な，高速かつ良好な膜質を形成可能なプロセスとして期待されている（図 **2.11**）．

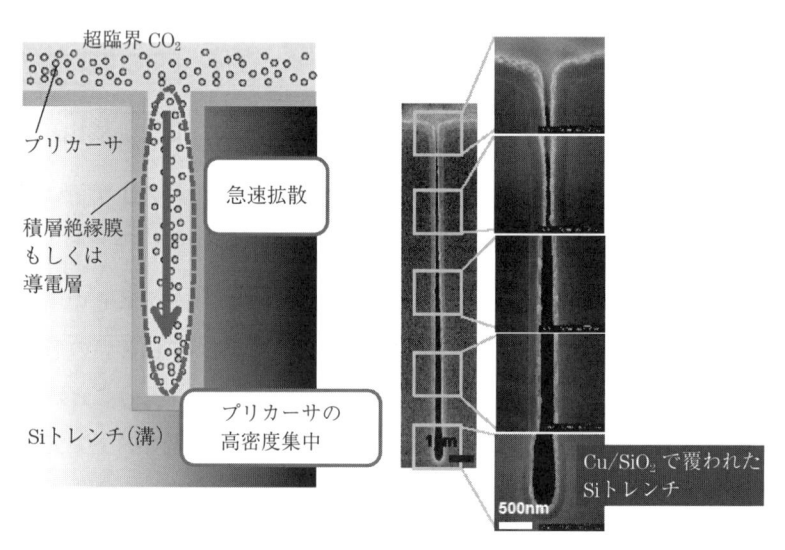

図 **2.11** 超臨界を用いたビア内壁成膜技術（東京大学杉山研究室）

また，⑦ 導電層の形成後洗浄，における期待は，⑥ 絶縁保護膜の形成後洗浄，と同根のものであるが，同時に貫通孔内に高導電率の素材（一般的にはCu）を形成することが求められているため，成膜量がさらに大きなオーダーになる．したがって高速成膜の能力も期待されている．本書では詳しく述べないが，超臨界流体プラズマは高速成膜技術につながる可能性ももっているといえるだろう．

2.2.4 バイオ MEMS への期待

バイオ MEMS においては，マイクロ TAS（total analysis systems）のような分析用途，ドラッグデリバリ MEMS のようなロボット・アクチュエータ系，生体物質と反応するセンサなど多くの用途が期待されている．バイオ MEMS では，有機物など機械的強度や耐熱性が十分とはいえない材料が用いられるため，Si MEMS プロセスに比べて同じスケールで比べるとプロセスは困難になる．特にフッ化系のポリマーなどの疎水性材料は水溶液を用いたプロセスが困難である一方，生体親和性の点から有機溶媒を利用しない安全な処理も必要となる．また，生体模倣（biomimetics）構造の場合は，生体のもつ複雑な構造を転写する必要があるため，微細なギャップや凹凸などを形成する必要もある．

このような特殊性から，バイオ MEMS プロセスにおいては超臨界 CO_2 流体

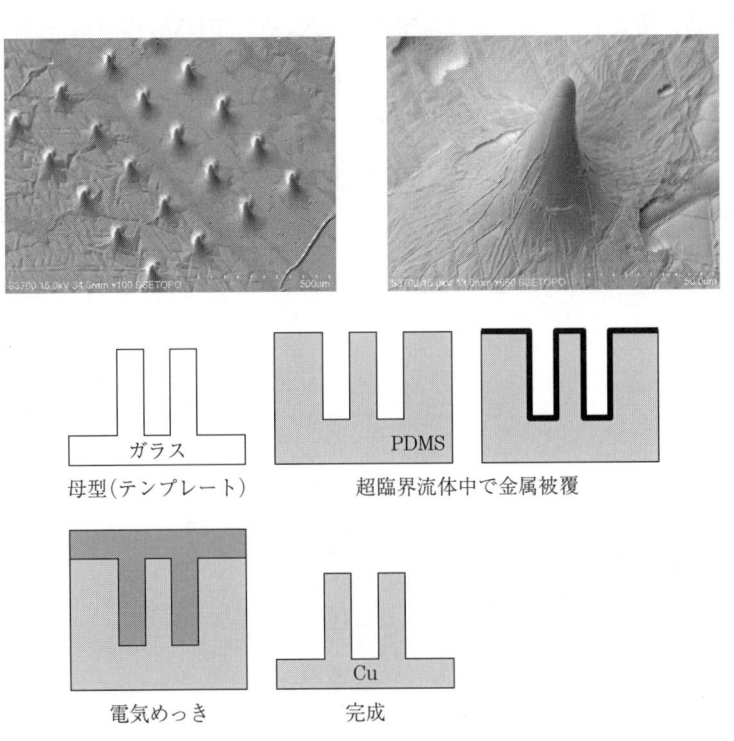

図 2.12 超臨界流体を用いたバイオピンセットの試作例

の適用性はとても高いと考えられる。ここでは，電気バイオピンセット構造の試作例を示して，有用性を述べたい。電気バイオピンセットは，鋭利な電極先端の電界集中と誘電泳動を利用して細胞などを誘引・ハンドリングするものである。大量にハンドリングするためにはアレイ化が有効である。

試作したピンセットアレイは，母型から PDMS（ポリジメチルシロキサン）にニードルアレイ形状を転写し，PDMS を無電解めっきして Cu を被覆，それをシード層として電気めっきで厚化し，Cu のアレイを得ることを考えていた。ところが，PDMS は疎水性の樹脂であるため内部にめっき液が入らず，またスパッタ法や蒸着法では高アスペクトの細孔内部まで蒸着原子が到達できないので，結局電気めっきもできない。

超臨界 CO_2 は，基本的には疎水性であるので PDMS などの疎水性樹脂とよく濡れる。そこで，7 章の金属堆積技術を用いて，PDMS 内を均一被覆した。この原理は上記の TSV と同じであり，超臨界 CO_2 流体中で薄膜堆積を行うと疎水性の基材上に高い被覆性を得ることができる。ついで Cu 電気めっきを行って実際に Cu のピンセットアレイを形成することができた（図 **2.12**）。

超臨界 CO_2 流体のもつ多機能性は，バイオ MEMS のような新しい分野のプロセスで非常に活用できる。

3章

超臨界乾燥

3.1 超臨界乾燥の原理と特長

3.1.1 パターン倒れの原因

　大規模集積回路（LSI）などの高機能半導体デバイスや微細構造体を形成するには，ドライエッチング加工をはじめとする気相反応工程（ドライ工程）だけでなく，洗浄工程も含めて，ウェット工程が不可欠である．当然，その後は乾燥を行うことになる．しかしながら，その構造体上に非常に幅の狭いパターンが形成するようになってくると，いままでには問題のなかった乾燥工程にも課題が生じてくるようになっている．例えば，パターンが崩れることである．これまでは，洗浄工程で薬液やリンス水を入れたとき生じる渦流などでパターンが倒される危険性は知られていたが，乾燥段階では問題点はほとんど考えられていなかった．しかしながら，最近では乾燥時にパターンが倒れるようになってきている．これは，パターン幅などが小さくなり，その寸法がわずかな外力に耐えきれなくなったためにほかならない．

　ここでは，乾燥時に生じるパターン倒れについて，その原因と解決策について言及する．

　現在，LSI製造では，パターン寸法がすでに50 nm以下のデバイスが生産され，その寸法はすでに20～30 nmに到達してきている．まさにナノパターン形成が実行される時代が迫りつつある．このようにLSI製造では，2～3年単位でパターン幅が縮小する傾向にある．ところが，パターンの高さはそれほど減少

しないために(例えばレジストパターンはエッチングマスクとなるため、ある程度の膜厚は必要となる)、結果としてパターンのアスペクト比(高さ/幅)は増加することになる。その結果、パターンは倒れやすくなる[1]~[3]。パターンが倒れてしまえば解像したことにはならず、よってパターン倒れは解像性を劣化させることにもつながる。近年では、解像性の向上とともにこのパターン倒れをなくすことが微細パターン形成にとって解決しなければならない課題となっている。

このパターン倒れの一つは、現像後の乾燥工程において生じることがわかっている。すなわち、現像、リンス工程ではパターンは正しく立っているが、乾燥後には倒れていることが確認されている。この問題は、レジストのみならずマイクロマシン製造で用いられるシリコン(Si)パターンでも生じている。犠牲層(SiO_2膜など)のウェットエッチング後洗浄~乾燥したとき、Siパターン同士がくっついてしまう(スティッキング)などである。このような現象は、微細で高アスペクト比のパターンが形成されるようになってきて、乾燥時のわずかな外力によりパターンが曲げられる、あるいは倒れるようになってきたためである。

パターン倒れは、その原因から2種類に分類できる。すなわち、ライン&スペースからなるライン列の倒れと、1本の孤立ラインの倒れである。以下に、これらについて解説していく。

3.1.2 ライン列(高密度パターン)のパターン倒れ

図3.1にパターン倒れの例を示す。水リンス後に窒素雰囲気下で乾燥した、図(a)のSiパターン、および図(b)のレジストパターンである。Siではパターンが曲げられ、レジストではパターンが倒されている。図(a)のSiパターンは、(110)Si基板を用いて、電子線リソグラフィーでレジストマスクパターンを形成した後、水酸化カリウム水溶液で基板をエッチングして形成したものである。アルカリ水溶液でSiをウェットエッチングすると、(111)結晶面のエッチング速度は他の結晶面に比べて非常に遅くなる。その結果、(111)結晶面が側

3.1 超臨界乾燥の原理と特長　　67

（a）Si パターン　　　　　　　（b）　レジストパターン

図 3.1　パターン倒れの様子を示す SEM 写真

面になるように基板面を工夫すると，きわめて平坦な (111) 側面をもつパターンが形成できる。一方，(110) 結晶面を表面にもつ Si 基板では ⟨112⟩ 方向に沿って (110) 面と (111) 面が直交するようになるため，(110) 面上に ⟨112⟩ 方向にマスクとなるパターンを形成した後アルカリ水溶液でウェットエッチングすると，上部が (110) 面，側面が (110) 面に対して垂直壁の (111) 面となる矩形断面のパターンが形成される。今回，このようにして形成した Si パターンは，幅 30 nm，高さ約 520 nm で，アスペクト比は 16 以上有している。一方，図 (b) は電子線ネガ型レジストのパターンで，幅約 50 nm，高さ約 250 nm で，アスペクト比 5 のパターンである。細くて高いパターン，すなわちアスペクト比が大きいパターンは倒れやすくなることがわかる。

　ここで，これらのパターンの倒壊原因について考えてみる。

　まずは，図 3.1 (a) のような，単純に 2 本のラインパターンが乾燥される際どうなるかを考えてみる。このラインパターンを液体により洗浄やリンスした後乾燥していく途中段階では，図 **3.2** のような状態となる。すなわち，表面張力に伴う付着力でリンス液（もしくは洗浄液）がパターン間に多く残ってしまう状態である。このような状態になると，リンス液/空気の圧力差に伴う力（毛細管力）がリンス液面のみならずパターン側面から作用する。すなわち，空気側からパターンが押されるようになる。パターン強度がこの毛細管力に耐えら

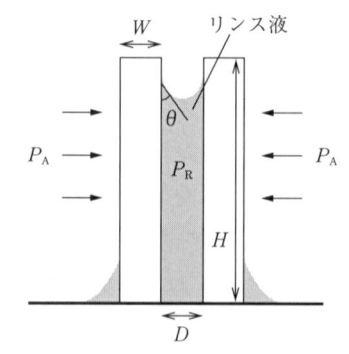

図 3.2 2本のラインパターンでの乾燥途中を示す概念図

れなければ，パターンは倒れることになる．この毛細管力 P は，次式で与えられる（1.2.1項 参照）．

$$P = P_R - P_A = \frac{2\gamma\cos\theta}{D} \tag{3.1}$$

ここで，P_R，P_A はおのおのリンス液，空気の圧力，γ はリンス液の表面張力，D はラインパターンの間隔，θ はリンス液/パターン部（メニスカス）での接触角である．この毛細管力 P はパターンに曲げのモーメントを生じさせる．そこでかかるストレスは，幅 W，高さ H のラインパターンの間（間隔 D）にリンス液が残った場合を考慮すると[3]，つぎの式となる．

$$\sigma_{MAX} = \frac{6\gamma\cos\theta}{D}\left(\frac{H}{W}\right)^2 \tag{3.2}$$

ここで，σ_{MAX} は最大ストレスである．したがって，この σ_{MAX} が倒壊ストレス σ_{CRIT} を超えたときにパターンは倒れることになる（$\sigma_{MAX} > \sigma_{CRIT}$）．この式から，倒れをなくすには（$\sigma_{MAX}$ を小さくするには），以下のことが必要であることがわかる．

(1) ライン間隔 D を広げる．
(2) アスペクト比（H/W）を小さくする（高さ H を低くする，もしくは幅 W を広げる）．
(3) リンス液の表面張力 γ を小さくする．

ライン間隔 D とアスペクト比（H/W）を変えながら，倒れの様子を調べたものが，図 3.3 である．図中で引かれた直線は上記式 (3.2) によるものであるが，

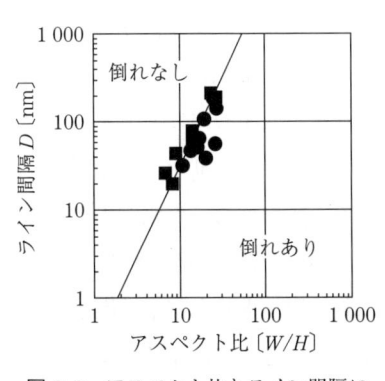

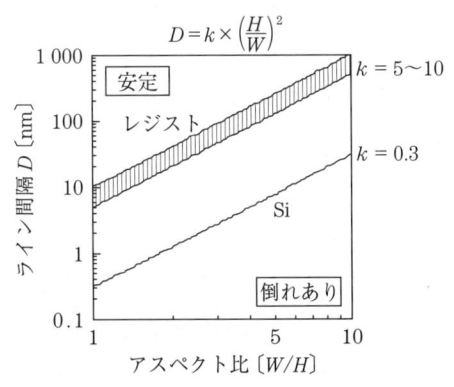

図 3.3 アスペクト比とライン間隔における倒れ領域の関係（●倒れあり，■倒れなし）

図 3.4 レジストとSiのパターンの倒れ領域

倒れる領域と安定（倒れない）領域の境界線がこの式で与えられることがわかる（図では境界領域のプロットのみを記述している）。

さらには，Siの表面状態をピラニア（Piranha，硫酸と過酸化水素水との混液）処理やフッ酸処理で変えると，この境界線は変化していく。その結果，(間隔) ＝ 定数 $k \times$ (アスペクト比)^2 とすると，定数 k ($6\gamma\cos\theta/\sigma_{\mathrm{CRIT}}$) は，0.46 から 0.2 にまで変化する。また，Siの表面状態が変わるため接触角 θ も変化するが，実測値と水の表面張力（72 dyne/cm）を代入すると，σ_{CRIT} はどの場合も約 1×10^9 Pa (1×10^{10} dyne/cm^2) となる。この値は，報告されている Si の崩壊ストレスの値 ($9.5 \sim 10 \times 10^8$ Pa)[4] とよく一致し，上記式 (3.2) が正しいことを証明しているものと考えられる。

一方，図 3.4 のように，レジストパターンでは定数 k の値は 5～10 程度と，Si に比べて大きくなる[5]。すなわち，これは倒れやすくなることを意味する。この原因は，Si に比べてレジストの機械的強度が小さくなることに加えて，Si 基板上に形成されたレジストの密着力の影響が倒れに関与してくるためと思われる。

3.1.3 表面張力ゼロの乾燥

つぎに，表面張力が働かないようにするプロセスについて説明する。

図 3.5 のような状態図を考えたとき，乾燥は液相が気相に変化する工程である（図(b)）。この変化の過程で相の状態は液相と気相の間にある気液平衡曲線を通過することになるが，この平衡状態（気体と液体が共存する状態）はまさに図 3.2 の状態が形成されることを意味する。すなわち，毛細管力が働く状態がつくられることになり，最終的にはパターン倒れを引き起こすことになる。言い換えれば，パターン倒れを回避するには気液平衡曲線（気液共存状態）を通過しない乾燥を行えばよいことになる。この手法としては凍結乾燥[6]と超臨界乾燥[5),7)〜9)]が知られている。前者は，リンス液を低温で凝結させ，この状態（固体状態）から乾燥させる（気化させる）ものである（図(a)）。すなわち，液相を経ずに固相から気相へ変化させることにより気液共存状態をつくらせない。

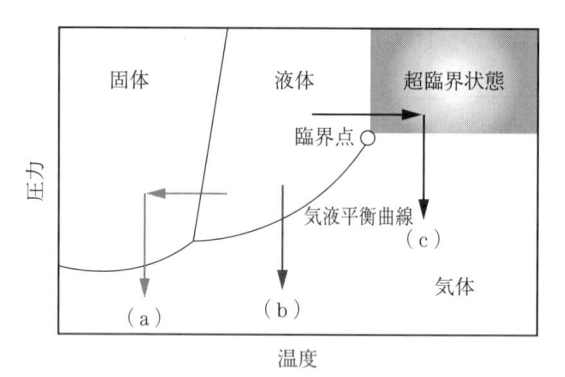

（a）凍結乾燥　（b）通常乾燥　（c）超臨界乾燥
図 3.5　状　態　図

一方，後者の超臨界乾燥は，図 3.5(c)のように液相から超臨界状態を経由して気相へ進む乾燥プロセスを行うもので，こちらも気液共存状態をつくることなく乾燥を行わせることができる。

しかしながら，凍結乾燥では，リンス液全体を固まらせた後低温状態に基板を保持した状態で真空ポンプにより気化するリンス液を排気処理しても，固化

したリンス液の表面は気化する前に徐々に溶けていくためパターン倒れは完全に回避できない。気化する表面が低温状態を保持できず，固体→液体→気体のプロセスを経てしまうためである。一方，超臨界乾燥は臨界点以上に温度を上げればよいため，リンス液表面の温度を気にすることなく乾燥が行える利点がある。すなわち，超臨界乾燥はパターン倒れを抑制する究極的乾燥法といえる。

3.1.4 孤立レジストラインのパターン倒れ

つぎに，孤立レジストラインの倒れについて説明する。これまで述べてきたパターン倒れの原因は乾燥時にライン間に残るリンス液の表面張力である。しかしながら，単純な1本の線である孤立のレジストラインは，ライン間に残るリンス液はないにもかかわらずパターン倒れは観察される（図 3.6(a)）。特に，極限的に狭い幅のパターンを形成すると，乾燥後のパターンは蛇行し，ついには倒れてしまう。このような孤立ラインであれば，ライン列（図 3.7(a)）と異なりリンス液がライン間に残ることはなく，したがってリンス液の表面張力以外の原因でパターンは倒れていることになる。

（a）窒素乾燥後 　　　　　　（b）超臨界乾燥後

図 3.6　孤立レジストラインパターン

この原因として，図3.7(b)のような乾燥時によるパターン表面の収縮が報告されている。レジストパターン現像時，現像液はパターン内部にしみ込み，レジストを膨潤させる。この状態を乾燥するとまず表層部分が乾燥するが，均一

(a) ライン列　　　　　　（b）孤立ライン

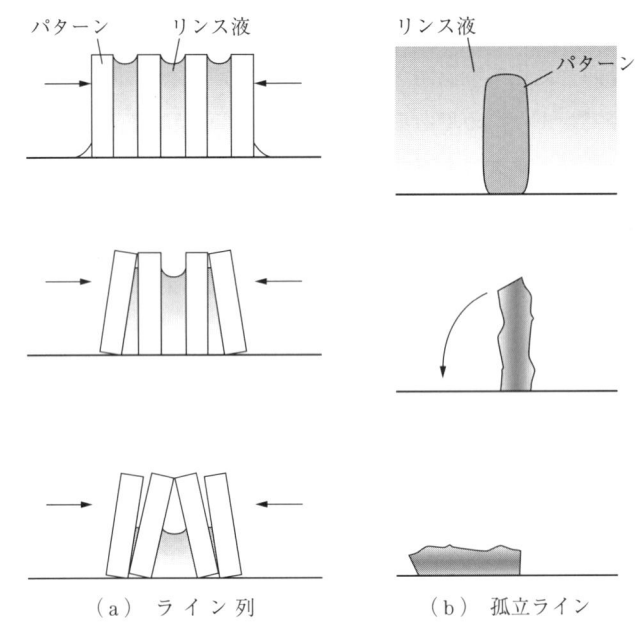

図 **3.7**　パターン倒れの様子を示す概念図

には乾燥されないため乾燥時の収縮応力でパターンに不均一なストレスがかかる。パターン幅が太いときには，パターンはこのストレスに耐えられるが，パターン幅が非常に細くなるとこの力に耐えられず，蛇行したり倒れたりする[10]。

この問題もライン列同様超臨界乾燥を行うことにより解決できる。図3.6（b）に示すように，微細孤立ラインが倒れずに形成できていることがわかる。これは，拡散性の優れた超臨界流体が現像液やリンス液で膨潤したパターン内部までをも瞬時に乾燥させるためである。

1章の表1.2に示したように，気体は密度が低く，動きやすい（拡散しやすい）。逆に，液体は分子同士が水素結合などにより引的に相互作用するため密度が高いが，反面拡散しにくい性質を有する。これは，ある意味では気体は液体に比べて洗浄しにくいことを示している。一方，超臨界流体は限定的に相互作用してある程度の大きさのクラスタ状態をつくるため，密度と拡散性を兼ね備えた（言い換えれば，拡散性をもちながら密度を有する）状態になるといえる。

3.2 半導体プロセスへの応用

すなわち，超臨界乾燥時には流体分子（クラスタ状態）がレジストパターン内部を急速に拡散することができる。このため，パターン内部に存在する現像液やリンス液の分子は超臨界状態のクラスタ分子内に取り込まれてパターン外部に排出される。言い換えれば，パターン内部まで一気に乾燥させることができる。

この結果，パターン表層のみが乾いて生じるストレスを抑制できることになる。この方法により，図 3.8 に示すように，現在リソグラフィーで形成できる最細ラインであろう 7 nm 幅の高アスペクトレジストパターンまでも形成できている[10]。

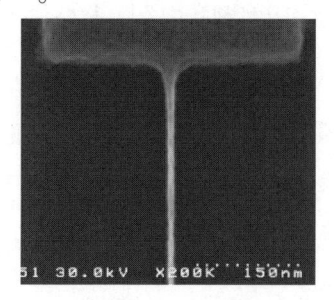

図 3.8 超臨界乾燥での 7 nm 幅高アスペクト比パターン

3.2 半導体プロセスへの応用

3.2.1 CO_2 を用いた超臨界乾燥

前述のように，パターン倒れの抑制には，以下の二つの条件が必要となる。
(1) パターンサイズの適正化。
(2) 表面張力 γ の小さいリンス液の使用。

レジストの場合，さらに以下の事項も効果的となるだろう。
(3) レジスト材質の高機械的強度化。
(4) 密着性の向上。

この中で，リンス液の表面張力を下げることが最も効率的である。その理由は，パターンサイズはデバイス設計の面から決定されるものであり，レジスト材質

を変えることはパターン形成特性を維持したままでは難しいためである。密着性の向上は軽減できるものの本質的な解決にはならない。

一方，近年では現像および水リンスの後，表面張力を下げるために界面活性剤を添加した水でリンス水を置換した後乾燥させる手法が行われている[11]。この方法では表面張力の値を軽減して図 3.5 の境界線を下方向へずらす（安定領域を広げる）ことができるとともに，特に新たな装置などは必要とせず下記のような一連の現像工程の中で行えることから，半導体レジストプロセスとして有効となっている。

$$\boxed{\text{TMAH 現像}} \to \boxed{\text{純水リンス}} \to \boxed{\text{界面活性剤リンス}} \to \boxed{\text{スピン乾燥}}$$

最近，この界面活性剤リンスの効果は，表面張力を下げることよりも，界面活性剤がレジスト表層に入り込んで密な層を形成している（機械的強度が強くなっている）ことでパターン倒れが抑制されていることがわかってきている。パターン倒れを大きく抑制することはできないが，倒れ始める寸法のパターンを倒さずに形成するには簡便でよい方法といえる。しかしながら，究極的には表面張力が働かない乾燥法が最良であり，これは前述のように超臨界乾燥をおいて他にはない。

超臨界乾燥には，多くの場合，安全性が高く臨界点の低い CO_2 が用いられる。基本的にはリンス液を液化 CO_2 もしくは超臨界 CO_2 で置換した後超臨界状態となった CO_2 を大気放出することにより達成される。

超臨界乾燥法により形成したレジスト（ZEP–7000）パターンを図 **3.9** に示す。流体圧力は 7.5 MPa にコントロールして，レジスト膨れを抑制している[7]。図の SEM 写真から，通常の窒素雰囲気下での乾燥ではパターンが崩壊して解像できていないが，超臨界乾燥では矩形断面の 20 nm 幅パターンが解像できていることがわかる。倒れはもとより変形もまったく生じていない。これまで観察された倒壊パターンにおいて，崩れた原因は露光手段やレジスト材料が解像能力を有していないためと認識されてきたが，実際は解像されているが乾燥工程で崩壊したことによることが超臨界乾燥の結果からわかる。

3.2 半導体プロセスへの応用　　75

　　　　　35 nm 幅

　　　　　25 nm 幅

　　　　　20 nm 幅

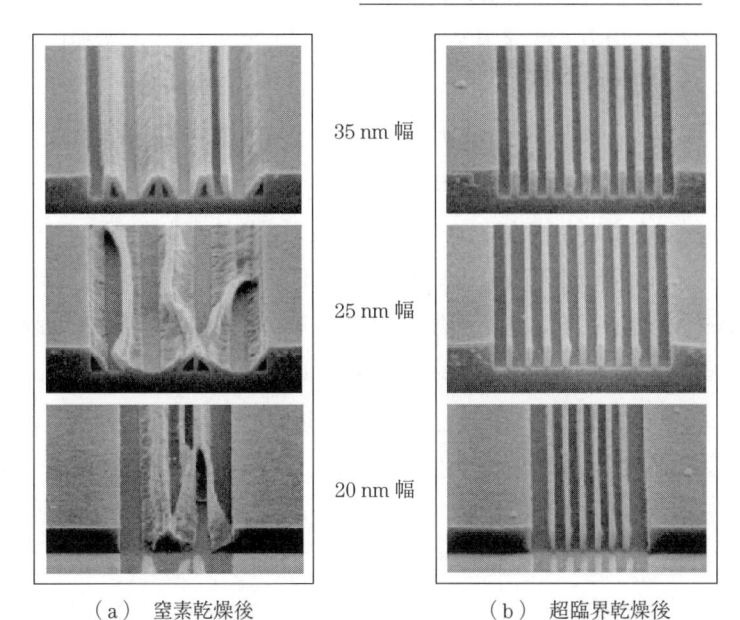

（a）窒素乾燥後　　　　　（b）超臨界乾燥後

図 3.9　20〜35 nm 幅レジストパターン

　また，この超臨界乾燥法は，レジストだけでなく当然 Si パターンの形成でも効果的である．したがって，この方法を用いて倒れの外力を抑制することにより真の解像限界までの超微細なパターンの形成が可能になるとともに，その効果は，LSI 産業はもとより MEMS 産業に対しても有意義なものとなる（3.3 節参照）．

3.2.2　フッ素系化合物を用いた超臨界乾燥

〔1〕フッ素化合物の液化ガス　　超臨界流体は表面張力が生じず，パターンを倒壊させる毛細管力が働かない利点があるため，微細構造体の乾燥に適している．また，液体に近い密度を有するため，有機廃液を生じない洗浄剤としても期待されている．

　しかし，超臨界プロセスは，未だ十分に超臨界流体の特性を生かした差別化実用技術としてつくり上げられていないのが現状である．これは，超臨界流体

材料がよく知られた CO_2 に限定されている,高圧であるため装置製作が制限される,などが原因している。CO_2 が多く使われている理由は,臨界点が低く,不燃性で取扱いが容易なためである。また,上述のように簡単に超臨界乾燥を行うことができるため,CO_2 が超臨界処理のすべてであるように捉えられてきた。その一方,CO_2 は双極子モーメントをもたず極性が非常に弱いために,水などのリンス液とは混じりにくく洗浄効果も低いことになる。特に,半導体製造プロセスで用いられる感光性高分子材料(レジスト)は極性分子であるためまったく溶解できない。エッチング残渣などにも親和性は低い。

これまで,CO_2 以外の超臨界流体を産業に用いた例はほとんどない。そこで,プロセスに最適となる物質を超臨界状態にして用いれば,新たな製造ツールとなることが期待できる。

これまでに CO_2 以外の超臨界材料(フッ素化合物)によるレジストパターンへの適用性が報告されている[8]。まずは,フッ素系液化ガスである SF_6 や C_2HF_5 を用いての超臨界乾燥の結果を示す。レジストプロセスは,Si ウェーハ上にフォトレジストを塗布し,所定の露光量で露光後,有機アルカリ(水酸化テトラメチルアンモニウム,TMAH)溶液で現像後水洗リンスして行った。このリンス液をダイレクトにフッ素化合物に置換して超臨界乾燥を試みた。この場合,実現するためのキーファクタは比重である。一般に,液体状態のフッ素化合物は比重が大きい特徴を有する。すなわち,用いたフッ素化合物は気体状態から圧力が上昇して液体状態になると水よりも比重が重くなるため,同一系の中に水と液体状態のフッ素化合物があると水は上部に押し上げられる(図 **3.10**)。

比較として CO_2 も示したが,この場合には比重は水よりも小さいため,状態は変わらない(水が下になり,液体の CO_2 は上になる)。図 3.10 の状態で,高圧容器のドレイン(排出口)を容器上部に設置した場合,水は比重の重いフッ素化合物により上部に押し上げられ,ドレインから排出される。この後,温度を上げて,これらのフッ素化合物を超臨界状態にすることにより超臨界乾燥が行える。これらフッ素化合物の臨界点は,

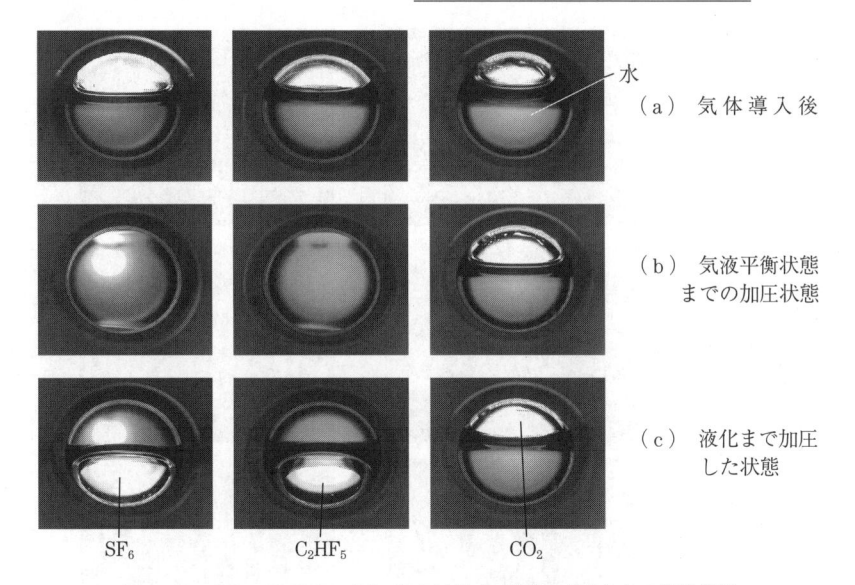

図 3.10 SF_6, C_2HF_5, CO_2 における水 (赤色に着色) との置換状態

	臨界温度	臨界圧力
SF_6	318 K	3.75 MPa
C_2HF_5	339 K	3.62 MPa

で，CO_2（304 K・7.38 MPa）に比べて臨界温度はやや高いが，臨界圧力は半分程度になる．用いる圧力が減少するということは，高圧容器がつくりやすいことを意味する．

図 3.11 は，ポリヒドロキシスチレン樹脂をベースとした KrF レーザ露光用レジスト，メタクリレート樹脂をベースとした ArF レーザ露光用レジスト，そしてフッ素樹脂をベースとした F_2 レーザ露光レジストの乾燥後のパターン SEM 写真を示している[†]。通常の窒素雰囲気下で乾燥した場合にはどのパターンも倒れているが，フッ素化合物を用いた超臨界乾燥により倒れない微細パターンが得られることがわかる．また，種々のレジストに対して超臨界乾燥が行えた

[†] KrF レーザ，ArF レーザ，F_2 レーザはいずれもエキシマレーザで，その波長はそれぞれ，248 nm，193 nm，157 nm である．

78   3. 超臨界乾燥

KrF レジスト

ArF レジスト

F$_2$ レジスト

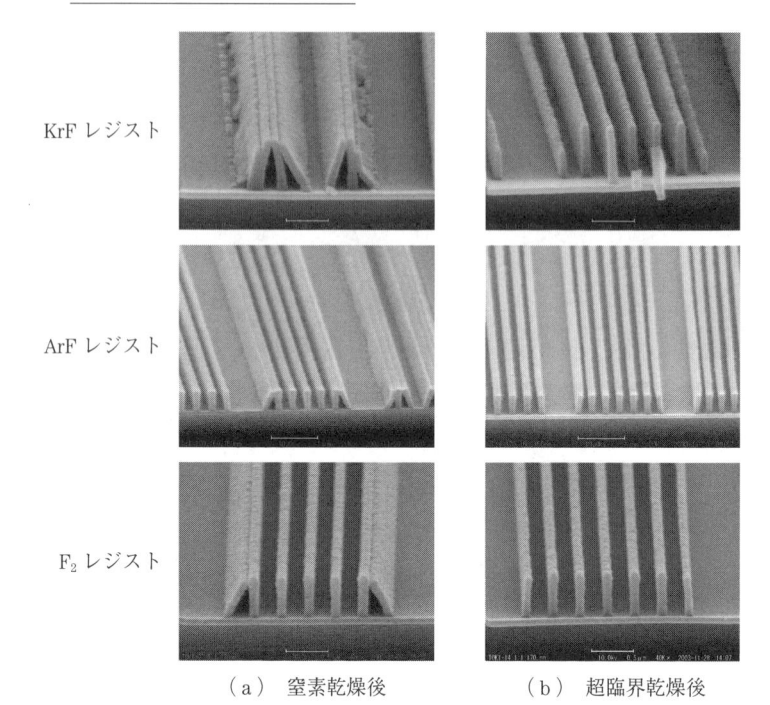

（a）窒素乾燥後   （b）超臨界乾燥後

図 3.11 KrF，ArF，F$_2$ レジストパターン

ことを実証したことは，興味あることである（ここまで広範囲のレジストで適用した結果は CO_2 でも得られていない）。

このことは，CO_2 に限らずフッ素化合物でも超臨界状態にすることにより，超臨界乾燥が行えることを意味する。すなわち，乾燥するための超臨界流体は必ずしも CO_2 に限定されるものではなく，諸特性を鑑みて種々の材料を選んで超臨界乾燥に用いることができるわけである。また，これらの乾燥時間は，後述のホットホルダを用いることにより5～6分に短縮できることも示された。すなわち，超臨界乾燥の実用上の問題点としていわれてきた"処理時間がかかる"ことは，装置上の工夫などにより解消できることを意味している。内訳は，導入（昇圧）1.5分，置換2分，加熱時間1.5分，ヘリウム（He）置換1分，降圧0.5分である[9]。

ここでは，超臨界状態のフッ素化合物を He に置換している。これは，レジ

ストパターン内での排気コンダクタンスの影響を除くためである。超臨界流体を大気解放するとレジスト外部は大気圧になってもレジスト内部に取り込まれた超臨界流体はクラスタ状態で分子群サイズが大きいため放出されにくく,気化して放出されるタイミングが遅れる。この結果,レジストパターン外部と内部で差圧が生じ,レジストの膨れを生じさせる。これは CO_2 でも同様であるが,ゆっくりと降圧する必要があることが,超臨界乾燥に時間がかかるといわれる所以である。この解決のために超臨界 He を使う。He の臨界点は 5.2 K・0.23 MPa であるため,3.62 MPa の状態に近い圧力でチャンバ内(この場合のチャンバ内温度は 340 K 程度)に導入すれば He は超臨界状態になる。超臨界 He を流すことにより,超臨界フッ素化合物を超臨界 He に置換する。

He は分子が小さいため,レジスト分子内での排気コンダクタンスは大きくならない。このため,急速に降圧しても上述のレジストパターンの膨れ現象は生じないことになるのである[9]。

〔2〕 ハイドロフロロエーテル　フッ素系材料としては常温常圧で液体の材料でも超臨界乾燥を行うことができる。ハイドロフロロエーテル(2,2,2-トリフルオロエトキシ-1,1,2,2-テトラフルオロエタン,HFE-347pc-f)を用いて,超臨界乾燥の有効性を実証した例を示す。

このハイドロフロロエーテル(HFE)材料は不燃性であり,急性毒性値はレジストの溶剤として用いられている乳酸エチルと同程度で,化学物質審査規制法やPRTR に該当せず,大気寿命は数年と短く,地球温暖化係数(global warming potential, GWP)はパーフルオロカーボン(PFC)の 1/10 程度である。また,臨界温度では分解によるフッ化物の生成が起こりにくい。

一般的なアルコールと任意の割合で混和することができるため,アルコール置換しやすい材料ということもできる。臨界点は,464.5 K・2.55 MPa である(図 **3.12**)[10]。臨界温度がレジストのガラス転移点よりも高いため,レジストパターンの超臨界乾燥には不向きであるが,無機パターンの洗浄後の乾燥などには適用することができる。また,CO_2 とは異なり出発物質が液体なので,圧力容器に試料とともに液体を入れ,密封した後加熱するだけで(圧力は液体量

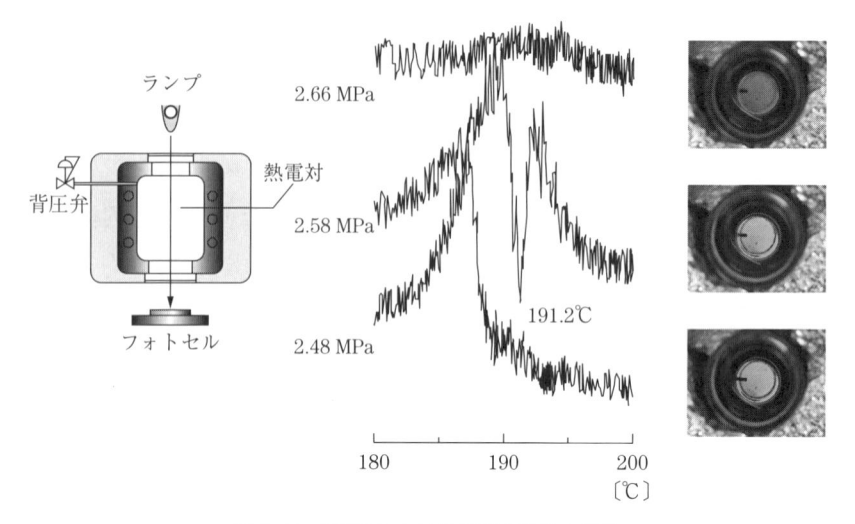

図 **3.12** HFE における臨界点付近の挙動

に従い上昇する），超臨界状態を実現できる。すでに本材料専用の小型超臨界装置も販売されている。

MEMS 構造の乾燥工程に超臨界 HFE を導入して，スティッキングが生じないことを確認した（結果は，図 3.14～図 3.16 を参照）。このことから，HFE の超臨界状態は問題なく形成され，理論上と同様に表面張力がゼロとなる状態がつくられている（超臨界乾燥が行える）ことが実証できた一方，この HFE はリサイクルが可能であることが実証できており，実用化に適した材料といえる[12]）。

3.3　MEMS への超臨界乾燥応用

3.3.1　超臨界 CO_2 乾燥

2.2.1 項で述べたように，MEMS デバイスプロセスにおける超臨界乾燥に求められることは基本的には微細構造どうしあるいは基板とのスティッキング（癒着）防止である。MEMS デバイスはスティッキングしやすい構造やプロセスをもつことが多く，例えば機械駆動する中空構造を形成するために，成膜した犠牲層をエッチングする工程が必須だが，犠牲層エッチングあるいはその後の洗

3.3 MEMSへの超臨界乾燥応用

(a) 超臨界CO_2を用いた乾燥により正常な形状のビーム構造を保つMEMSの斜視(上)および断面SEM像(下)

(b) ウェット洗浄後の引上げ乾燥時にビーム中央部が基板とスティッキングしたMEMSの斜視(上)および断面SEM像(下)

図 3.13 MEMSプロセスにおける水の表面張力による中空構造のスティッキング例

浄・乾燥中に,中空構造と基板間にしばしばスティッキングが生ずることが知られていた(図 3.13, 8章文献 1)~5) 参照).

また,このような構造体を形成するための高アスペクト比のレジストなどもMEMSプロセスでは必要で,事情はLSIプロセスの場合と同様である.つまり,これらの構造はドライエッチングや現像後の洗浄時に表面張力により構造体間を架橋するように洗浄薬液が残り,乾燥後にもスティッキング状態が固定される.プロセス後の洗浄の後,乾燥工程にCO_2を用いた超臨界を用いることで,残留薬液を排除し,表面張力が存在しない状態をつくり出すことで高アスペクト比狭ギャップ構造体間のスティッキングを回避することができる.

超臨界乾燥に対抗する他のスティッキング回避方法には(エッチングプロセスも含めて)以下のようなものも存在する.

(1) 水よりも表面張力の小さな有機系のリンス液(メタノールやイソプロピルアルコール)による洗浄の後,乾燥.
(2) 昇華性材料である t-ブチルアルコールやシクロヘキサンなどをフリーズドライ.
(3) レジストで仮固定してからレジストをエッチング(アッシング)することで除去.

(4) レジストの代わりにハードマスクを利用する（レジストはハードマスクの最初のパターニングのみに用いる）。

(5) フッ酸蒸気や XeF_2 を用いた気相エッチングを行い薬液を利用しない。（ただし，フッ酸蒸気を用いると反応生成物として水蒸気が発生し，一部構造でスティッキングが発生することがある点に留意する必要がある。また，XeF_2 ガスはきわめて高価で，処理コストが課題である）。

(6) 究極的には表面張力がゼロの超臨界流体の利用。

温度，圧力，安全性，環境調和性など，実用的な見地からは，一般に，超臨界流体として超臨界二酸化炭素（CO_2）の適用事例が圧倒的に多い。

3.3.2 超臨界 HFE 乾燥

つぎに，3.2.2項〔2〕のHFE超臨界乾燥法を用いて，そのMEMSへの有効性を述べる。

図 **3.14** は，通常の窒素下で乾燥させた場合とアルコールを介してHFEで水洗水を置換した後，200°C・2.5 MPa（超臨界状態）として乾燥させたときの梁構

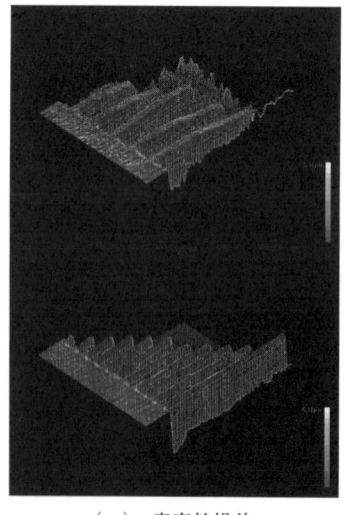

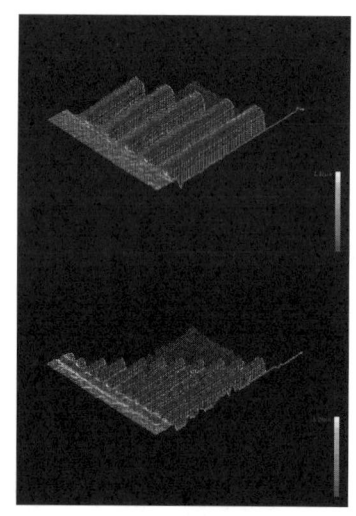

（a）窒素乾燥後　　　　　　（b）超臨界乾燥後

図 **3.14**　梁構造パターン

造パターンの顕微鏡写真である（5および10μm幅のパターンを共焦点顕微鏡で観察して，そのデータから得られた3次元像）。窒素乾燥では梁パターンは基板と貼付きが生じているが，超臨界乾燥では貼付きが生じていないことがわかる。

図3.15および図3.16は，乾燥後の6インチウェーハ面内でのパターンの状態を示している。窒素乾燥ではどの部分の梁パターンも基板面に貼り付いているが，HFE超臨界乾燥ではどのパターンも曲げられずに形成されていることがわかる。

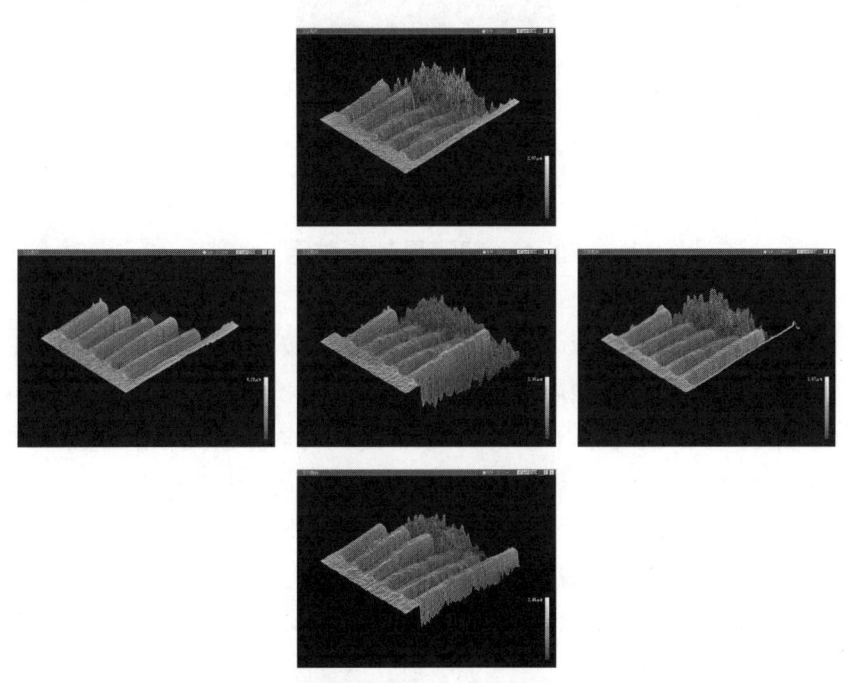

図3.15 窒素乾燥後の梁構造パターン（6インチウェーハ面内の状態）

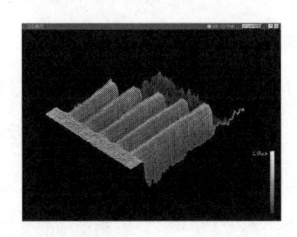

図3.16 超臨界乾燥後の梁構造パターン（6インチウェーハ面内の状態）

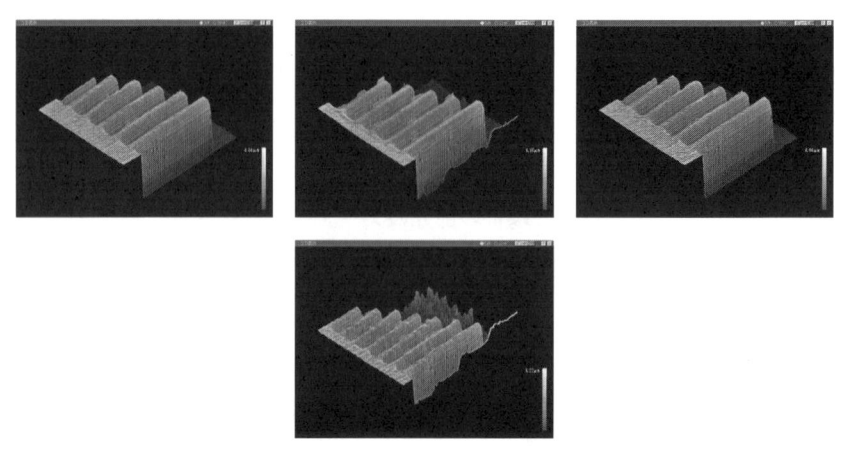

図 3.16 超臨界乾燥後の梁構造パターン（6 インチウェーハ面内の状態）（つづき）

3.4 超臨界乾燥装置

　超臨界状態をつくるためには，基本的には耐圧容器に，例えば CO_2 を所定圧力になるまで充填して，容器の温度を臨界点以上に上げればよい。しかしながら，耐圧に必要となる厚いステンレス製壁を要する容器全体を所定温度まで暖めるには時間（昇温時間）がかかる問題がある。ここでは，ホットホルダについて紹介する[13]。これは，図 **3.17** に示すように，ウェーハを載置するアルミニウム製ホルダのみを加熱するものである。アルミニウムは比熱が小さく，さらには肉厚も必要ではないため（全体に均一圧力がかかるため，耐圧とする必要はない），たやすく昇温することができる。本装置では容器壁の温度を制御する温調機を取り付けているが，これは必ずしも必要ではない。ホルダ加熱を行うことにより，短時間で臨界点まで温度を上げることができる。

　この系では，例えば CO_2 を用いてホルダ温度を 31°C 以上にした場合では，図 **3.18** のように，ホルダ近傍は超臨界だが，壁付近は液の状態のままとなる。すなわち，処理すべきウェーハ近傍のみが超臨界状態となる。この状態で超臨界乾燥した試料は，基本的に乾燥すべき基板表面は超臨界状態であるため，容

3.4 超臨界乾燥装置

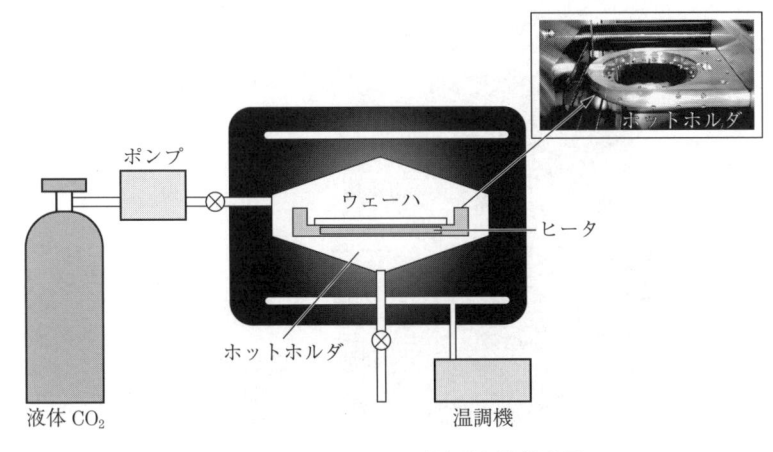

図 3.17 ホットホルダ付超臨界乾燥装置

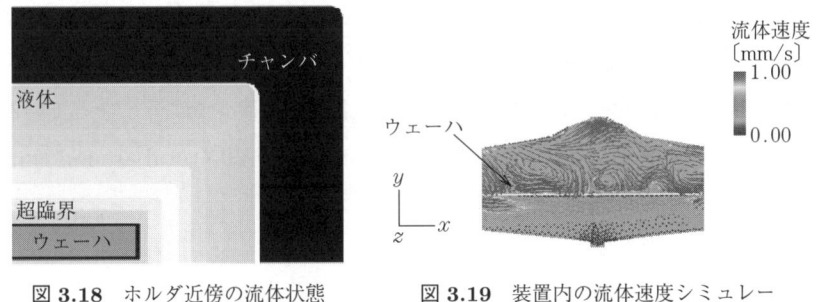

図 3.18 ホルダ近傍の流体状態（模式図）

図 3.19 装置内の流体速度シミュレーション結果

器内全体の CO_2 を超臨界状態にして乾燥した場合同様，パターン倒れを防ぐことが可能である。

さらには，図 3.18 のような状態にすることにより，さらなる利点を生み出すことができる。**図 3.19** は，ホルダを 31°C，耐圧容器を室温（23°C）としたときの流体の動きをシミュレーションした結果である。熱勾配に伴う対流が生じることがわかる。この状態は，例えば CO_2 のリンス液との置換を効率的に行う際にも効果的となると考えられる。

一方，**図 3.20** は，HFE を対象に 200 mm 径ウェーハまでを処理できる超臨界処理装置（プロトタイプ機）である。約 1 300W × 1 650D × 1 650H の大き

図 3.20 HFE 用超臨界処理装置

さであり，クリーンルームを意識してコンパクトに設計した。装置は，ローダ部，高圧部からなり，ローダ部にてウェーハをホルダに移載（搬送ロボット対応可）し，ホルダごと高圧部に移動するシステムを採用している。また，ホルダは2個用意されており，1個はクールプレート上で待機するようになっている。この二つのホルダを交互に使用することにより，短 TAT（total around time）を実現できるように考慮している。

3.5 レジストパターンの改質

超臨界流体のリソグラフィー分野への応用は，乾燥プロセスだけではない。超臨界流体の特性を利用した材料改質など，超臨界流体利用法の適用範囲が飛躍的に拡大している[14]。この一つの例としてレジストパターンの改質を紹介する。これは，超臨界流体の拡散性と溶解性を利用したもので，パターン形成後，レジストとして不足している成分（例えば，ドライエッチ耐性に必要な環構造分子）を現像後に超臨界流体雰囲気中で導入するものである。

一般に，レジストには感度，解像性とともに基板エッチングのマスクとして働くためのドライエッチング耐性が必要となる（その他にも密着性などの要素も必要となる）。しかしながら，いくつかの要素を一材料に取り込もうとすると，

3.5 レジストパターンの改質

どれかの要素性能が劣化してしまうことになる。例えば、ドライエッチング耐性を上げるための環構造分子の導入は、現像での溶解を劣化させる方向に働くため、感度・解像性を落とすことになる。エッチング耐性はエッチング段階で必要であり、露光・現像段階では必要ではない。言い換えれば、エッチング耐性を向上させる成分は現像後に付与できればよいことになる。

ここでは、露光・現像で形成した Ar レジストパターンに、エッチング耐性向上成分としての3種類の化合物を超臨界流体を用いて導入できるかを調べた[13]（市販の ArF レジストを用いたため、すでにドライエッチ耐性成分が導入されている）。超臨界流体としては CO_2 を用いた。圧送ポンプとチャンバ間にエッチング耐性向上成分を入れたタンクを配置して、超臨界 CO_2 に溶解した成分がチャンバ中に導入されるように行った（図 **3.21**）。

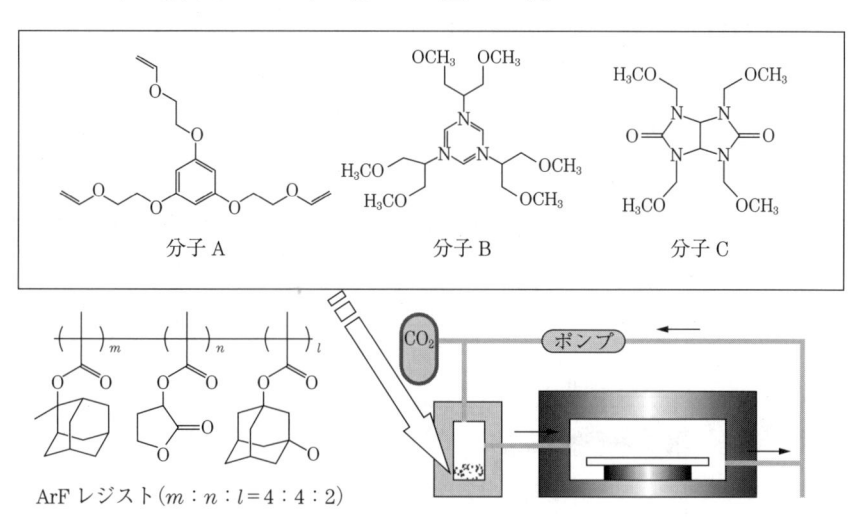

図 3.21 超臨界改質としてテストした試料の分子構造および装置構成

図 3.22 は、処理前後のレジストにおける分光分析結果である。参考として処理前のレジスト溶液に分子 A を所定量混合・撹拌したものも添付した（図 3.22（b））。事前に10%添加したレジスト溶液からの分析結果と5分処理後の図（c）では同様のスペクトルが得られることがわかる。したがって、処理後で

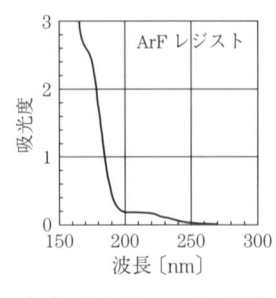

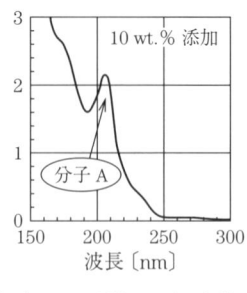

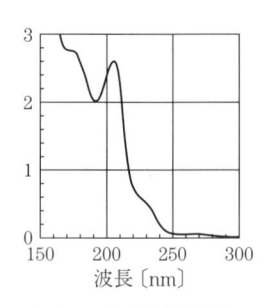

(a) 処理前のレジスト膜　(b) 10%添加レジスト膜　(c) 5分超臨界改質
したレジスト膜

図 **3.22**　超臨界改質効果

はタンクに入れたエッチング耐性向上成分がレジスト中に入り込み，5分の処理で約10%添加できることがわかった。また，処理時間を倍にすると，入り込んだ量もほぼ倍になることも確認できた。

図 **3.23** は，分子Cをレジスト中に導入した結果（オージェ分光分析）である。窒素（N）は分子C中にしか含まれていないことから，窒素の分布が導入した分子Cのレジスト中の分布に相当する。図3.23から，レジストの深さ方向へも均一に導入されていることがわかる。このことは，超臨界流体が機能性成分を溶解する（クラスタ状態で成分分子を囲い込んだ状態を形成）とともに，レジスト内に均一に拡散してこの成分をレジスト分子内に導入することができ

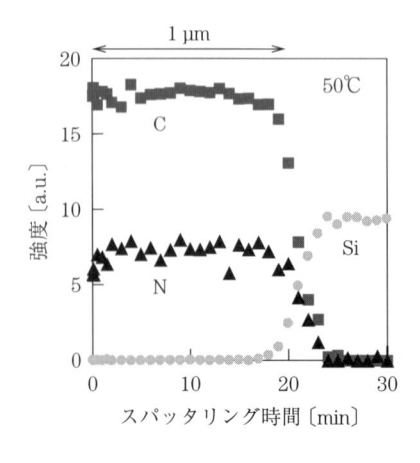

図 **3.23**　超臨界改質した
レジスト膜の深さ方向の
組成分布

ることを意味する。これらの処理はレジストパターンの寸法などにはなんら影響を与えないことも SEM 測長から確認した。処理時間により付与量をコントロールすることも可能であるため，成分付与方法として非常に優れていることがわかる。

　上記結果は，レジストの必要特性としては高感度，高解像性さえあればよく，他の成分はパターン形成後行えることを示している。分子設計は感度，解像性を中心に行うことができる。このことは，より高解像性のレジストがつくれることを意味している。また，レジスト中の自由体積中に拡散するため，レジストパターンの寸法に影響を与えることはない。すなわち，超臨界改質法は，レジストパターンの改質ができる手法として興味深いものといえる[14]。

3.6　ま　と　め

　微細パターン形成での問題点となるパターン倒れを例にして，超臨界乾燥の特徴を解説した。乾燥過程に超臨界流体を用いると，表面張力に基づく毛細管力が働かずに乾燥ができる。すなわち，微細パターンに表面張力に基づく不均一な力が作用することなく，微細パターンを壊さずに乾燥できる。一方，レジストが膨潤して乾燥する際の不均一な収縮作用によりレジストパターンの蛇行，ひいてはパターンの倒れを引き起こすが，超臨界流体の拡散のしやすさが，この問題も解決できることがわかった。このような，ゼロ表面張力と高拡散能を持ち合わせた（条件により溶解性も引き出せる）新奇な特徴を有する超臨界乾燥は，これからの超微細パターン形成時代に最適な乾燥法となるであろう。

4章 超臨界流体を用いた半導体・MEMS洗浄技術

4.1 次世代半導体洗浄に超臨界流体を用いる背景

3.1節でも述べたように，LSIの微細化が急速に進む中で，加工線幅が100 nmを切る辺りから，比較的アスペクト比†の高いフォトレジストや回路パターンなどの微細構造が，洗浄・乾燥時に崩壊してしまう現象がしばしば見受けられるようになってきた[1]～[5]。

洗浄・乾燥時のパターン倒壊現象は，半導体プロセスのトランジスタ形成工程（FEOL）においては，極狭ゲート・スタック構造や浅溝素子分離（shallow trench isolation, STI）などの微細加工時の問題として捉えられてきたが，最近では，多層配線工程（BEOL）でも問題が顕在化し始めている[6]。その理由は，FEOL同様に配線回路パターンの微細化が加速してきており，それに加えて，層間絶縁膜の超低誘電率化により，膜の空孔率が増加し，配線パターンがきわめて脆弱になってきているためである[6],[7]。

表面張力がゼロである超臨界流体を用いると，微細なデバイス構造に機械的ストレス（界面張力による毛管力）を加えることなく乾燥できるので，MEMSの洗浄・リンス後の乾燥工程へは，超臨界乾燥が以前から広く適用されている。また，超微細3次元構造のLSIの洗浄後の乾燥工程への適用も検討されている。さらには乾燥にとどまらず，従来のLSIプロセスでは基板や膜にダメージを与えてしまうエッチングや洗浄工程に超臨界CO_2プロセスを適用することによ

---

† 2次元形状の高さと横幅の比率。

り，微細構造の倒壊やデバイスの特性劣化を防止する試みも行われている。

　超臨界 CO_2 は低分子有機物を選択的に抽出できるだけでなく，粘度が気体並みに小さく，拡散係数が液体より大きいため，容易に微細構造の隙間(すきま)に侵入する。密度は液体のように高いので，除去対象物質を速やかに系外へ輸送できる。圧力変化による体積膨張・収縮に伴う流体の物理力を利用することで，汚染物質を選択的に剥離(はくり)する可能性もある。

　しかしながら，高分子フォトレジストの剥離や無機物の除去には超臨界 CO_2 を用いただけでは剥離・除去能力が不十分であるため，微量の洗浄用薬剤（およびその薬剤を CO_2 中に溶解するための相溶剤）を超臨界 CO_2 に添加する必要がある。従来のウェット洗浄で用いられる水溶液や準水系溶剤などの薬液は，CO_2 に容易には溶解しないため，超臨界 CO_2 用の添加剤を新たに設計する必要がある。

　本章では，超臨界流体を用いると大きなメリットが見出せる，あるいは超臨界流体を用いる以外に解が得られないようなテーマを中心に，著者らが取り組んだ研究の成果について述べる。特に，次世代 MEMS や次世代 LSI プロセスに向けて，微量の薬剤を添加した超臨界 CO_2 を用いてシリコンウェーハ表面を洗浄する検討を行ってきたので，その研究背景と成果を中心に紹介する[8]〜[30]。加えて，大口径基板対応装置を用いた実用化に向けた検討について述べる。

4.2　トランジスタ形成工程（**FEOL**）への適用

4.2.1　トランジスタ形成工程での洗浄の課題

　半導体デバイスの高集積化，低電圧化に伴い，CMOS トランジスタに極浅接合が用いられるようになってきている。これに伴い，トランジスタ形成工程（FEOL）では，表面洗浄によるソース・ドレイン領域の基板のエッチング（シリコンロス）とそれに伴うドーパント†消失（ドーパントロス）を最小限に抑えることが要求されている[2]〜[5],[14]〜[16]。45 nm 以降の CMOS トランジスタにお

---

†　半導体にドーピングされる不純物（As, P, B など）。

いては，接合深さが 20 nm 以下，イオン注入ドーパント濃度の深さピーク位置は 5 nm 以下となるため，1 nm のシリコンロスでも，しきい値電圧（V_{th}）のばらつきや駆動電流（I_{ds}）の低下の原因となる．これは，LSI の高速動作上，きわめて深刻な問題である．

特に，ソース/ドレイン拡張部（S/D extension）[†1]の基板シリコンリセス[†2]制御は重要である．CMOS トランジスタにおいて S/D extension を作製する場合，フォトレジストをマスクにして，n 形，p 形をつくり分け，さらにしきい値電圧（V_{th}）の異なるトランジスタを混載する場合には，何度もフォトレジストをマスクとしたイオン注入とフォトレジスト剥離が繰り返される．

フォトレジスト剥離には，プラズマ酸素アッシング（灰化）と硫酸/過酸化水素処理を併用した処理が行われているが，この従来プロセスでは数 nm の酸化が起こり，つぎのフォトレジスト塗布前の SC1（アンモニア/過酸化水素/純水混合液）や希釈 HF 洗浄により，この酸化膜がエッチングされて，図 4.1 に CMOS トランジスタ断面の模式図を示すように，基板リセスが起きてしまう．

トランジスタ形成工程において，MOS トランジスタの極浅ソース・ドレイン領域を形成するために，高ドーズ[†3]・イオン注入が用いられる[30),31)]．このイオン注入のマスクとして基板上に塗布されたフォトレジストを剥離するために，従来からプラズマアッシング（灰化）と硫酸/過酸化水素混合液とを併用した処理が採用されてきたが，イオン注入により表面が炭化して硬化したフォトレジスト（クラスト層）は，従来のプラズマアッシングやウェットプロセスでは容易に除去できない[30),31)]．

酸化剤を用いることなく，フォトレジストを剥離できれば，基板シリコンリセスを完全になくすことが可能となる．例えば有機溶剤で剥離することができれば酸化は起きない．しかしながら，イオン注入されたフォトレジストは表面が変質して硬化しているため，有機溶剤で剥離することは容易ではない．このた

[†1] ソースとドレインをゲート下まで拡張した，ホットキャリア抑制のための構造．
[†2] シリコンロスで基板表面が後退する現象．
[†3] 単位面積当りの打込み量．1×10^{15} 原子/cm^2 以上を高ドーズと呼ぶことが多い．

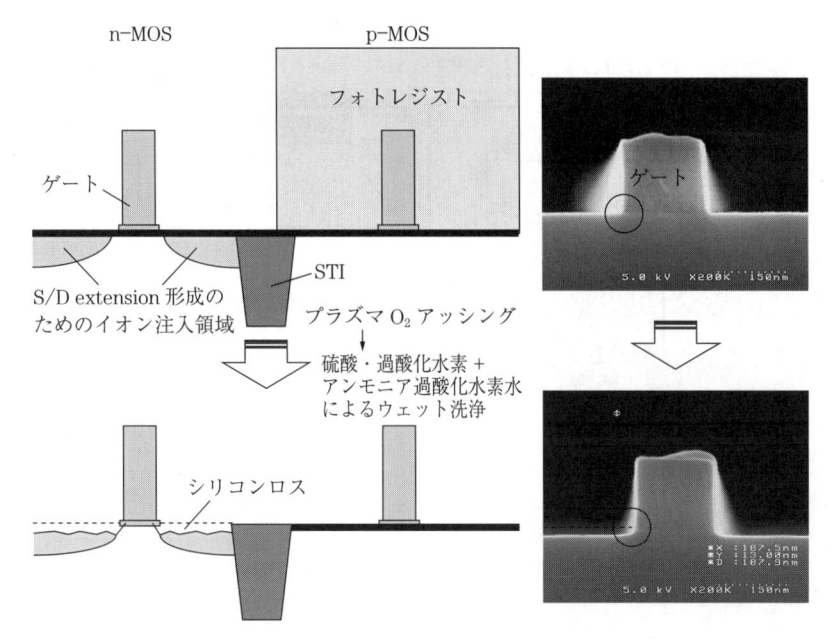

図 4.1 イオン注入フォトレジスト剥離および洗浄によるシリコン基板表面のシリコンロス発生

め，酸化剤を一切用いないフォトレジスト剥離および洗浄法が求められている。

4.2.2 超臨界 CO_2 によるフォトレジスト剥離・洗浄

独自設計したシリコンウェーハ専用の超臨界流体洗浄装置（**図4.2**）を用いて，高ドーズイオン注入したフォトレジストの剥離・洗浄を試みた[14]~[16], [23], [28]。フォトレジストを高密度パターニングし，このレジストをマスクとして，他のドーパントに比べて剥離が困難といわれる As イオンをドーズ 10^{15} 原子/cm^2 でシリコン基板に注入した。レジスト表面は，高ドーズイオン注入のエネルギーで炭化して硬化変質している（クラスト層の発生）。これを超臨界 CO_2 ＋アルコール系相溶剤を用いて処理したところ，硬化していない内部のレジストは簡単に除去できたが，クラスト層は剥離できなかった[31]。**図4.3** は高密度にパターニングされた高ドーズイオン注入レジストを超臨界 CO_2＋メタノールで処理した前後の断面 SEM 像である。クラスト層のみが残留し，硬化していない部分

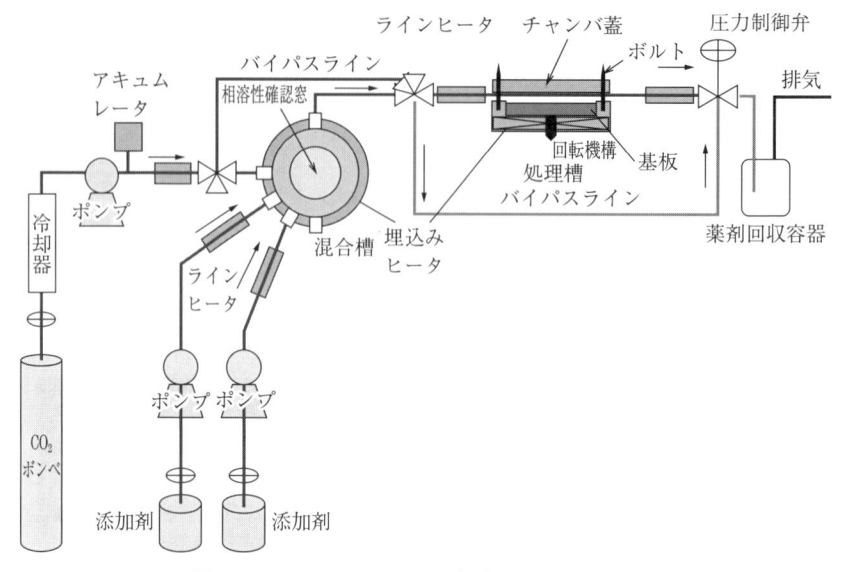

94　**4. 超臨界流体を用いた半導体・MEMS 洗浄技術**

図 4.2　シリコンウェーハ用超臨界 CO_2 洗浄装置

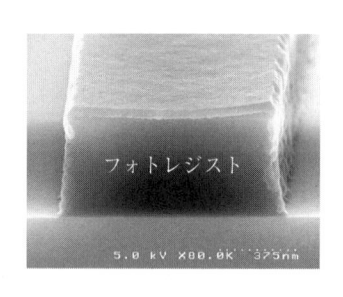

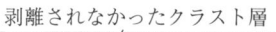

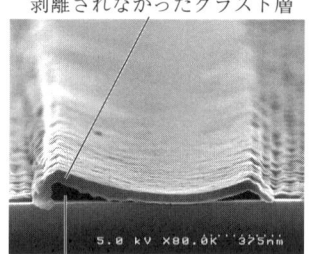

図 4.3　超臨界 CO_2 処理前後のレジスト/パターンの斜視断面 SEM 像

(a) 処理前　　(b) 処理後

は完全に除去されていることがわかる。

一般に，有機溶剤を用いた高ドーズイオン注入フォトレジスト剥離の程度は，以下に示す5段階に分類できる。

　レベル 1　レジストは膨潤するが溶出には至らない。
　レベル 2　クラスト層内部のレジストは溶出するが，クラスト層はまったく（あるいはほとんど）溶解しない。

レベル3　内部レジストは完全に溶解し，クラスト層は表面が溶解して薄くなる。

レベル4　内部レジストは完全に溶解し，クラスト層もほとんどすべて溶出するが，クラスト層の一部（基板との接触部分）が残留する。

レベル5　クラスト層もクラスト層内部レジストも完全に溶解する。

各レベルの典型的な状態を，図 **4.4** に示す。レベル値が大きいほど剥離は進んでいる。

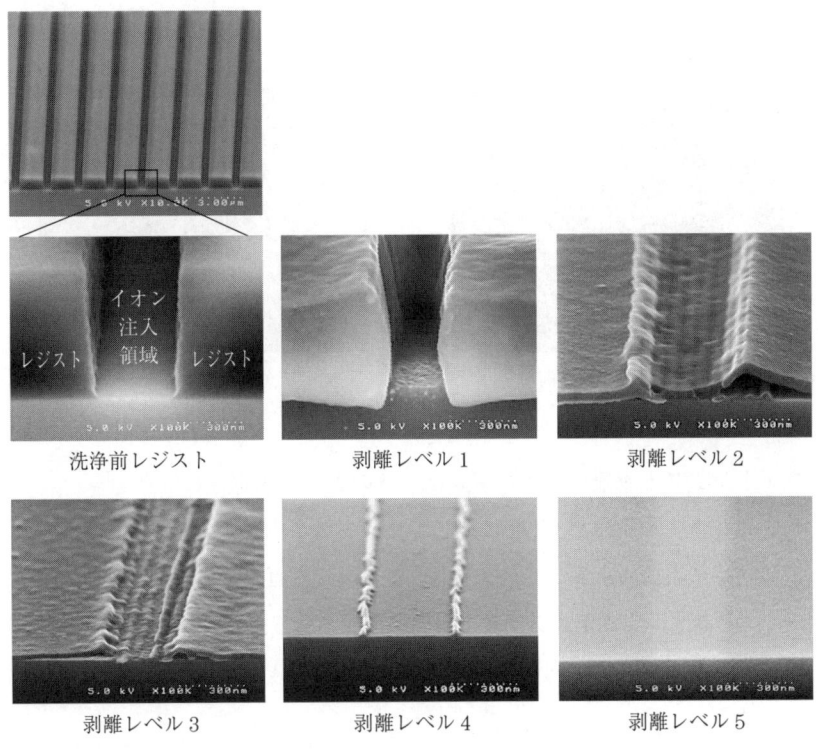

図 **4.4**　表面が硬化したフォトレジストが段階的に剥離していく様子

図 4.3 の写真で示される超臨界 CO_2 + アルコール系相溶剤による処理は，レベル2に相当する。そこで，超臨界 CO_2 + アルコール系相溶剤に，さらに，酸化作用のない複数の薬液を追加して，高ドーズ（10^{15} 原子$/cm^2$）As イオン

を注入することにより，表面がクラスト化したフォトレジストを剥離することにした。添加した薬液は微量のフッ素系界面活性剤とフッ素系エッチング剤である。

クラスト層を layer by layer で溶解する設計ではなく，クラスト層と基板の密着性低減に重点を置いて，さらに超臨界流体特有のレジストに溶解した CO_2 が減圧時に膨張する力を利用したクラスト層を基板から引き剥がす手法を採用し，高ドーズイオン注入レジストの剥離に成功した（図 4.5）。SEM および XPS での表面解析の結果，基板表面のシリコンロスを生じさせずにフォトレジストが完全に除去されていることが確認された（図 4.6）。

（a）処理前　　　　　　　　　（b）処理後

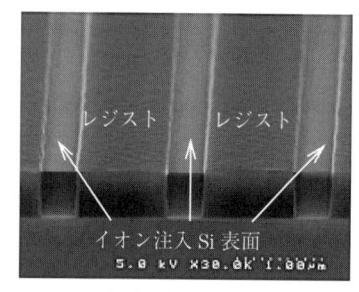

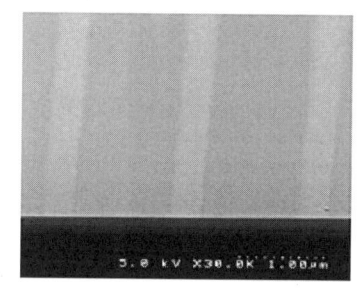

図 4.5　超臨界 CO_2 を用いた高ドーズ・イオン注入フォトレジストの剥離

フォトレジスト剥離のメカニズムはつぎのように想定される。

1) レジストを超臨界 CO_2 に浸して，レジスト内部へ CO_2 を膨潤させる。
2) 同時に添加剤によってクラスト層と基板の界面の密着力を弱める（シリコン基板とレジストのクラスト層間に形成される強い共有結合を切断する）。
3) 相溶剤がレジスト内部のクラスト化していないレジストを溶解・溶出させる。
4) 急減圧により CO_2 がガス化して，硬化層内部の爆発的膨張に伴う物理力でクラスト層を基板から引き剥がす。残渣は，添加したフッ素系薬剤で除去する。

この方法ではまったく酸化剤を使わない。また，クラスト層溶解を担う反応性の高い薬液を大量に使用する必要がないので，基板のエッチング量が低減できた。

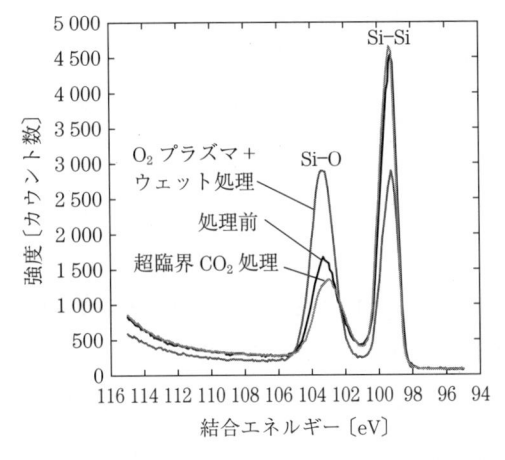

図 4.6 高ドーズ・イオン注入フォトレジストを酸素プラズマアッシング＋ウェット処理あるいは超臨界 CO_2 処理した前後のシリコン基板の XPS 2p スペクトル

4.3　多層配線工程（BEOL）への適用

4.3.1　多層配線工程での洗浄の課題

半導体デバイスの高速化に伴い，多層配線工程（BEOL）においては，寄生抵抗を抑制するために配線層間絶縁膜に従来のシリコン酸化膜に代わる低誘電率（low–k）膜が用いられている（図 4.7 (a)）。さらに誘電率を下げる要求に

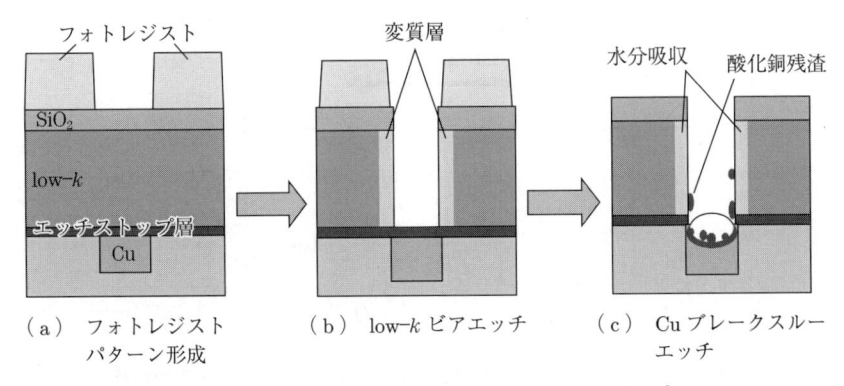

図 4.7　配線工程におけるビア形成およびビアホール開口プロセス
（a）フォトレジストパターン形成　（b）low–k ビアエッチ　（c）Cu ブレークスルーエッチ

応えて，炭素を含む多孔質の超低誘電率（ultra low-k）有機膜が使用されるようになってきている。

ダマシン形成法でこの low-k 膜に配線 Cu を埋め込むために，レジストマスクを用いてドライエッチングで接続孔を形成後に，low-k 膜上のレジストを剥離し，さらには側壁のエッチング残渣を除去する必要がある（図 4.7（b））。従来のプラズマアッシングとウェット洗浄の組合せでは，プラズマダメージによる膜の構造変化や，ウェット洗浄時の空孔への薬液の浸透，吸湿，乾燥時の空孔の倒壊，水分が低誘電率膜表面に吸着したり，膜中に取り込まれたりして誘電率が上昇するなどの問題がある[2)~5)]。また，配線ビア開口のためのエッチストップ層のドライエッチング後に，ビア底部や側壁に付着する銅酸化物残渣を除去しなければならないが（図 4.7（c）），従来のウェットエッチングを用いると，low-k 膜の構造変化や水分吸着による k 値（誘電率）の上昇が起こる。ガ

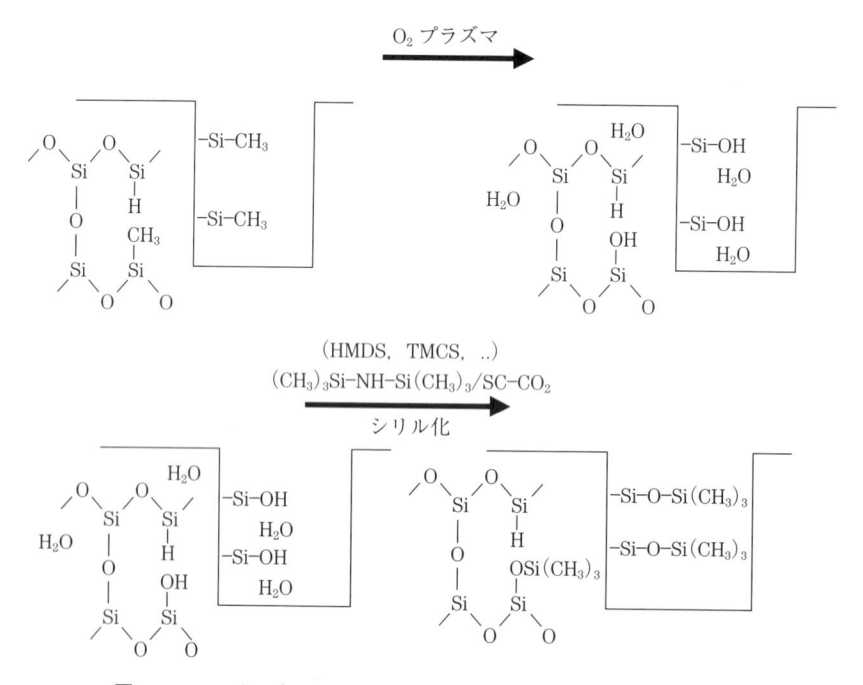

図 4.8　O_2 プラズマによる low-k 膜の損傷と超臨界流体中での修復

スによるドライ洗浄では，粒子状残渣は除去するのが困難である。

また，配線工程でも，FEOL 同様に回路パターンの微細化が進み，それに加えて，層間絶縁膜の ultra low-k 化により，膜がますます多孔質化し脆弱になってきたため，層間絶縁膜パターンの倒壊現象は大きな問題となる[6]。

超臨界洗浄と密接に関係する技術に，多孔質 low-k 膜の細孔や側壁の保護や修復がある（図 **4.8**）。実は，超臨界流体の半導体応用研究は，プラズマダメージでダメージを受け，k 値が上昇した low-k 膜の修復や low-k 膜側面を保護膜で覆うポアシール形成などの研究から始まった[7],[32]。これらについては，5 章で詳しく述べる。

以上述べたいくつもの問題点解決のために超臨界流体に期待がかけられている。

4.3.2　超臨界 CO_2 によるフォトレジスト剥離・エッチング残渣除去

超臨界 CO_2 に反応剤を添加したアルコール系相溶剤および必要に応じて表面保護剤を用いて，low-k 膜や上層キャップ SiO_2 膜の過剰エッチングを防止しつつ，k 値の上昇なしに low-k 膜のドライエッチングの後のフォトレジストおよびエッチング残渣を同時に除去することができた（図 **4.9**）[13),16),22),26),27)]。レジストの未硬化部は超臨界 CO_2 および相溶剤が溶解し，ドライエッチングにより硬化したレジスト表面硬化層は，内部に浸透した超臨界 CO_2 の急減圧体積膨張に伴う物理力により完全に除去された。

図 **4.10** に，超臨界 CO_2 処理前後の SiOC 系 low-k 膜の赤外分光（FT–IR）スペクトルを示す。比較のために，酸素プラズマ処理後の FT–IR スペクトルも掲載した。処理前の low-k 膜は，$841\,\mathrm{cm^{-1}}$ と $1\,275\,\mathrm{cm^{-1}}$ に，SiOC 膜を特徴づける Si–CH$_3$ に相当する赤外吸収が見られる。超臨界 CO_2 処理後のスペクトルも，処理前と差異が認められず，超臨界 CO_2 処理により low-k 膜の構造変化は生じないと考えられる。これに対して，O_2 プラズマ処理した場合は，Si–CH$_3$ 結合が消え，$3\,500\,\mathrm{cm^{-1}}$ 付近に–OH および–Si–OH の吸収が見られる。つまり，プラズマによって励起された酸素ラジカルにより，Si–CH$_3$ 結合

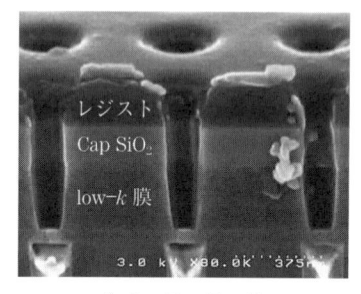

100   4. 超臨界流体を用いた半導体・MEMS 洗浄技術

(a) 処理前   (b) 処理後

図 4.9　超臨界 CO_2 を用いた low-k 膜上のレジスト剥離

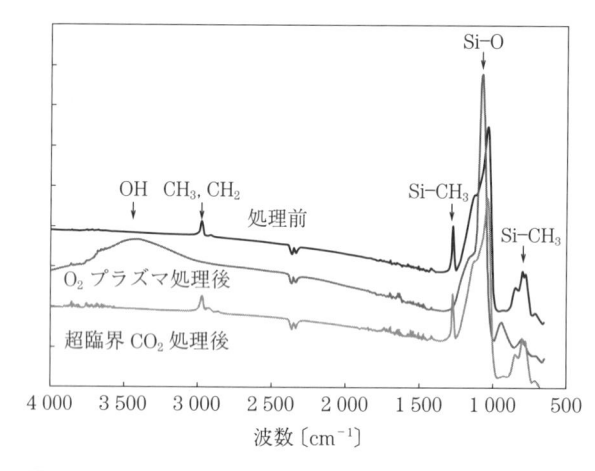

図 4.10　超臨界 CO_2 処理前後および O_2 プラズマ処理後の low-k SiOC 膜の FT-IR スペクトル

が攻撃され，Si-O 結合に置き換えられ，low-k 膜が誘電率の高い SiO_2 のような膜に構造変化していることを意味する。

さらに進んだ $k = 2.2$ の ultra low-k 膜と反射防止膜 (bottom anti reflective coating, BARC) の組合せについても，有機酸系薬液とアルコール系相溶剤を超臨界 CO_2 に溶解させ，low–k 膜や上層キャップ SiO_2 膜の過剰エッチングを防止しつつ，完全に剥離することができた（**図 4.11**）。超臨界状態で処理することで，添加剤が微量でもフォトレジスト膜や BARC 膜中に浸透，膨潤しやすくなり，添加剤の溶解力と，降圧時の膨張による物理力により，フォトレジストが除去できたものと考えられる。

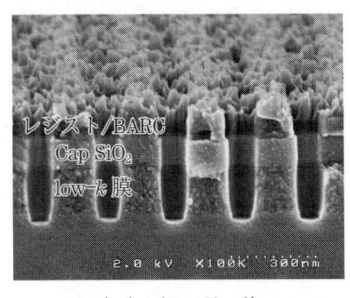

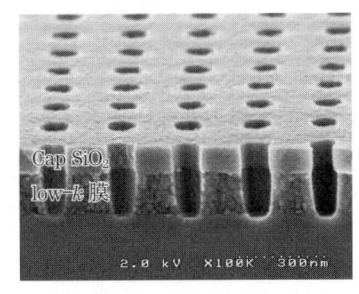

（a）処 理 前　　　　　　　　（b）処 理 後

図 4.11　超臨界 CO_2 を用いた ultra low–k 膜（$k = 2.2$）上のレジストおよび反射防止膜（BARC）の剥離

Cu 上のキャップ膜と若干の Cu 層を除去するブレークスルーエッチング後には，Cu 層上の残渣ができる（図 4.7（c））。これを超臨界 CO_2 処理のみでは除去できなかったが，超臨界 CO_2 に有機酸を微量溶解させることで除去できた（**図 4.12**）。リンスは，超臨界 CO_2 ＋アルコール，次いで超臨界 CO_2 中で行った。処理の前後で，多孔質 low–k 膜のビアホール寸法に変化は見られなかった。添加剤によって酸化銅が錯体をつくり，CO_2 に溶解することで残渣が除去できたものと考えられる。汚染物質は，超臨界流体の高い輸送力で系外へ除去された。

超臨界 CO_2 洗浄を実デバイスの配線工程に適用した結果は，実際に海外の大規模半導体メーカーから発表されている[33]）。超臨界 CO_2 洗浄（low–k レジスト剥離，残渣除去）を 65 nm デバイス用プロセスに適用したところ，良好な電気的特性（リーク電流および RC 遅延）が得られている。

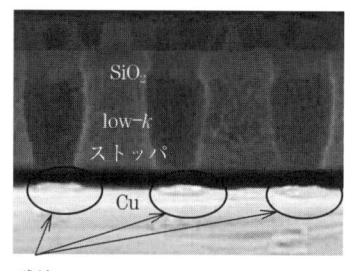

図4.12 Cu ブレークスルーエッチング後の銅酸化物の超臨界 CO_2 処理による除去

4.3.3 超臨界 HFE によるフォトレジスト剥離・エッチング残渣除去

3.2.2 項で超臨界 HFE 流体を用いた乾燥技術について述べた。超臨界 HFE 流体は超臨界 CO_2 流体よりも高い溶解能をもち，洗浄用途に向いている。ここでは，洗浄への応用を紹介する。

〔1〕 フォトレジスト剥離　　フォトレジストにはアクリル樹脂を主体とした ArF 露光レジストを使用し，エキシマ露光，現像によるレジストパターン形成後，レジスト下の TEOS–SiO_2 膜[†]をフッ素系 RIE でドライエッチングした。HFE はアクリル樹脂と親和性が高い特徴を有する。さらに洗浄効果を上げるため，共沸となる添加剤を 10 wt.% 程度添加している。

図4.13（a）は，TEOS–SiO_2 膜エッチング後のパターン SEM 写真である。レジストパターンをマスクに TEOS–SiO_2 膜をドライエッチングした。このパターンを HFE 超臨界洗浄を行った結果，図（b）に示すようにレジストは溶解除去され，良好にレジスト洗浄が行えたことがわかる。

一方，図4.14 は，MSQ（メチルシルセスキオキサン，東京応化製 T–7）膜を同様に超臨界洗浄を行ったときの赤外分光分析（IR）結果である。MSQ は low–k 層間絶縁膜として使われているもので，レジスト除去時に low–k 膜にダメージ（膜内有機基が除去されて誘電率が上がる）が入らないことが洗浄工程への要求条件となっている。超臨界処理前後の IR スペクトルを見てみると，

[†] 珪酸エチル（tetraethyl orthosilicate, TEOS, $Si(OC_2H_5)_4$）を原料にして 800°C 前後で堆積した SiO_2 膜。

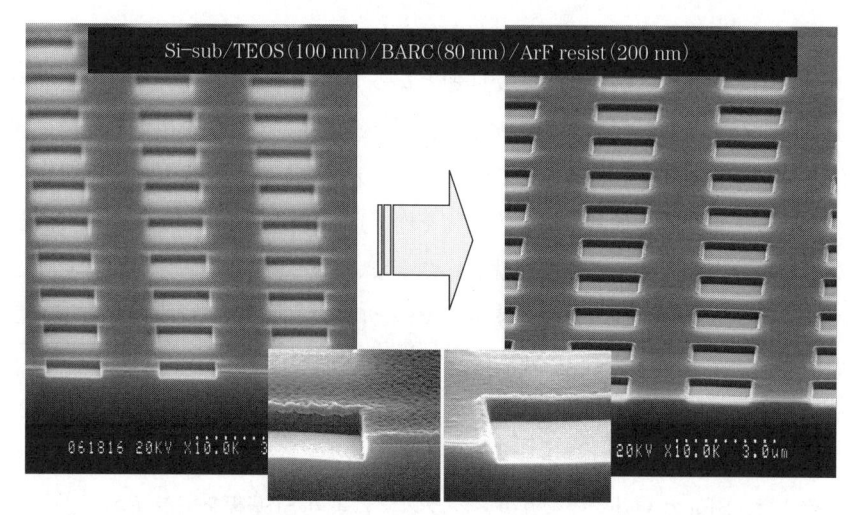

4.3 多層配線工程（BEOL）への適用   103

（a） HFE 超臨界洗浄前　　　　　　　　　　　（b） HFE 超臨界洗浄後

図 4.13　ArF レジストパターン状態（レジストパターンは，TEOS 膜エッチング後の状態である）

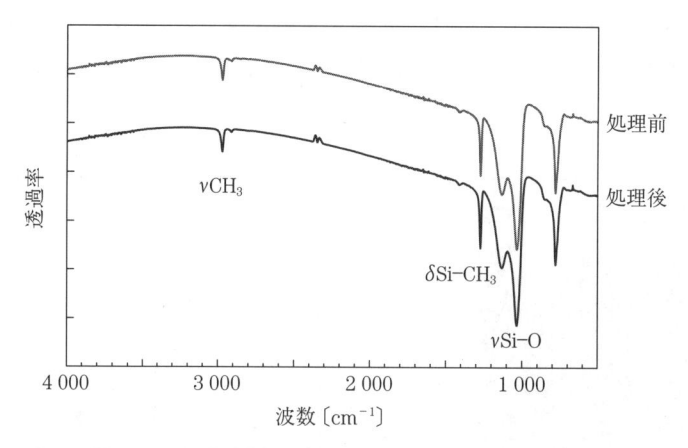

図 4.14　HFE 超臨界洗浄前後の MSQ 膜の IR 分析結果

CH_3 基のピーク強度の変化はないことがわかる。このことは，超臨界洗浄処理で low–k 膜にダメージが入ることはない（low–k 膜中の有機基が除去されることはない）ことを物語っている。

〔2〕**エッチング残渣除去**　　2.2 節で述べたように，Si 貫通ビアなど細く

て深い穴（パターン）を用いる技術が使われ出しており，高アスペクト比のパターンをどのように洗浄するかが問題となっている。これらのパターン形成の多くは，パターン側面にプラズマ重合膜（フッ素系プラズマを用いる場合には$(CF_x)_n$の重合膜）を堆積させてサイドエッチングを防いで垂直加工を達成させている。重合膜は通常は反応生成物を巻き込んで生成されてポリマー残渣となっているため，簡単に除去（洗浄）できないのが問題となっていた。

一般にフッ素化合物は，フッ素ポリマーとは親和性が高い特徴を有する。このため，フッ素系のポリマー残渣は，フッ素化合物を適切に用いることにより，溶解・除去できる可能性が大きい。特に，超臨界状態もしくは高温状態とすることにより，溶解速度が向上すると効果的である。

そこで，SF_6とC_3F_8の交互ガスプラズマにより Si 基板をドライエッチングして溝パターンを形成した後，フッ素化合物の超臨界で洗浄した。評価は，パターン側面をオージェ分光分析で残存 F の量を測定することにより行った。

結果を図 **4.15** に示す。洗浄後側面の F が減少していることから，深溝パターン側面のポリマー残渣が良好に洗浄できたことがわかった。また，ここでは超

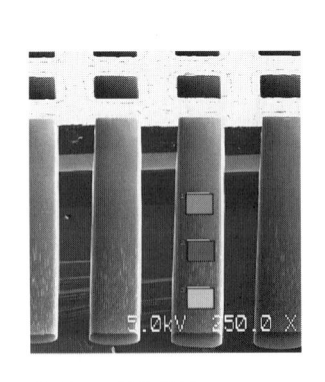

深穴への洗浄効果
(200 μm 深さ)

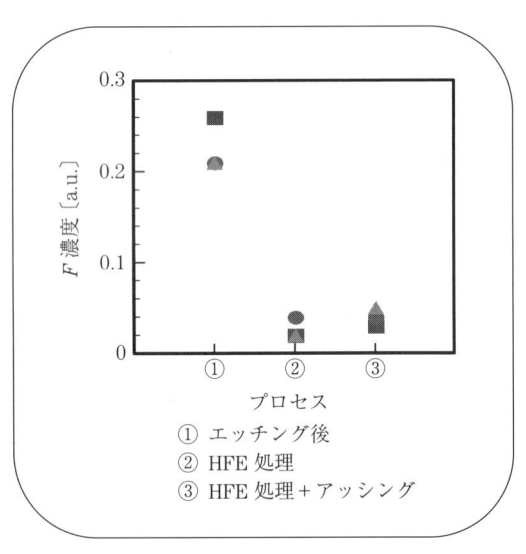

プロセス
① エッチング後
② HFE 処理
③ HFE 処理＋アッシング

図 **4.15** HFE 洗浄後のパターン側壁分析結果

音波などは印加していないため，超音波を併用する所謂「剥離洗浄」ではなく，「溶解洗浄」が行えている。このことは，剥離洗浄で問題となる残渣の再付着は生じず，良好な洗浄が行えていることを意味するものである。

4.4 大口径ウェーハへの実用化に向けて

近い将来，超臨界流体洗浄を実際の半導体デバイス製造工程に導入して大口径シリコンウェーハを処理するための準備として，いくつか検討した事項を以下に紹介する。

4.4.1 超臨界 CO_2 によるパーティクル除去

半導体デバイスの生産に新プロセスを導入するに当たっては，プロセスおよび装置起因のパーティクル発生を厳しく抑制しなければならず，万一発生した場合は速やかに除去しなければならない。超臨界 CO_2 洗浄において，CO_2 だけでは半導体プロセスで付着する汚染を除去することができない。そこで，微量の薬剤（フッ素系エッチング剤，フッ素系界面活性剤，表面保護剤など）を，アルコール系相溶剤とともに超臨界 CO_2 に添加することによりドライエッチング残渣だけではなくウェーハ表面付着パーティクル除去にも成功した[10),16),20)]（図 4.16）。用いたのは図 4.2 の装置である。

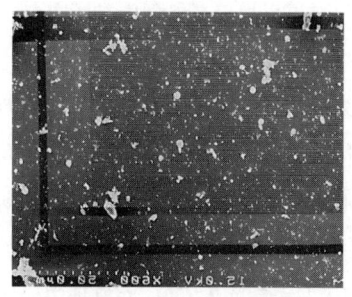

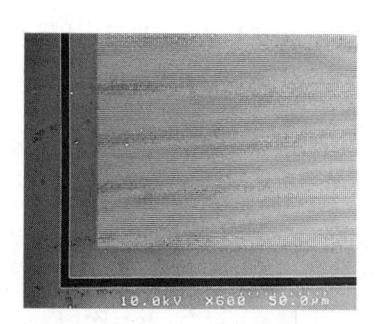

（a）処理前　　　　　　　　（b）処理後

図 4.16 超臨界 CO_2 を用いたシリコン基板上のパーティクル除去

エッチング剤添加によるパーティクル除去と表面保護剤添加による SiO_2 エッチング量の低減は，トレードオフの関係にある．界面活性剤を添加することにより表面への濡れ性を向上させ，少ないエッチング量でもパーティクルを効果的に除去することができた．また，圧力を高くするほど，Si 上，SiO_2 上，共にパーティクル除去率は高くなった．圧力を高くすることにより，流体密度・粘度が大きくなることで，表面近傍の流体抵抗および剪断力が大きくなるためと考えられる．

4.4.2 物理的な補助手段の活用

いかなる新プロセスであっても，半導体デバイスを生産に導入するには高度な基板面内均一性が要求される．超臨界 CO_2 中での汚染除去においては，添加剤による化学反応力だけでは不十分で，回転[16),17)]や急峻な圧力変動[16),18)]のような流体の物理力を補助的手段として併用する必要があろう．

Low-k 膜上のフォトレジストを超臨界 CO_2 中で剥離する際のウェーハ回転の効果を図 **4.17** に示す．ウェーハを回転しないとフォトレジスト剥離が不十分であったが（図(a)），回転することにより剥離能力を大幅に向上させることができた（図(b)）．ウェーハ回転による遠心力により，表面流速が向上し，レジスト膜に作用する流体の圧力および剪断応力が増加するために，剥離能力が向上できたものと考えられる．

つぎに，low-k フォトレジスト剥離の超臨界プロセス処理中に圧力を急峻に変動させ，そのレジスト剥離に及ぼす効果を圧力一定で処理した場合と比較した結果を，図 **4.18** に示す．これは，パターン上のフォトレジスト剥離の様子を光学顕微鏡で観察した写真で，圧力一定の場合を図(a)に示す．圧力変動幅が最も大きい 19.5〜9.5 MPa の場合（図(b)）に，最もフォトレジスト剥離効果が高くなった．圧力変動幅の大きさは，密度変化，すなわち体積変化が大きいことを意味するため，レジスト内部に侵入した超臨界 CO_2 が処理中の体積膨張が，レジストを基板から引き剥がす力に変換されたものと考えられる．流体の体積膨張により，表面のせん断応力も発生するため，この応力がレジストの

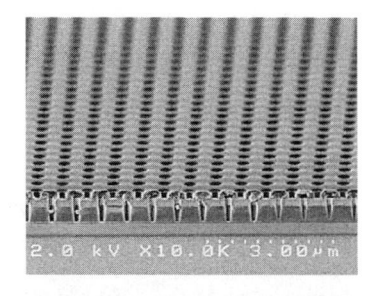

4.4 大口径ウェーハへの実用化に向けて　　107

（a）基板回転なし　　　　　　　（b）基板回転あり(500 rpm)

図 4.17　超臨界 CO_2 を用いたフォトレジスト剥離における基板回転の効果

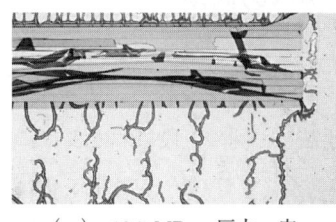

（a）19.5 MPa，圧力一定　　　　（b）13.5〜9.5 MPa

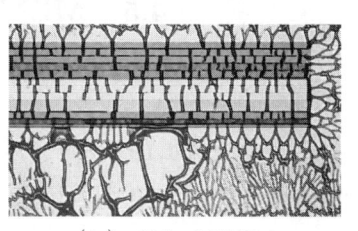

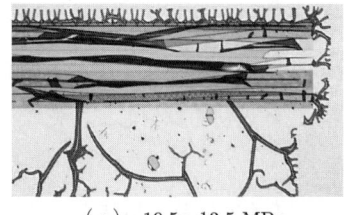

（c）19.5〜13.5 MPa　　　　　　（d）19.5〜9.5 MPa

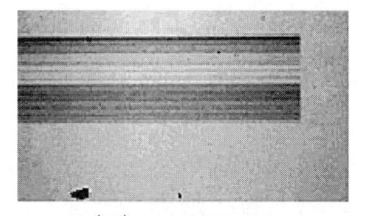

（光学顕微鏡，平面図）

図 4.18　超臨界 CO_2 を用いたレジスト剥離における圧力変動の効果

外側から横方向に押し流す力を発生させたものと考えられる。

4.4.3 その他の課題

この他，実用化にあたっては，以下の課題を解決する必要がある。
(1) それぞれのアプリケーションに応じた最適な添加剤（相溶剤，反応剤，界面活性剤，保護剤など）の開発。
(2) 超臨界 CO_2/添加剤の溶解性の安定化（添加剤の沈殿やパーティクルの発生防止）。
(3) 材料（チャンバ，バルブ，配管など）の添加剤への腐食耐性。
(4) 装置内で発生するパーティクルや金属汚染の低減。
(5) 地球環境保全の見地から，CO_2 再生循環利用，消費量削減。
(6) 高圧装置に関する規制緩和（年中無休の半導体製造になじまない規制の数々）。

4.5 MEMS 洗浄への適用

バッチ式洗浄機を用いたシリコンウェーハのエッチングから，リンス，乾燥までのシーケンスを図 4.19 に示す。通常の手法は，図の上段に示すように，シリコンウェーハを洗浄槽から引き上げて，IPA（イソプロパノール，iso–propanol）蒸気乾燥槽に移送し，ウェーハ上に凝縮した IPA で付着水を置換し乾燥する。アスペクト比が比較的低い構造物の乾燥にはこれで問題はないため，半導体製造工程で長年にわたり使われてきた。最近では，リンス槽内で IPA 蒸気を吹きかけながらウェーハを引き上げるマランゴニー乾燥法を採用して，乾燥槽を削減する場合が多い[34]。

ところが，微小なビーム，カンチレバー，ダイアフラム構造などを有するMEMS においては，この乾燥法を適用できない場合が多い。2.2.2 項でも述べたように，MEMS では中空構造を形成するために，あらかじめ堆積しておいた Si 酸化膜や多結晶 Si などの犠牲層を後からエッチングで除去する手法が一

4.5 MEMS 洗浄への適用

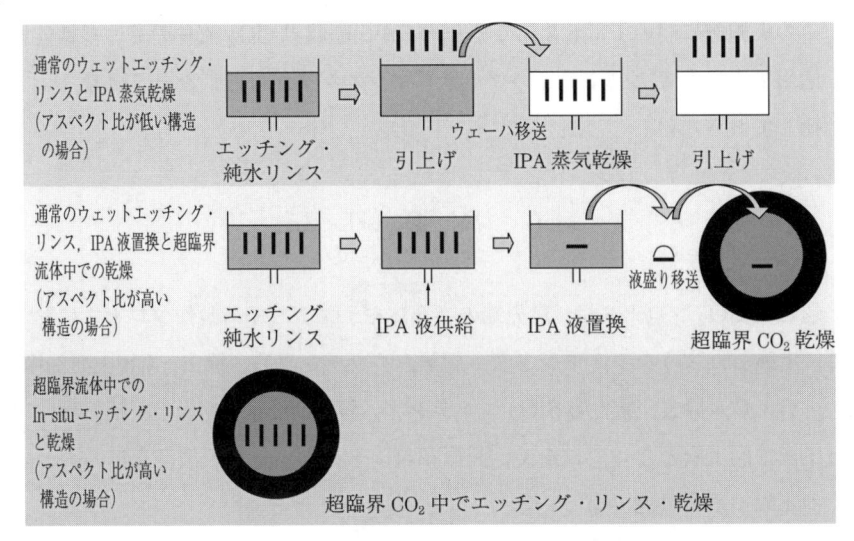

図 4.19 シリコンウェーハのエッチングからリンスおよび乾燥までのシーケンス

般的に採用されている。このような中空構造はアスペクト比が高いため，従来のウェットプロセスを用いると，乾燥時に液体の表面張力で構造が張り付いてしまうからである。このため，乾燥時に超臨界 CO_2 を用いることでパターンの貼付きを防止する方法が広く採用されている。リンス水から超臨界 CO_2 には直接置換できないため，リンス水を溶剤に置換し，液盛りした状態で超臨界 CO_2 チャンバに移送して，高圧チャンバ内で乾燥しなければならない（図 4.19 中段）。この手法が，MENS の生産現場では採用されている。

しかし，ウェットエッチングとリンスを従来どおりのウェット洗浄機を用いて常圧常温下で行い，乾燥を別の高圧高温チャンバ内で行うのは煩雑である。装置も複数台必要になる。とりわけ，液盛りによる移送は不安定で量産になじまない。

これに対して，著者らは超臨界 CO_2 中で犠牲層 SiO_2 エッチングから洗浄・乾燥までを一貫して行う方法を検討した（図 4.19 下段）[11),19)]。同一チャンバ内でエッチングから洗浄・乾燥プロセスまでが終了するため，工程が簡略化できる。液盛り搬送の手間も省けて，量産対応のプロセスが実現できる。

この実施例については 8.3 節で紹介するが，超臨界 CO_2 流体のもつ多機能性を活用することで，効率のよいマイクロマシニングが可能になることをここで指摘しておきたい。

4.6 おわりに

超臨界 CO_2 プロセスは，最先端の半導体やナノデバイス製作プロセスにおいて，上述したようなフォトレジスト剥離，エッチング残渣除去，Cu 表面洗浄，パーティクル除去，犠牲層 SiO_2 エッチング，および洗浄・乾燥の一括処理による生産性向上などだけではなく，超微細コンタクトホールの洗浄をはじめ，多くの工程で適用可能である。

超臨界流体洗浄は薬液や水をほとんど（あるいはまったく）使わず，廃液や排ガスを著しく減少できるため，半導体製造の環境負荷低減にも期待がかけられている。先端デバイスでは，回路パターンの倒壊現象がますます顕著に起こるようになっており，300 mm ウェーハ用超臨界流体装置も試作され，まずは乾燥工程への適用，さらには次世代デバイスの超微細 3 次元構造の洗浄・乾燥に向けたプロセス開発が行われている。次世代リソグラフィーといわれる EUV（extreme ultraviolet）リソグラフィー用のフォトレジストの現像への超臨界 CO_2 の適用する試みもあり[35]，半導体デバイスのさらなる微細化に向けて，超臨界流体を用いた半導体洗浄技術の進展が大いに期待される。

5章 多孔質薄膜と細孔エンジニアリング

5.1 低誘電率薄膜と多孔質化

5.1.1 集積回路の高速化と多孔質薄膜

2章で述べたように，集積回路の微細化・高集積化に伴い，配線も微細化した。その結果配線のもつ浮遊容量による信号遅延が大きな問題となった。

配線遅延は，配線抵抗 R と配線間容量 C の積 RC で決まり，以下の性質がある。
(1) 配線抵抗増加
    (a) 配線断面積の減少による増加
    (b) 配線長の増加による増加
(2) 配線間容量増加
    (a) 配線間隔の減少による増加
    (b) 配線長の増加による増加

配線抵抗の減少を実現するため，従来の Al に代わり，より低抵抗な金属である Cu が配線として採用された。一方，配線間容量の低減については，容量 C が比誘電率 k に比例するので†，配線間の絶縁材料（配線層間絶縁膜）として従

---

† 距離 d だけ離れた面積 S の間の電極間の容量は，間の誘電体の誘電率を k，真空の誘電率を k_0 として

$$C = k_0 k \frac{S}{d}$$

である。なお，一般に比誘電率の記号には ε を用いるが，集積回路材料分野では k を用いる。以下比誘電率を，単に「誘電率」という。

来のシリコン酸化膜（SiO_2, $k \approx 4$）の代わりに，低誘電率絶縁膜（low-k 膜）を導入することになった（2.1.2 項〔3〕参照）[1]。

物質の誘電率は，構成元素（モル質量 M），密度 ρ，分極率 α ないし双極子モーメント μ で決まる†。つまり材料の誘電率を下げるためには，以下の二つのアプローチがある[2]。

(1) 分極率の低い軽元素材料を用いる。

(2) 密度を下げる。

第一の方法としては，C-F 結合や Si-F 結合のような原子間距離が小さな材料を用いることである。しかし材料自身の物性の調整には限界がある。そこで，密度を下げることが重要となり，疎化・多孔質化は効果的である。

特に，シリカ系多孔材料は，骨格物質の誘電率が低く強度も大であり，集積回路プロセスとの整合性も高い。層間絶縁膜用には，大口径 Si ウェーハ上に厚さ数百 nm 程度の膜を，均質に形成する必要がある。塗布法の場合，この要求を満たす無機多孔質膜を作製する方法として，現在，つぎの二つを基本としたものが用いられている。

(1) 溶媒中で，低濃度のシリカゾルを凝集・ゲル化後乾燥させるキセロゲル法。

(2) 水素化シリケートや有機シリケートなど，従来の低誘電率塗布ガラス（Spin-on-Glass, SOG）を，有機テンプレートとハイブリッド化し，テンプレートを分解ないし気化させて細孔を導入する方法。

5.1.2 多孔質薄膜と超臨界 CO_2 流体

図 **5.1** に low-k 膜プロセスへの超臨界 CO_2 流体利用の例を示す。超臨界 CO_2 流体の優れた浸透性を利用し，細孔内部で物質除去ないし付加できる。

---

† 例えば，分子分極はクラウジウス・モソッティの式

$$\frac{k-k_0}{k+2k_0}\frac{M}{\rho} = \frac{4\pi N_A \alpha}{3}$$

で表される（N_A はアボガドロ数）。

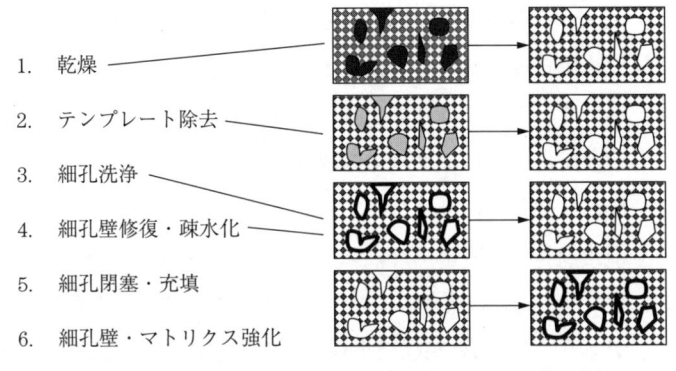

1. 乾燥
2. テンプレート除去
3. 細孔洗浄
4. 細孔壁修復・疎水化
5. 細孔閉塞・充填
6. 細孔壁・マトリクス強化

図 5.1 多孔質薄膜プロセスにおける超臨界 CO_2 流体の利用

(1) 細孔からの溶媒・有機物除去

(a) ゾル・ゲル法では，微粒子（ゾル）を重合・凝集しその間の空間で細孔ができる。細孔内には溶媒が残存するが，その乾燥除去の際の収縮・毛管凝集を防止するために超臨界 CO_2 流体が用いられる。

(b) 細孔の形成方法としては，逆に高分子をテンプレート（鋳型）としてマトリクス物質内に内包・分散させ，その後除去する手法もある。ベーク（焼成）して熱分解・気化させて除去することが通常であるが，それではテンプレート物質が残存したり，排気孔が内部にパイプ状に形成され，細孔が連結してしまう。ガスや薬液の浸入とそれによるダメージを防ぐため細孔は独立孔であることが望ましく，超臨界 CO_2 流体を浸透させて溶解除去することが行われている。

(c) 多孔体は，比表面積が大きいので環境中の化学物質を吸着しやすい。水の誘電率は約 80 と大きいので，吸着水は誘電率を著しく上昇させてしまい，またリークの原因ともなる。また，水にしろ有機物にしろ，真空中で加熱・加温した際に不必要に放出されると装置環境の汚染を招く。超臨界 CO_2 流体を用いて細孔内部の洗浄を行えば，このような問題を解決することができる。

(2) 細孔内への物質輸送

(a) 細孔壁の修復とは，プロセス中に生じた表面の損傷，特にプラズマ

ダメージを回復することである。吸湿の防止と誘電率の低減を図るため多孔質 low–k 材料はもともと疎水性となるように設計されている。プラズマにより疎水基が破壊されると著しい吸湿を招くので，その防止のためプラズマ処理後，疎水化剤を超臨界 CO_2 流体に溶解して細孔内に浸透させ，表面を疎水化する。

(b) 細孔の入口の閉塞(へいそく)は，プラズマダメージや薬液の浸入防止のために行われ，既存技術としてはプラズマ改質による高密度化などの手法がある。7.5 節の絶縁膜堆積に類似の技術により表面部のみに堆積させれば，細孔の閉塞も可能である。また，金属や絶縁膜を細孔内に充填することで，新たな複合物質の創製も可能であろう。

(c) 有機・無機を問わず，low–k の骨格物質は重合体である。細孔や自由体積（free volume）†に超臨界 CO_2 は浸透，あるいは溶解する。このとき起こる脱水重合あるいは疎水化作用によって骨格を強化できる。

5.2 多孔質薄膜の作製

5.2.1 ゾル・ゲルプロセスと超臨界乾燥

超臨界乾燥を用いて製造される代表的な多孔体にエアロゲルがある。エアロゲルはゾル・ゲルプロセスにより作製され，99%以上が空気であるため非常に軽量で，誘電率も $k < 1.1$ が可能である。ただし，機械的強度や耐薬品性などが非常に弱く，集積回路用途には不向きである。一般にはバルク材料として断熱用などに用いることが多い。

エアロゲルは多孔質体の極端な例として紹介したが，それも含め，多孔体薄膜の製造プロセスは，ゾル・ゲル法による以下の手順をとる。

| 金属アルコキシド溶液 | → | ゾル溶液 | → | 回転塗布 | → | ゲル化 | → | 乾燥 | → | 焼成 |

---

† 高分子などの重合体の鎖の間にできる空隙(くうげき)。大きさはサブナノメートルで，分子鎖が運動できる隙間に相当する。

5.2 多孔質薄膜の作製

ゾル・ゲル法では，まず，金属の有機および無機化合物溶液を反応させ，加水分解や重合によって得られた微粒子の懸濁液（ゾル）を得る。つぎに，反応を進ませて重縮合をさせて微粒子がネットワーク化（ゲル化）した湿潤ゲルとし，その後乾燥・焼成することでバルク体を得る方法である。シリカゲルを例にとると，基本的な反応式は以下のとおりである[6]。

$$n\mathrm{Si(OC_2H_5)_4} + 4n\mathrm{H_2O} \rightarrow n\mathrm{Si(OH)_4} + 4n\mathrm{C_2H_5OH}$$

$$n\mathrm{Si(OH)_4} \rightarrow n\mathrm{SiO_2} + 2n\mathrm{H_2O}$$

粘度の高いゾルを塗布すると薄膜の調製が可能であるが，塗布時に過度に乾燥してしまわないよう注意が必要である。粘度調節には，ポリエチレングリコールなどの増粘剤も利用される。

ゲル体の基本構造は 2～5 nm 程度の球状の微粒子（ゾル粒子に対応）である。実際のゲル体は粒子が凝集して二次粒子を構成し，さらに二次粒子が凝集した大きな粒子を形成，全体では 3 次元的なフラクタル構造をもっている。気孔はその隙間にできる。気孔の平均的な大きさと密度を制御し，樹枝状に低密度な構造としたものがエアロゲルである。図 5.2 はエアロゲルを薄膜として調整した例である。

ゲル化は，例えばアンモニア蒸気などを用いて行うが，得られた湿潤ゲルは

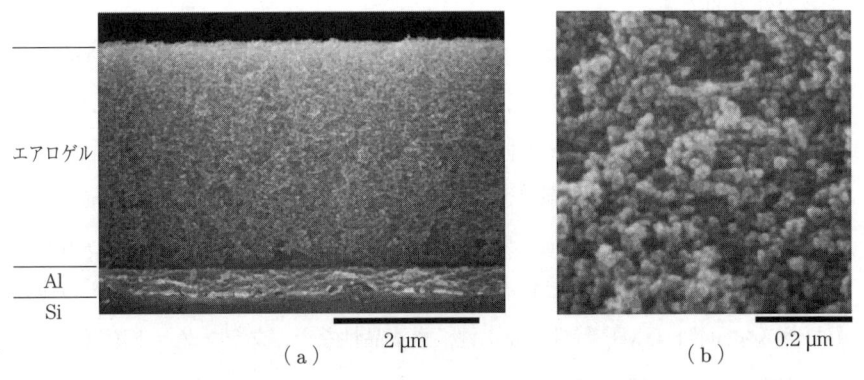

図 5.2 超臨界 CO_2 乾燥法で製作したエアロゲル薄膜（$k = 1.7$）の SEM 像[5]

多量の水分を保有しているので，適切に乾燥させないと，乾燥時に細孔が収縮してしまう。細孔収縮と超臨界乾燥法については，1.2.1項や3章で詳しく述べたとおりであり，湿潤ゲル膜を超臨界乾燥することで，高い気孔率を有する膜が得られる[4),5)]。

超臨界乾燥の方法は，水をアルコール置換してから均一液相を保ったまま液相経由で臨界点を越し，気相に戻す方法である。CO_2 とアルコールの2成分系での臨界点を確実に越すような圧力温度ルートをとることが望ましい。

湿潤ゲルは完全に SiO_2 化しているわけではなく，ゾル粒子の表面は親水性の Si–OH 基に覆われている。そのため，HMDS（ヘキサメチルジシラザン，$(CH_3)_3Si–NH–Si(CH_3)_3$），TMDS（テトラメチルジシラザン，$(CH_3)_2HSi–NH–SiH(CH_3)_2$），TMCS（クロロトリメチルシラン，$Si(CH_3)_3Cl$）などを作用させてシリル化することで，末端の OH を疎水基で終端する。その反応は例えばつぎのとおりである。

$$2\equiv Si\text{–}OH + (CH_3)_3SiNHSi(CH_3)_3 \rightarrow 2\equiv Si\text{–}O\text{–}Si(CH_3)_3 + NH_3$$

OH の消失と疎水基による終端の結果，薄膜細孔は疎水化し，比誘電率を下げるとともに吸湿を抑制して比誘電率を安定に保つことができる。この工程は通常は疎水化剤の蒸気を暴露して行うが，後述のように超臨界 CO_2 流体を用いることが効果的である。

電気的特性評価については本書の範囲を越えるので省略するが，一般的に多孔体は比表面積が増加するので，表面の欠陥や吸湿などによって絶縁耐圧が低下する。デバイスの電源電圧の低下によって耐圧要求は下がってはいるものの，シリコン熱酸化膜（SiO_2，約 $10\,MV/cm$）の $1/2 \sim 1/3$ 程度の耐圧（電界）の確保は必要である。リーク電流や，TDDB（誘電体経時破壊，time dependent dielectric breakdown）[†] なども基本的な電気特性評価の対象である。その他にもプラズマ耐性，CMP 特性，吸水性，耐薬品性など，ブランケット膜（連続平

[†] 酸化膜に一定の電界を印加して維持すると，絶縁破壊電界以下であっても経時破壊する現象。

坦膜)でも多くの基本的な評価要素がある。

5.2.2 ブロックコポリマーとテンプレート除去

〔1〕 ブロックコポリマー　　超臨界CO_2流体は有機物質を溶解するが，有機物質自体にもよく浸透・溶解する。そこで高分子材料に，超臨界CO_2を溶解させ急減圧することにより多孔体ないし発泡体をつくることができる。軽量化，断熱・遮音性向上，成形性向上などに効果があると期待されている。

この技術は超臨界CO_2の応用としてよく知られているが，泡の核発生と成長が発泡原理であるので，プロセスを工夫したとしてもせいぜい1μm程度の穴ができるにすぎない。したがって，集積回路などのマイクロエレクトロニクス材料の多孔化技術としては利用できない。

ポリマー中への微細細孔導入技術として，ブロックコポリマーを利用したものがある。たがいに融け合わない異なる高分子を混合すると相分離してマクロ的なドメインを構成する。このような高分子を連結したものをブロックコポリマーという。性質の異なる分子がたがいに結合し，たがいが一種の非イオン性の界面活性剤として作用し，エマルジョン化したものが固化したといえる。

ブロックコポリマーは，分子レベルで相分離・配列することが知られている。このときの相分離は5～100 nmとごく小さい。ナノドメインの形状は，ポリマーの種類，組成や分子長を調節することで，球，円柱，ラメラ（層状）と自在に制御できる。ブロックコポリマーは，溶媒に溶解したのち揮発させて調製するので，この溶液をスピンコートしてウェーハ上に簡単に均一膜を得ることができる。ナノドメインの構造は溶媒の種類や揮発方法にも依存している。

ポリマーに超臨界CO_2はよく溶解するので，これを利用してブロックコポリマーを膨潤ないし発泡させると，生じる空隙はナノドメインのサイズに対応した数nmの大きさであるので，非常に小さな細孔を導入した多孔体となる[8]。

界面活性剤とシリカの自己組織化によるメソポーラスシリカの作製技術はよく知られている。ブロックコポリマー自体の自己整合組織形成も類似の原理に基づいており，細孔を自己整合的あるいは周期的に配列させることができる。

そのような場合は，上記の方法でつくった多孔体も周期配列したものになる[7]。

〔2〕 テンプレート除去　有機テンプレート（鋳型）を利用して，微細孔を導入することができ，これは細孔生成方法としては一般的な手法である[†]。

まず，マトリクス物質と有機テンプレートを膜状に堆積し，その後，例えば熱分解や溶媒によりテンプレートを除去する。堆積にはスピンコートないしは蒸着，場合によってはCVDが用いられる。骨格物質は有機系でも無機系でもよい。

図5.3は，ポリメチルシルセスキオキサン（MSQ）という有機シリカ系物質にプロピレングリコールをテンプレートとして配合して作製した多孔質薄膜の細孔構造である[9]。作製は塗布法で行い，超臨界CO_2流体でテンプレート除去している。細孔構造は小角X線散乱法（SAXS）で評価しており，濃い灰色部分の凹凸構造がマトリクスである。55%という非常に高濃度にテンプレートを導入した場合でも，超臨界CO_2流体を用いてテンプレートを除去すると，より細孔が均一に分散している。

テンプレートをナノ化し分散させるためには，自己組織化現象の利用がよいとされる。高分子界面活性剤を利用したメゾポーラスシリカは，多孔体の形成

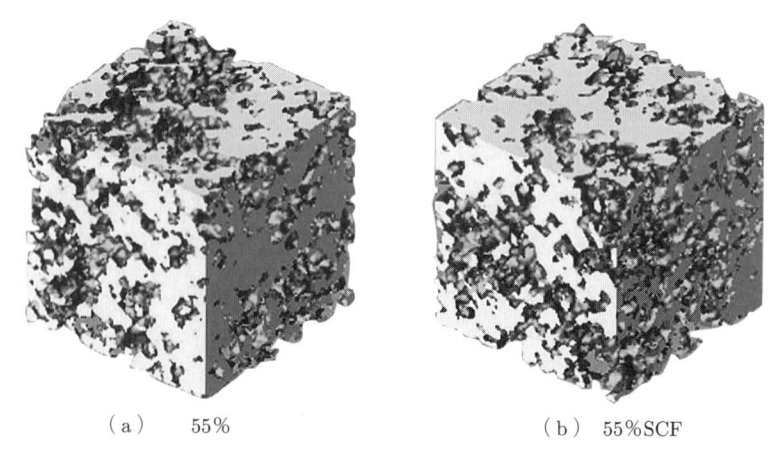

　　　　（a）　55%　　　　　　　　（b）　55%SCF

図5.3　超臨界CO_2流体でテンプレート除去して作製した多孔体の細孔構造

[†] このような目的のテンプレートをポロジェン（porogen）と呼ぶことがある。

方法として広く用いられている。また，上記のブロックコポリマーを用いるのも一つの方法である[7]。その場合，ナノ発泡後そのまま超臨界 CO_2 を溶媒としてゾル・ゲル法を行うか，CVD を用いてナノ空隙にシリカを充填する。コポリマーテンプレートを熱分解やプラズマで除去することによって，シリカを骨格とする多孔体を形成することができる。

5.3 細孔エンジニアリング

5.3.1 細孔形成・細孔内洗浄

多孔体は表面積が大きく，環境中の化学種との相互作用が大きい。集積回路プロセスにおいては，水分や有機物などの吸着による汚染を招きやすい。エッチング中のガスの浸入による過剰エッチング，洗浄薬液の浸透，あるいは膜を積層する際の堆積中の浸透などは膜物性を大きく変質させるので問題となる。

例えば，ターボ分子ポンプでつくった真空内にシリカ系の多孔質薄膜を配置した例を取り上げてみよう。この膜は 2 nm の細孔をもつように設計された材料で，as–received の状態で屈折率が 1.29 であった。骨格の物質を SiO_2 と仮定するとその屈折率は 1.48 であるので，空孔率は 38% と求められる[†]。かなり細孔率が高い材料である。これを真空槽内に放置した後に屈折率を測定したところ，屈折率は 1.43 まで上昇していた。Si や SiO_2 膜ではそのような現象は発生しなかったので，当初その理由が不明であったが，念のため赤外吸収 (FT–IR) スペクトルをとると，放置後は有機物のピークの大幅な増加が見られた (図 5.4)。このピークはロータリーポンプ油の位置と一致していた。鉱物油の屈折率は 1.4 程度であるから，38% の細孔が油で完全に充填されるとその屈折率はほぼ 1.43 になり，実測値と一致した (表 5.1)。

以上から，多孔質薄膜はロータリーポンプ油を大量に吸着していることがわかった。真空槽そのものはターボ分子ポンプで吸引していたのであるが，粗引の間に汚染が発生したものだと考えている。

[†] Maxwell–Garnet 有効媒質近似を利用。

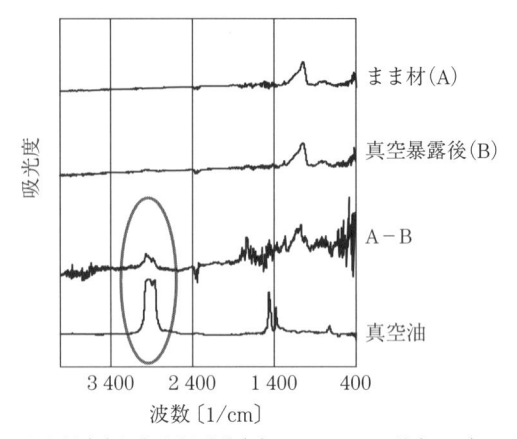

まま材(A)と真空暴露後(B)のスペクトル差(A−B)には，真空油に相当する吸収が見られる

図 5.4 多孔質薄膜の赤外吸収スペクトル

表 5.1 真空処理前後，超臨界 CO_2 洗浄前後での膜物性の変化

	屈折率	結合
処理前	1.29	Si–O
真空処理後	1.43	Si–O, C–H
超臨界 CO_2 洗浄後	1.25	Si–O

さて，この膜を 100°C・10 MPa の超臨界 CO_2 で 30 分処理した後，再び屈折率を測定した。すると，屈折率は初期値よりも小さな値 1.25 まで低下していた（表 5.1）。つまり，細孔は真空処理前よりも清浄になったとわかる。有機基を含んでいるので，骨格物質の屈折率は 1.48 より低いであろうから，本来的にはこの程度の屈折率のほうが正確なのだろう。ともかく，超臨界 CO_2 が 2 nm の細孔を完全に洗浄できることがわかった。

5.3.2 細孔改質

シロキサン系の無機骨格をもつ low–k 膜も，k 値の低減や機械的性状の改善のために，有機物とハイブリッド化され有機基を含有しているものが多い。有機成分は環境からの化学物質汚染（特にフォトレジスト工程で使用する有機物）

の吸着を招きやすい。また，めっき工程中の金属汚染，吸湿分などの除去も必要になる。

アッシングは，有機物のフォトレジストをプラズマで除去する工程で，基本的には酸化性のプラズマを用いる。有機系成分を有する low–k 膜では，酸化成分やイオン衝撃により有機基が破壊され，表面にシラノール基（Si–OH）が導入されて大きなダメージを与える（4.3.1 項）。親水性の Si–OH が吸湿を招くとともに，Si–OH 同士はたがいに誘引し，あるいは脱水反応により架橋するので細孔収縮を招き，膜そのものが緻密化して誘電率が上昇する。その際に超臨界 CO_2 流体を細孔内に浸透させて疎水化を行う細孔表面の改質を，多孔質 low–k 膜の修復（repair）と呼んでいる。

図 **5.5** は，MSQ 系多孔質 low–k 薄膜の誘電率変化の例である[10]。調製後（cured）の膜は $k = 2.4$ であるが，アッシング処理により $k = 3.5$ まで誘電率が上昇する。超臨界 CO_2 処理した場合には，わずかに誘電率が低減するが，ばらつきが大きい。7%のプロパノールを溶解した超臨界 CO_2 で処理をすると，誘電率のばらつきが抑えられる。他のアルコール類でも同様な効果が見られ，処理後の表面は処理前に比べ疎水化していたことから，シラノールの脱離

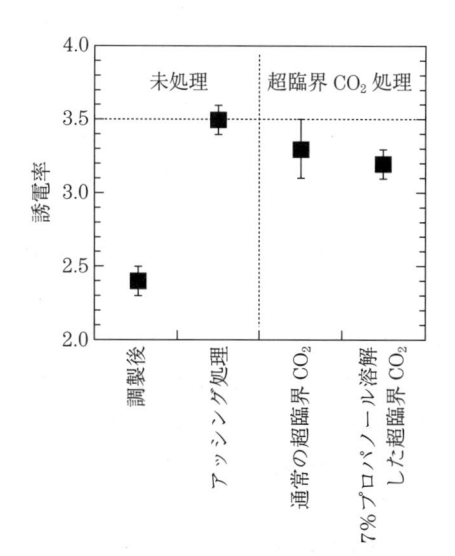

図 **5.5** 細孔表面の Si–OH 基を低減し誘電率を下げた例

$2\equiv$Si–OH $\to$ $\equiv$Si–O–Si$\equiv$ + H_2O

が行われたと考えられる[†]。

さらに脱水・疎水化を進めるため，5.2.1項で述べたゾル・ゲル膜における疎水化の方法と同様に，HMDSやTMCS蒸気でSi–OHを終端することが行われる。これらの物質は超臨界CO_2によく溶解するので，超臨界CO_2処理を行えば細孔表面まで効率的に供給され，いっそうの疎水化が可能となる。図5.6は，超臨界CO_2中でブタノールとTMCSを順次供給して疎水化を行った場合の試料の赤外吸収（FT–IR）スペクトルである[11]。プラズマアッシング前の試料には，膜中の有機成分のC–H振動のピーク（$2\,900\sim3\,000\,\mathrm{cm}^{-1}$）が見られるが，プラズマ処理後は完全に消失し，超臨界CO_2処理後には回復している。H_2Oに起因するピーク（$3\,500\,\mathrm{cm}^{-1}$）は，吸湿によりもともとの膜にも存在しているが，プラズマ処理により上昇し，疎水化処理後は消失して脱水していることがわかる。

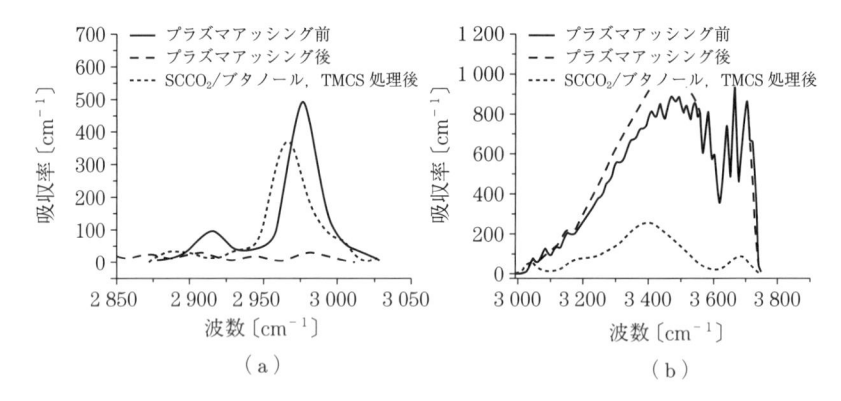

図5.6 超臨界CO_2脱水処理した多孔質low–k膜のFT–IRスペクトル

5.3.3 細孔内吸着と拡散

超臨界流体の細孔内における振舞いについては，クロマトグラフィーや抽出の分野における関心事でもあり，多くの研究がある。

〔1〕 細孔内吸着　臨界密度よりはるかに密度の低い気相状態における吸

[†] シロキサン結合Si–O–Siは本質的には疎水性である。

着を考えよう．分子の平均自由行程は大きく，細孔径が小さいので，クヌーセン拡散[†1]が支配的になる．微細孔内では表面との吸着作用が及ぶ範囲が細孔サイズに対して相対的に大きくなるので，細孔内に分子がとらわれやすくなる．つまり，吸着が起こりやすい吸着過剰状態になる．表面には分子が多層吸着して実質的に液化し，細孔内部は気液の共存状態になる．さらに圧力が高い場合は吸着量が増えて完全に液化する（図 5.7 (b)）．本来の平衡蒸気圧 P_{eg} よりも，細孔内の見かけの平衡蒸気圧が下がったといえる．

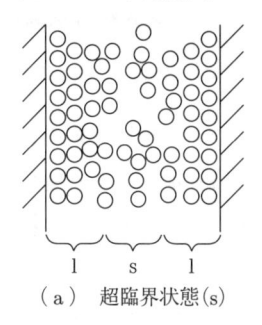

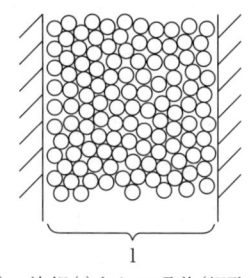

（a） 超臨界状態(s)　　　　　（b） 液相(l)として吸着(細孔凝集)

図 5.7　細孔内の吸着分子

これを ρ–p 状態図で表すと，本来の密度線よりも左にシフトしたことになるので，気液共存線も点線のように左側にシフトする．図 5.8 において等温線 $T_1 \to T_1'$ がそれに相当し，tie line AA$'$ が細孔内の気液共存の様子を示す[†2]．

つぎに，密度が臨界状態に比較的近づいた高圧の気体を考える．臨界点付近における平均自由行程はちょうどメゾポア〜ミクロポアのサイズくらいであり[†3]，多孔質 low–k 薄膜の細孔径と同程度の大きさである．吸着により閉じ込められるので密度が増大し，その結果細孔内での臨界点は低温・低圧側にシフトする．その温度の低下は，例えば CO_2 の場合数十 K 以上にもなることがある．図 5.8 では気相線・液相線が左にシフトして臨界点も左側の cp$'$ に移動する．これは，環境が気相でも細孔内部では超臨界流体になることを意味している（図 5.7 (a)）．そのときの密度（臨界密度）はバルク（気相）に比べて数倍程度高

[†1] 例えば，真空装置内の分子拡散のように，壁間の距離に比べて平均自由行程が大きい場合の拡散．
[†2] 完全な細孔凝集（7.4.2 項）は，AA$'$ を平衡線の共存線に延長した状態．
[†3] IUPAC の定義では，50 nm より大きな細孔をマクロポア，50〜2 nm をメゾポア，2 nm 以下のものをミクロポアという．

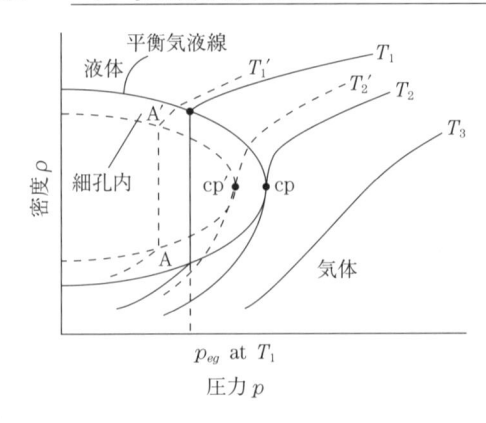

図 5.8 密度–圧力状態図（点線が細孔内の吸着分子の擬似的な密度線を示す）

く，擬似的により高圧の状態が実現されたことになり，高圧反応や重合反応などが起こりやすい環境になるといえる。環境が超臨界流体である場合は，細孔内部も超臨界状態にあるが，臨界温度・圧力が下がっているため，環境よりは密度が高いにもかかわらず，気体的な性質が強くなる。

〔2〕 **溶質成分が存在する場合の吸着**　共溶媒に用いる通常の溶質（添加成分）は，沸点が高く細管内で優先的に凝集しうる。一方加圧により細管内のCO_2は高密度化しているので，溶質凝集相にはCO_2が多く溶解している。気相から直接溶質物質が液体として凝集する場合に比べると，細管内の溶質は超臨界CO_2に溶解しやすくなるといえる。

これを図 5.9 によって示そう。温度はCO_2の臨界点$T_{C(CO_2)}$よりも少し高いとする。縦軸の密度はほぼ組成に対応し，圧力が低い場合は上側が溶質成分（液相）と下側のCO_2相の2相に分離している。実線は平衡における密度線である。

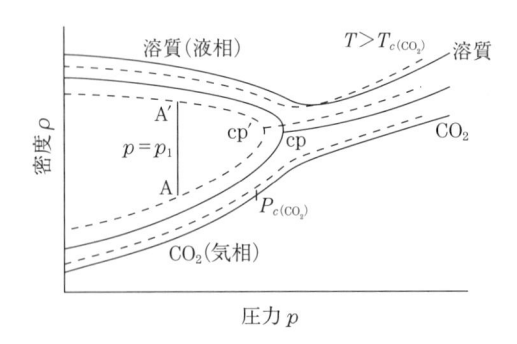

図 5.9 2成分系の密度–圧力状態図（等温$T > T_{CO_2}$）（点線は図 5.8 と同様細孔内の吸着分子の擬似的な密度線を示す）

いま，溶質分を含む CO_2 相（気相，$p = p_1$）が細管内で凝集したとする．このときの密度線を図 5.8 と同様に破線で示す．細孔内が擬似的に気液の平衡状態にあるとすると，凝集相は主に溶質から成るが，CO_2 を含みその密度は完全な液相に比べると低い（点 A'）．また細孔内の気相は平衡密度よりも高く溶質成分を多く含む（点 A）．すなわち細孔内の凝集物質は CO_2 によく溶解する．

溶質を含む場合，臨界点 cp は純 CO_2 の値に比べて上昇している．しかし，細孔内は臨界点が図の左側にシフトするので，超臨界 CO_2 状態になりやすく，均一相が得られやすくなっている．

ここでは比較的単純な系を述べたが，溶質の吸着性は溶質と細孔壁物質の相互作用にも大きく依存する．ほとんどの物質は CO_2 に比べ細孔内に強く吸着し，5.3.1 項で見たように内部に残留しやすくなる．しかし，以上の議論から圧力を上げることにより，細孔内の凝集物質を除去することは容易になるといえる．超臨界 CO_2 のチューナビリティは，細孔エンジニアリングにおいて非常に有効であるといえる．

〔3〕 **細孔内拡散** 臨界点より少し上の温度圧力では平均自由行程は 1 nm 程度で，数 nm 程度の細孔内ではクヌーセン拡散的な挙動が強いはずである．細孔内部では密度が上がるので，同じ温度圧力のバルクの超臨界流体自体よりは拡散係数は小さくなる．特に細孔壁近傍は密度がより高いので（図 5.7(a)）拡散係数が低下することがわかってる．ただし，液体そのものの拡散係数よりははるかに大きいことは強調しておきたい†．

気相から物質が細孔内に液体として凝集する場合，細孔円のその拡散係数は気相中に比べれば当然ながら圧倒的に低い．一方，高圧 CO_2（気相）–溶質系では，凝集相の密度が低くなるから液相よりは拡散が良好に進行するといえる．また，上述の臨界点シフトにより熱力学的な臨界温度以下でも均一相が維持されれば，液体よりも大きな拡散係数をもつことになる．

以上から，特に「凝集溶質相が低密度化する」「臨界点シフトがある」という意味で，超臨界流体中では細孔内の拡散は良好に進行することがわかる．「良し悪し」の判断は，比較のため想定するバルクや細孔内の相の状態によって相対的に変わるから，文献・書籍を参照する場合には注意が必要である．

---

† 細孔は複雑な構造をとっているので，本来的に拡散係数は低い．

6章

めっきへの応用

6.1 めっき前処理

6.1.1 高分子材料のメタライズ

　一般に，金属は美しく輝き，耐久性も高く，古代より重要な生活品の材料として多量に使用されてきた。しかし，生活の質の向上，産業の高度化に伴い金属の使用量が増加し，その量の確保は徐々に困難になってきている。一方，金属に代わる材料として高分子材料が重要な役割を演ずるようになり，これらのめっき製品が代替として用いられるようになった。併せて，最近では，ハイテク製品の部品などとしてもめっき材料の展開が進んできた。

　高分子材料に金属を付与し，美観を与えたり，腐食しにくくしたり，導電性を付与する技術（メタライズ技術）として，めっきの他に，スパッタリング，張合せ法などもあるが，経済性，生産性ではめっきは最も重要な技術であろう。めっきにはいろいろな手法がある。大きく分けて，めっきする相手が導電性か非導電性材料であるかにより，前者には電気めっきが，後者には無電解めっきが用いられる。

　高分子フィルムや繊維に金属をめっきし，導電性を付与することでこれを電磁波シールド材として利用する技術は，1965年ころから実用化が始まった。テレビのブラウン管やOA機器から出る電磁波によるノイズ対策や身体に与える影響を考慮し，ポリエステルメッシュに金属めっきを施し，これらの電気・電子機器から出る電磁波を遮断するなどの目的に利用された。

特に，MEMS プロセスでは高分子材料を支持体やばねとして用いるアクチュエータや，実装との融合が進む3次元系の半導体プロセスでは，絶縁層やフレキシブル基板として，高分子材料のめっき（メタライズ技術）の利用はますます進んでおり，今後微細化や高信頼化が求められている。

しかし，高分子材料への金属めっきにはいくつかの問題があった。高分子と金属の化学結合はもともと強くなく，熱膨張率など材料特性に大きな違いが存在するからである。現実的な方法としては，高分子をクロム酸やマンガン酸などにより表面を荒らすと同時に化学的に活性にさせた後に，Pd などを触媒担持し，その後無電解メッキ処理する。このように，工程は煩雑であり，廃液処理の問題もある。また，表面を μm レベルで荒らすので，薄膜などのマイクロエレクトロニクス用途には不向きな方法であるし，高分子材料とめっき層の接着力も十分でないことが多い。

これを解決する方法として現在精力的に研究が進められている方法が超臨界流体を用いるめっきの核づけである。このアイデアは繊維の染色媒体として水に代わって超臨界二酸化炭素を用いる技術の原理が利用された。本節では，まず，超臨界流体を用いる染色の原理を解説し，これを利用した繊維や高分子フィルムなどのめっき法について紹介する。

6.1.2 超臨界流体の特性と高分子内への化合物の注入

超臨界 CO_2 は高拡散性，低粘性に加え，特に疎水性高分子に対しては可塑剤として作用する。また，多くの疎水性有機化合物を溶解できる。この性質を利用し，繊維の加工に応用するアイデアは 1991 年に Schollmeyer らにより提案された[1]。繊維加工の代表例は染色であり，古来より，色素を水に溶かし（あるいは分散させ），この溶液中で繊維内部に染料を拡散・吸着させるものである。Schollmeyer らのアイデアはこの水に代わって，超臨界状態の CO_2 を利用するもので，助剤が不要，染色時間が短い，乾燥工程が不要，エネルギーコストが低減できる，廃液が出ない，など理想的な染色系である。染料に代わって他の機能剤，例えば防燃剤，撥油剤などを用いれば，目的に応じた機能加工もできる。

超臨界流体は固体，液体，気体などと並んで物質の状態の一つである。液体を密閉容器に入れ，温度，圧力を上げることで得られる均一な媒体で，気体に近い高い拡散性と液体に近い密度を有す。水やアルコールの超臨界流体は化学的に活性で有機物を分解するが，超臨界 CO_2 は不活性で，極性がないため，疎水性の高分子を膨潤させ，疎水性低分子化合物を溶解する。

超臨界 CO_2 流体を用いた染色の原理を図 **6.1** にまとめた[2]。超臨界 CO_2 流体は疎水性であるため対象となる染料は主に分散染料，油溶性染料，バット染料などが対象となる。これらの染料の溶解度は流体の密度（圧力）の上昇に伴って指数関数的に上昇し，また一般に温度が高いほど溶解度は一般に大きくなる。しかし，注意すべきことは溶解度のオーダーで，モル分率で 10^{-5}〜10^{-6} 程度にすぎず，これは分散染料の水に対する溶解度とほとんど変わらない[2]。

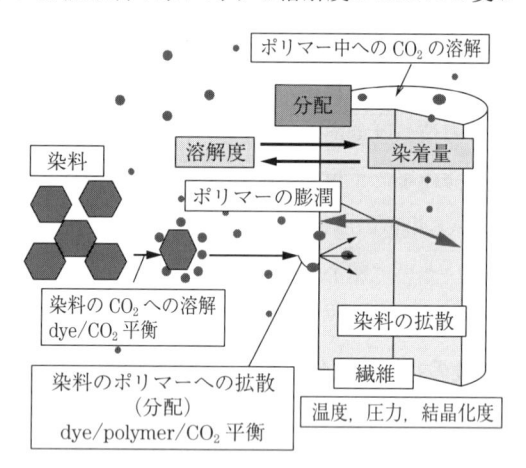

図 6.1 超臨界流体染色の機構

一方，ポリエチレンテレフタレート（PET），ポリプロピレン（PP）などの疎水性合成繊維は超臨界 CO_2 中でかなり大きく膨潤する。未延伸 PET 繊維では約 3％，未延伸の PP プレートは 100°C で 15％も膨潤する[3]。このため，超臨界 CO_2 中では溶解した染料などの機能剤は容易に繊維内に拡散することができる。拡散係数で比べると 120〜130°C では水系より 1〜2 桁大きく，拡散の活性化エネルギーは水系の約 3 分の 1 と小さい[4]。

超臨界CO_2系での分散染料のPET繊維に対する吸着等温線はほぼ分配型を示し[5]，繊維への吸着（染着）は溶解した染料濃度に比例して上昇する．吸着等温線の傾きからは分配係数が算出できるが，この大きさは数百から数千と大きい．これは非常に重要なことで，前述のように染料の溶解度は小さいが，解けた染料は有効に繊維のほうに移行（分配）され，その結果，高濃度に染色できることを意味する．染色後，浴に残る染料量も最小限に抑えることができる．これが超臨界流体染色の特徴であり，1970年代に研究され，実用化に至らなかった『溶剤染色』と大きく異なる点である．溶剤染色では分散染料は媒体となる溶剤（パークレンやトリクレン）によく溶解したが，分配係数が小さいため繊維の方向に染料が移行（分配）されず，高濃度に染色できなかった．超臨界流体染色においても，染料によっては超臨界CO_2に対する溶解性が高過ぎ，また繊維への親和性が低いものがあり，このような染料は本方法には適さない．

この原理を用いると，従来染色が不可能であったPPやアラミド繊維が染色できるようになる．綿，絹および羊毛などの天然繊維の染色は繊維の高い親水性のため超臨界CO_2単独では容易ではないが，CO_2に他の溶剤（エントレーナーまたはコソルベントという）を添加することで可能となるが，廃液処理などに問題点が残る．また，染料の構造を工夫することで，天然繊維を超臨界CO_2中で染色しようとする試みもある．

分散染料の分子量は300～400程度の物が一般的であるが，超臨界CO_2媒体では繊維は可塑化され，膨潤するため，もう少し大きな染料でも染色できる．このことを考慮すると，染料以外の化合物でも分子量が数百から数千程度であれば繊維・高分子内に注入できる．

分子量1000および2000のポリエチレングリコール（PEG）を超臨界CO_2に溶解させ，この浴にPETまたはPP繊維を投入することで，125°C・25～35MPaで繊維内に約0.6wt.%のPEGを均一に繊維内部まで注入・固定できる（図6.2，図6.3参照．PEGを注入したPET断面図(b)はオスミウム酸が均一に吸着している）[5]．PEG導入したPET繊維は両親媒性となり，水で瞬時に濡れる．

130   6. めっきへの応用

図中ラベル: スキャン部 → ; 多 ↕ オスミウム量 ↕ 少

(a) ブランク処理   (b) PEG(#1000)注入

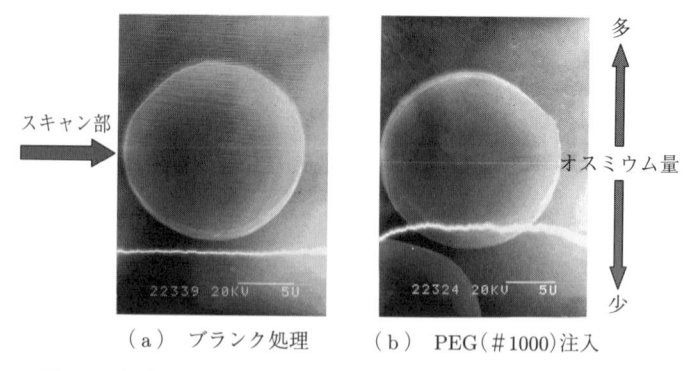

図 6.2 超臨界 CO_2 を用いて PEG1000 を注入した PET 繊維断面

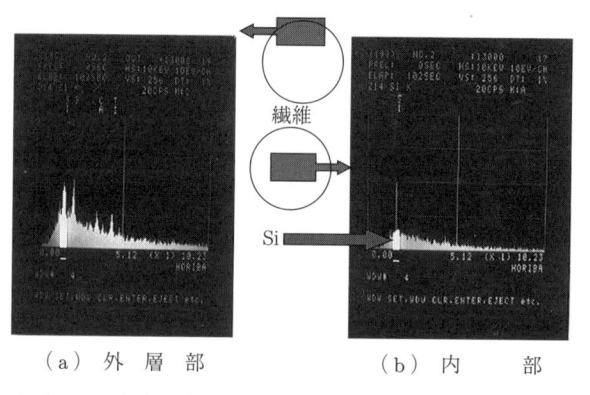

(a) 外層部   (b) 内　　部

図 6.3 シリコーンオイル（分子量：5000）を注入した繊維断面の XMA 分析
（Si は繊維内部より表面に多い）

　同様な処理を分子量 5000 のシリコーンオイルを用いて，150℃・25 MPa で行った結果，シリコーンオイルは PET 繊維に対し表面から内部まで注入され（図 6.3），注入量は 2.3 wt.%に達した．得られた PET 布帛は超撥水性を示した．類似な処理はキトサンおよびこの誘導体をはじめ，いろいろな機能性高分子（分子量は 5000 以下）に応用できる．このように大きな分子を高配向・高結晶性の繊維内部まで注入する技術は，これまでに存在しなかった．これはまさに超臨界流体の特性を生かした技術である．

6.1.3 超臨界流体を用いる繊維・プラスチックのめっき

超臨界染色の原理は各種繊維や高分子フィルムのめっきに応用できる[10]。従来の繊維やプラスチック類のめっき法は基本的には繊維表面をエッチングなどで荒らし，この表面に触媒を作用させて析出させ，これを核として無電解めっきするものである。このような方法でめっき繊維は電磁波シールド材などを目的に生産されているが，工程は煩雑で，使用する薬剤も多い。廃液処理費用も高い。また，使用目的によってはめっきの密着強度も十分でない。

これに対し，超臨界染色の原理を応用し，有機金属錯体を繊維内部に注入し，これを核として利用することで容易に無電解めっきができる。超臨界 CO_2 に溶解できる金属錯体を選択し（数例を**表 6.1** に示す），これを溶解した超臨界 CO_2 に繊維や高分子フィルムを投入すると，錯体は染料のように膨潤した繊維・高分子内部に拡散する。一般にこのような金属錯体は高温または還元剤で還元されて分解し，金属が遊離する。高分子内で遊離した金属は不安定でいくつかの金属原子が集まってクラスタを形成する。

表 6.1 超臨界めっき核づけに用いる金属錯体の例

名　　前	化学構造
Dimethyl (cyclooctadiene) platinum II	
Bis (acetylacetonato) palladium II	
Bis (cyclopentadienyl) nickel	

図 6.4 はナイロン 6 の板に dimethyl (cyclooctadiene) platinum II を注入し，熱還元した後，その断面を電子線マイクロアナライザ（electron probe microanalyzer, EPMA）で分析したものである。プレート表面近辺に金属 Pt がクラスタを形成していること，内部ほどこのクラスタ濃度が低下していることがわかる。錯体を形成していたリガンド（配位子）は超臨界 CO_2 に溶解して除去

図 6.4 Pt 錯体を注入・還元した後のナイロン 6 プレート断面の EPMA 分析（1μm 以下の Pt クラスタが観察できる）

され，一方，高分子内部に残った金属は溶解することなく，また繊維が再び収縮するために脱落することはない。ここまでを超臨界流体を用いて行い，その後は取り出した金属含有高分子を無電解めっき液に浸漬するだけで，注入された金属を核としてめっきが進行する。この原理から考えて錯体は繊維内部深くまで注入することは不要で，できるだけ繊維表面付近に高濃度に注入することが重要となる。高濃度に錯体を注入するためには染色の場合の染料の選択と同様に，超臨界 CO_2 には多少溶解し，一方，高分子に対し高い親和性を有するものを選択する必要がある。表 6.1 には示してないが，Pd(II) hexafluoroacetylacetonate（Pd(hfac)$_2$）は，適当な溶解性と各種高分子に対し比較的高い親和性を有しているため，めっき核づけ用の錯体として非常に有効である。かなり高価であることが欠点であるが，これを他の安価な錯体を混合使用することでより高い効果を発揮する場合がある。これは 6.1.5 項で述べる。

また，めっき層の高い密着強度を得るためにはいろいろな工夫が必要である。チオール化合物を併用する方法[11]，錯体注入後，高温で感熱処理する方法[12] などにより，プラズマで繊維・高分子をあらかじめ処理することで，従来の方法では困難であった芳香族ポリアミド繊維や PBO 繊維のめっきも可能となった（図 6.5）。いろいろな錯体が利用できるが，両者とも Pd(hfac)$_2$ が最も有効である。

図 6.6 は Pd(hfac)$_2$ を注入し，還元処理した後，190°C の高温で乾熱処理し

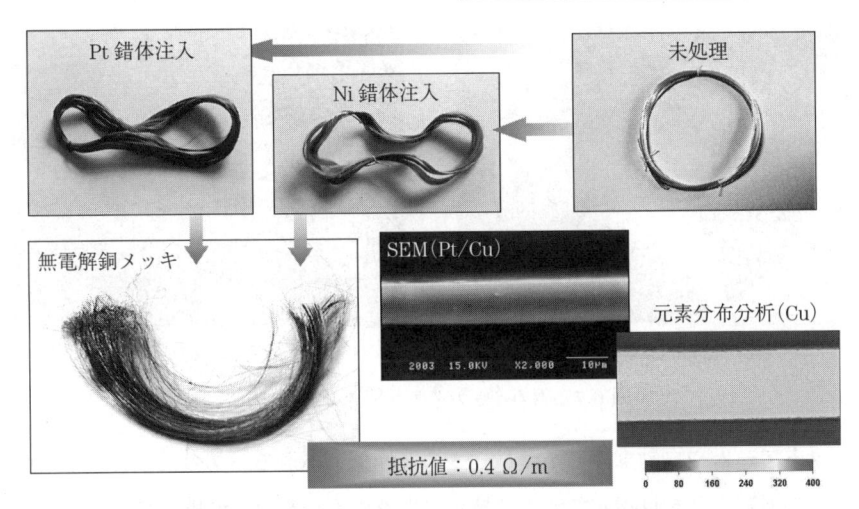

図6.5 NiとPt錯体注入ケブラー®繊維とその銅めっき

(a) アラミド繊維表面に形成されたパラジウムクラスタ
(b) 無電解銅めっき後のアラミド繊維表面

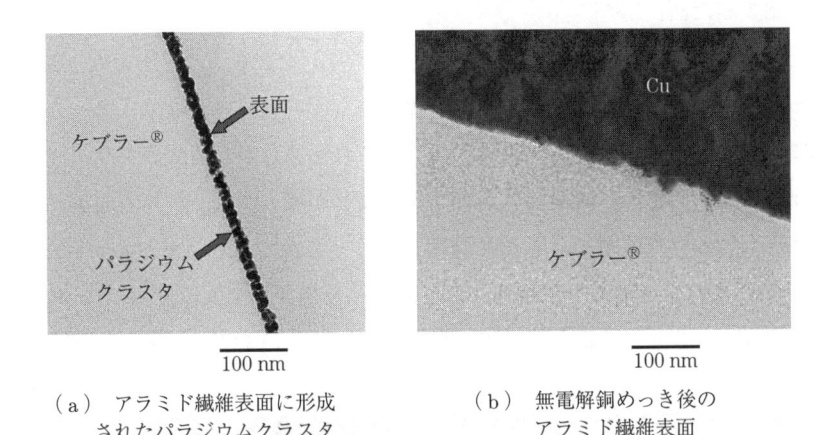

図6.6 アラミド繊維への超臨界CO_2を用いた際のSEM像

たアラミド繊維のTEM写真である。図(a)はパラジウムクラスタがアラミド表面近辺に高濃度に形成されていることを示し，図(b)は無電解銅めっき後の繊維とめっき層の様子を示している。めっき後の銅部分もアラミド内部にまで侵入していることがわかる。

このように調整した銅めっきアラミド素繊は銅線の約300倍もの屈曲耐久性を有し，被覆したもの（図6.7）も製造し出した。銅めっきアラミド素線は，ロ

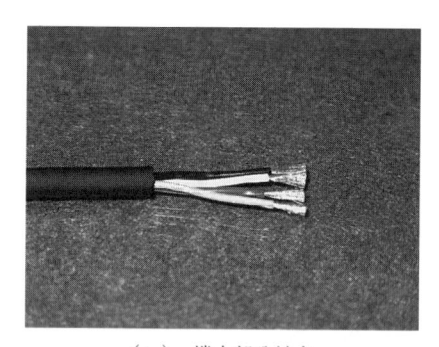

(a) 25 m CPF ケーブル　　(b) 端末部分拡大

図 6.7　銅めっきケブラー® のケーブル化

ボットアームや自動車のワイヤハーネス，軽量・小形モータのようなコイルなどへの展開などを目指して，この技術に投資する企業からの提案で実用機の設計も始まった。

一方，汎用性繊維であるポリエステル，ナイロンなどもこの方法でめっき可能であるが，ポリプロピレンは分子内の極性基などの官能基がなく，めっきは非常に難しい。ポリプロピレン繊維の場合，これをあらかじめ酸素プラズマなどで前処理することで，表面にカルボニル基などが導入され，また表面エッチング効果も加わり無電解めっき法で強固な銅めっきができることがわかった[13]。図 6.8(a) は未処理の PP 繊維に Pd(hfac)$_2$ を用いて超臨界流体で核づけし，無電解銅めっきした繊維表面近辺の断面写真，図 (b) は酸素プラズマ照射を 5

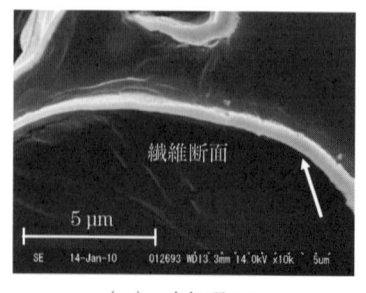

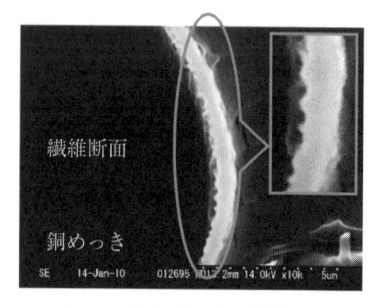

(a) 未処理 PP　　(b) 酸素プラズマ処理 PP

図 6.8　銅めっき断面

秒間行った後に同様な処理で銅めっきしたものである。後者の表面には明らかに凹凸もあり，テープ剥離試験ではめっきの密着強度は大きく向上した。

有機溶媒溶液を用いて製造される再生セルロース繊維リヨセル（Lyocell）はポリエステル並みの強度を有し，今後の展開も期待できるが，フィブリル化しやすい欠点を有する。しかし，これを利用することでフィブリル間隙へのめっきができるため，洗濯に対しても高い堅牢度のめっきが可能であることがわかった（図 **6.9**）[14]。

(a) SEM 像　　　　　(b) EMA 像

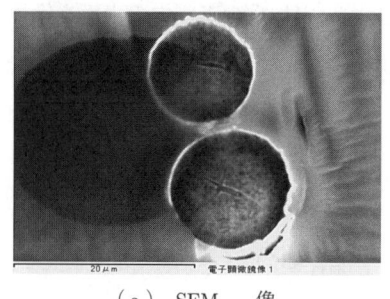

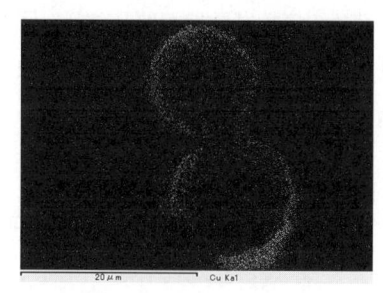

図 **6.9**　銅めっきリヨセル繊維断面

6.1.4　めっき繊維の特徴・機能

洋服の布地を全部電子回路にしてしまうe-テキスタイルや，電磁波シールド材に用いられる繊維材料は，金属銅やステンレス繊維からめっき材料などに至るまで，材料も多岐にわたるため，それぞれ材料の電気抵抗値も幅広い。また，電気抵抗の表示の仕方もさまざまである。一般には長さ当りの電気抵抗を表す Ω/m か，この値に体積を掛けた $\Omega \cdot m$ または $\Omega \cdot cm$ が用いられる。金属繊維では低いもので $0.01\,\Omega/m$ から調達でき，めっき繊維やスリットヤーンでは $0.2\,\Omega/m$ から数 Ω/m までが調製できる。練込みなどで調整された導電性繊維および高分子材料は，数 Ω/m から数百 Ω/m と一般的に抵抗は大きい。

超臨界 CO_2 流体を用いて核づけし，無電解めっきにより銅めっきされた繊維でも繊維材料により，かなり電気抵抗値に違いがある。ケブラー® 繊維では長さ方向の抵抗値には多少のばらつきがあるが，一般には $0.3\sim0.7\,\Omega/m$ の範囲

に調製できる[10]。このばらつきは繊維に撚りを掛けることで多少抑えることはできるが，5%程度のばらつきが限度である。苧麻，リヨセルなどのセルロース系繊維のめっき物もこの近辺まで抵抗を下げることができる[14]。一方，ベクトランではめっき量はかなり高くできるが，電気抵抗は数 Ω/m 以下に調製することは難しい。いまのところ理由は明確ではない。

めっき繊維の密着性の規格はあまり厳密ではなく，現状ではセロハンテープなどを用いた簡易な方法で行われている。摩擦や洗濯に対する耐久性を評価するための摩擦試験機が開発され（図 **6.10**），一定加重の下，穴の表面を摩擦させながら往復運動させることで，摩擦後の電気抵抗がどのように変化するかが調べられている[15]。

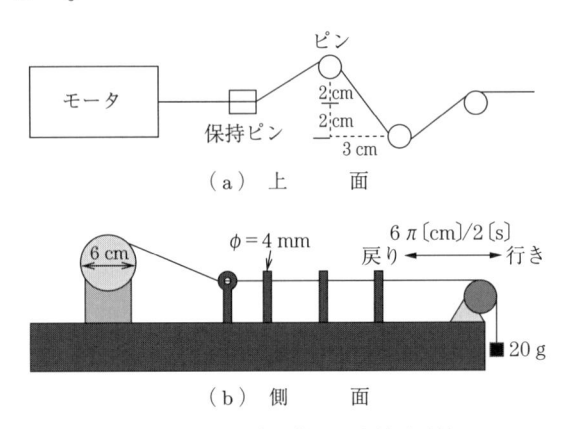

図 **6.10** めっき繊維の耐摩擦試験機

超臨界流体法で核づけし，めっきした繊維について上の試験機で 100 回摩擦試験を行った。摩擦試験前の抵抗は PET 繊維で $6.71 \times 10^{-5}\,\Omega\cdot cm$，ナイロン繊維で $7.32 \times 10^{-5}\,\Omega\cdot cm$ であったが，100 回摩擦後では，PET 繊維で $13.264 \times 10^{-4}\,\Omega\cdot cm$，ナイロン繊維で $110.998 \times 10^{-4}\,\Omega\cdot cm$ の導電性を有していた[15]。摩擦実験の後に繊維の導電性は低下したが，導電体としては十分な（$\times 10^{-2}\,\Omega\cdot cm$ 以下）範囲の導電性を維持していた。

リヨセル繊維については，めっき後の抵抗は $1.167 \times 10^{-2}\,\Omega\cdot cm$ と高い導電性を有していたが，100 回摩擦後では最も良好な結果は $0.745 \times 10^{-2}\,\Omega\cdot cm$ と

抵抗の上昇は非常に低くなった。これはリヨセル繊維では繊維がフィブリル化しやすく比較的内部までめっきができているためである。リヨセルは物理物性も高く，めっき繊維としての利用には大きなメリットを有している。

　めっき繊維の金属繊維との一番大きな優位性は，屈曲耐久性が高いことである。屈曲試験機を用いて屈曲耐久性を評価したところ，同じ太さの銅線を被覆したケーブルでは約1万回の屈曲で断線し，電気抵抗が無限大になるのに対し，めっきケブラー繊維を被覆したケーブルでは200万回を超えても断線せず，電気抵抗が10%程度上昇するにとどまった。したがってこの方法で調整しためっきアラミドケーブルは，ロボットアームやケーブルベアなどの屈曲耐久性が要求される目的に適し，交換回数が大きく低減できる優位性を有している[16]。

6.1.5　プラスチック基板のメタライズ

　プリント基板（printed circuit board, PCB）は，あらゆる電子部品を支えている重要な受動部品の一つであり，市場からの要求は高密度・高信頼性回路形成へのさらなる技術対応である。中でも携帯電話やパーソナルコンピュータの普及と高性能化に伴い，これらの電子機器の軽量化，薄型化，小型化対応と電気特性の改善が求められている。現状では，紙/フェノール，ガラス/エポキシ，ガラス/ポリイミド樹脂などが主な基板材料であるが，高度な電気特性と信頼性および環境対策に対応するためには，新たな材料の適用が必要不可欠となっている。この要求を満足する材料の一つとして液晶ポリマー（liquid crystal polymer, LCP）が適しているといえる。LCPは，エポキシやポリイミド材料の熱硬化性とは異なり熱可塑性を有し，PCB用途としての実用化には技術課題が多い。一部限定した市場には，LCP基板やポリテトラフルオロエチレン（PTFE）基板が使われているが，めっき密着性や多層積層などの技術問題により市場への普及が遅れている。今後10年先の次世代高密度回路形成に対する要求は，銅回路の細線化に伴う銅と基板とのピール強度とその信頼性について，さらなる向上が求められている。

　超臨界CO_2を利用し，安価な錯体を2種類混合させて用いることで，比較的

138　　6. めっきへの応用

疎な面についてはLCP基板へのめっき密着強度を向上することが報告されている[17]。錯体としてはA：Pd(hfac)$_2$の他に，B：Bis-acetylacetonate Pd(II)とC：Pd(II) acetateを用い，超臨界CO_2処理条件として温度100〜110°C，圧力25 MPa，時間120で，錯体BとCを混合して使用する場合，最も高いピール強度を得た（**図6.11**）。図には併せて，錯体注入後に得られたLCP表面への金属Pt固定量も示した。Pd固定量が高いものほどピール強度は向上している。

単位：[Kgf/cm]

錯体A
Pd(hfac)$_2$
0.23

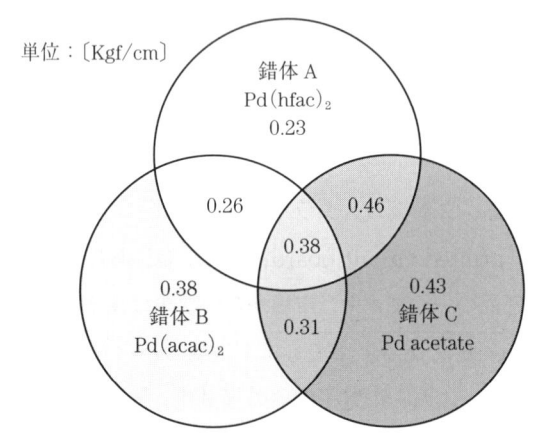

0.26　　0.46
　　0.38
0.38　　　　　0.43
錯体B　0.31　錯体C
Pd(acac)$_2$　　Pd acetate

図6.11　錯体A，BおよびCを単独または混合して用いた場合のめっき剥離強度（数字は剥離強度を表す）

錯体の混合使用の効果を説明するために，各錯体の単独および混合時の熱分析測定を行った（**図6.12**）。一例として，錯体AとBの混合（AとCも同様）では両者はたがいに相互作用せず，単に二つの化合物が物理的に混合された状態の融解挙動を示した。これに対し，錯体BとCの混合物では単一の融解ピークが観察され，両錯体が固溶体を形成しているものと考えられる。この相互作用は超臨界CO_2中でも起きていると考えられ，錯体の混合使用が有意義な場合があることがわかる。

しかし，この方法で得られたピール強度は現状のPdコロイド法と同じレベル程度の強度で従来法を大きく上回るものではなかった。また鏡面表面への超

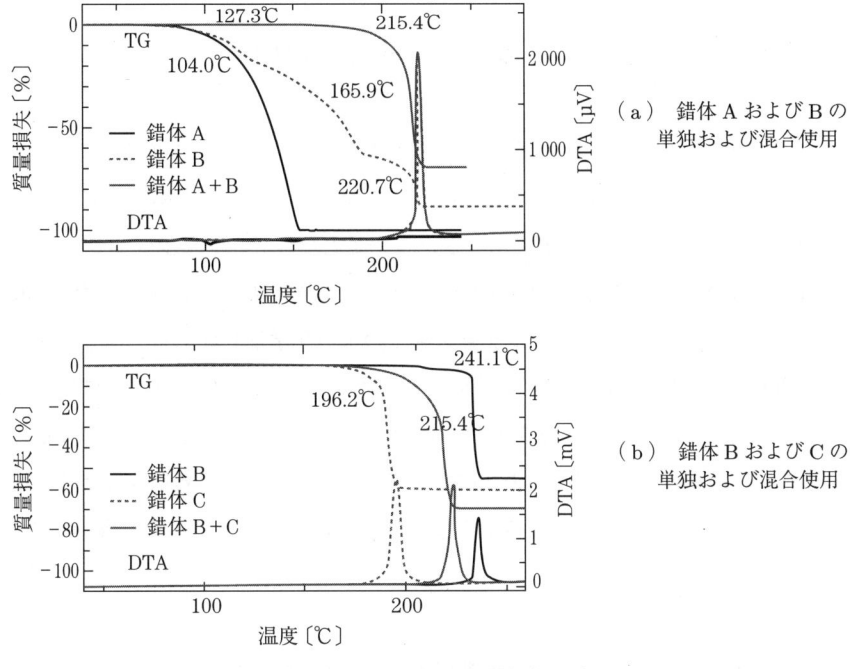

図 **6.12** Pd 錯体の熱分析（DTA）

臨界 CO_2 処理による Pd 注入では，まだピール強度への大きな向上は認められなかった．このように高結晶性，高耐熱性材料の場合，超臨界 CO_2 を用いても錯体を高分子内部まで注入することは容易ではなく，めっきのピール強度向上には，基板の表面改質や粗化が重要な課題である．

一方，超臨界 CO_2 の優れた拡散性，浸透性は有効であり，PCB 特有の微小径スルーホールやビアホールに対しても金属核の付与が均一に行なえ，次工程の無電解めっきや電気めっきにおけるめっき析出性に対して Pd コロイド触媒法より格段に優位な触媒（Pd 核）付与技術であり，今後のめっき技術改善に期待できる．

6.2 電気めっきへの応用

電気めっき反応では，2電子あるいは1電子により9割以上の電流効率で，溶液中に溶けている金属イオンが金属として析出する。この事実は電気化学にとって見出されて久しい事実であるが，このことは現在ナノテクノロジーへの展開に最も重要な長所として注目されている。本節では，連続相が電解質溶液で，分散相がCO_2であるエマルジョン中での電気化学反応に関して中心に述べる。CO_2が80％を占めるエマルジョン中においても，電気化学反応が可能であり，この場合，反応系でめっき溶液の基板への衝突時にめっき反応が起こるのである。分散相がCO_2でない場合にはすでに無光沢のサテンめっきなどで実用化されているが，CO_2ではどのようなことが起こるのかを，本節で議論する。

6.2.1 技術的背景

超臨界CO_2を用いた金属表面処理方法の最も初期の研究としては，1986年Sieverらが報告したSFT–CD（supercritical fluid transported chemical deposition）が知られている[18), 19)]。この手法は，基本的には超臨界CO_2に溶ける有機金属錯体を表面に担持させ，還元処理により表面を金属で被覆することが特徴である。言い換えれば，超臨界CO_2を媒体とした無電解めっきということができる。Watkinsら[20)]および近藤ら[21)]は，この方法を化学薄膜堆積法（chemical fluid deposition, CFD）あるいは超臨界流体析出法（supercritical fluid deposition, SCFD）と呼び，ナノスケール領域への金属皮膜の析出を可能としている。この方法は近年の半導体製造技術への応用が考えられており，さらなる発展が見込まれている。この技術の詳細に関しては7章で述べるが，表面技術の観点からいえば，これらの技術はドライ法の部類に含まれる。すなわち，「超臨界流体のドライプロセス的応用」といってもよい。

それに対し，超臨界流体のウェットプロセス的応用を考えてみよう。3章や4章で述べたように，超臨界CO_2は洗浄や乾燥に用いることで優位性があるこ

とが報告されており，超臨界 CO_2 中で電気めっき反応を行えばさまざまな利点があることは明らかである．しかし CO_2 は基本的に極性が小さいのでイオンを溶解しない．この件に関しては，さまざまな研究者が超臨界 CO_2 の電気化学的応用を研究したが，Silvestri の研究により，基本的に超臨界 CO_2 は電解合成の媒体としては不適であると結論づけている[22]．この難点を解決する一手段として，導電性を付与する支持電解質を添加する方法が挙げられる．この手法により，Yan らが導電性高分子の合成に成功しており[23]，近年では Ke らが多成分系超臨界流体を用いた銅めっき法を報告している[24]．

曽根らは，超臨界 CO_2 は電解質溶液と混合しないが界面活性剤を添加することにより乳濁化が可能である（1.2.2項）ことに着目し，超臨界 CO_2/電解質溶液の乳濁状態を電気化学反応の反応場に応用することを提案した[25]〜[40]．図 **6.13** に示したように，この乳濁化により液面が上昇し，系全体が通電し，電気化学反応を行うことができる．電気めっき反応はあらゆる化学反応の中できわめて制御性の高い高効率な電気化学反応である．またこの超臨界 CO_2 を含むエマルジョンは，新規な電気化学反応場である．この新規電気化学反応は，超臨界ナノプレーティング（SNP）と命名された．この方法は，先に述べたように超臨界流体のウェットプロセス的応用と分類することができる．言い換えれば，超臨界流体のめっきへの応用である．めっきには大別して，電解めっきと無電

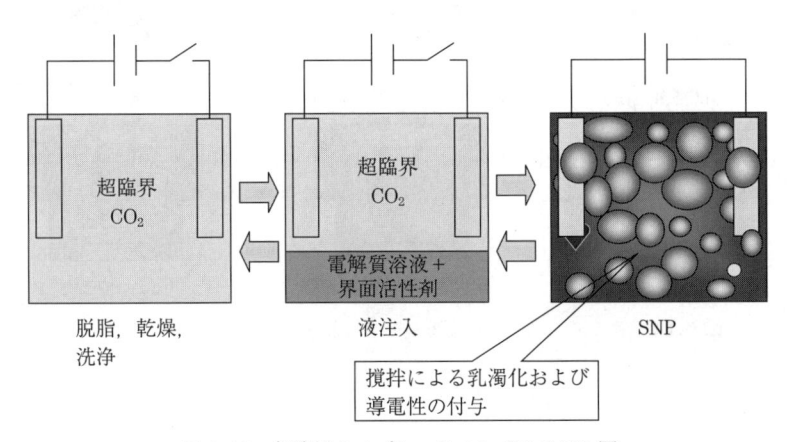

図 **6.13** 超臨界ナノプレーティングのモデル図

解めっき法があることは先に述べたとおりである。本節では，この観点からまず電解 SNP 法を議論し，その後，無電解 SNP 法，最後に，半導体や MEMS への応用を議論する。

6.2.2　超臨界 CO_2 エマルジョン

超臨界 CO_2/電解質溶液/界面活性剤によりなる系で電気化学反応が実行可能か否かを議論する前に，CO_2/めっき液/界面活性剤系がどのようなものかを図 **6.14** に示す。このとき，界面活性剤はポリエチレンオキシドアルキルエーテルである。図 6.14 は，CO_2 の臨界点以上で高圧可視セルにより観測したものである。図（a）に示すように撹拌前は，めっき液と CO_2，界面活性剤は二相分離した状態となっている。撹拌を始めると，図（b）のように CO_2/水エマルジョン（以下，C/W エマルジョン）が形成され，均一分散状態が形成される。また，本系のエマルジョンの特徴は，撹拌することによってエマルジョンが形成され，撹拌を停止することにより速やかに二相分離することが観測された。これは分散相である CO_2 の密度が低いためである。

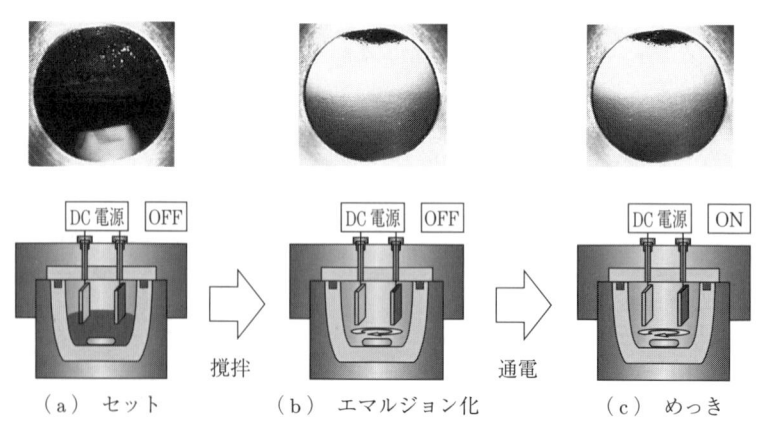

図 **6.14**　SNP の各工程と高圧可視セルによる CO_2 エマルジョンの様子

6.2.3 超臨界 CO_2 エマルジョンの電気伝導性

つぎに，電気めっき反応が，この C/W エマルジョンで行われた。めっき液は標準で用いられる光沢ワット浴（ニッケルめっき浴）である。界面活性剤は，C/W エマルジョンを形成するポリエチレンオキシドアルキルエーテルである。

さらに，図 6.15 に示す超臨界 CO_2 用電気化学反応セルの中に 10～50 ml のめっき液，およびめっき液に対して 1 wt.% の界面活性剤を入れた。SNP 反応実験装置の概略図を図 6.16 に示す。陽極に 10 mm × 20 mm ニッケル板，陰極に同形の真鍮(しんちゅう)板を極板間距離を 20 mm に固定し，温度 50°C・圧力 10 MPa で撹拌しそれぞれ 2 V 電圧を印加して 15 min 保持した。このときの極板間の抵抗値を示したのが図 6.17 である[26)]。

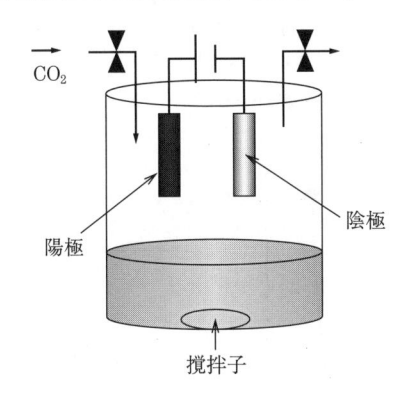

図 6.15 電気化学的反応セルの略図（全容積 50 ml）

この図 6.17 より，Ni めっき液を含む C/W エマルジョン中に電流が流れることがわかる。特に，CO_2 が 80% を占める状態では C/W エマルジョンはほとんど泡の状態であり，このような状態においても抵抗がそれほど大きくならずに電流が流れるということは興味深い。また，通常光沢ニッケルめっきの電流効率は 94% 程度である。本方法では，CO_2 の体積分率に依存はしており，CO_2 分率 11%，22% で電流効率はそれぞれ 90%，89% である。すなわち電導性のない CO_2 の導入にもかかわらず電流効率の大きな減少は見られない。

以上の超臨界 CO_2/めっき液/界面活性剤系エマルジョンにおける電気抵抗および電流効率の測定結果から，本反応系は十分にめっき反応に応用可能であることは理解できる。

144　6. めっきへの応用

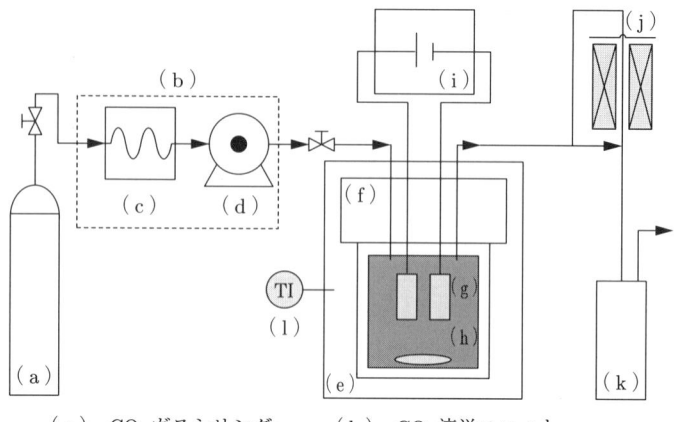

(a) CO_2 ガスシリンダー　(b) CO_2 液送ユニット
(c) 冷却ユニット　(d) 高圧ポンプ　(e) 恒温槽
(f) 反応セル　(g) 電極　(h) 撹拌子　(i) 電源
(j) 背圧弁　(k) トラップ　(l) 温度センサ

図 6.16　SNP 反応実験装置の概略図

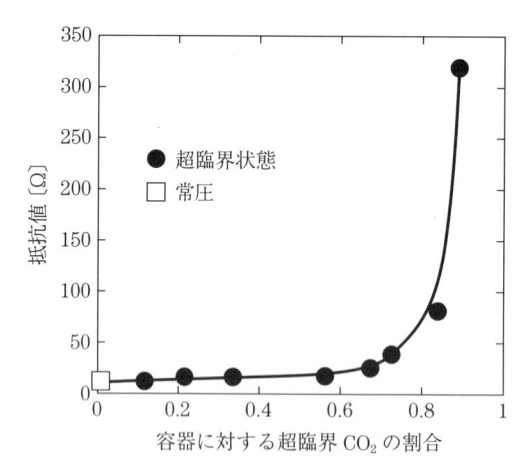

図 6.17　CO_2 組成に対する，CO_2/めっき液エマルジョンの抵抗値の変化

6.2.4　SNP による金属皮膜

C/W エマルジョン系で電圧を印加した後にめっきされた試験片の反射型光学顕微鏡写真を図 6.18 に示す．従来法によるめっきと SNP 法により得られためっきの違いは明らかである．従来法によるめっきでは，水素発生に由来すると考えられる 5 μm 前後のピンホールや粒状析出物が見られるのに対し，SNP

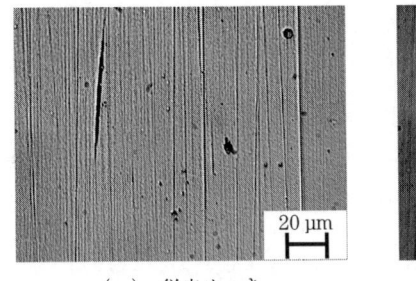

| (a) 従来めっき | (b) SNP |

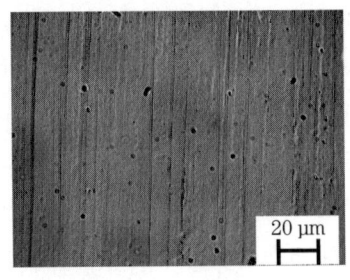

図 6.18 従来めっきおよび SNP による金属表面の顕微鏡写真

法では素材表面が均一にめっきされている。また，従来法は素地の粗さに由来する線状の溝が多く見られるのに対して，SNP 法では平滑になっている。このことから SNP 法は，ピンホールのないめっき皮膜が得られ，その皮膜のレベリング効果（表面粗さを低減して平滑にする効果）が高いことが明らかになった。

ピンホールは，めっき浴中の水の電気分解により陰極板表面に発生した水素ガスが原因であることが知られている。そして加圧下においては，発生する水素気泡の浮力の低下により，ピンホールが粗大化することが明らかになっている[27]。SNP 法では，10 MPa 以上の高い圧力下においてめっき反応を行っているのであり，ピンホールという観点では SNP 法は不利なはずである。しかし，得られた金属皮膜にはピンホールが存在しない。

この理由としては，超臨界 CO_2 と水素は非常によく相溶することが挙げられる。SNP 法では，電気化学反応場は超臨界 CO_2 とめっき液のエマルジョンであることから，金属の析出反応と同時に発生する水素が超臨界 CO_2 に相溶することが考えられる。この析出反応とほぼ同時に行われる基板上の水素気泡の洗浄により，ピンホールおよびクラックの発生が抑えられたものと考えられる。水素気泡の発生はめっき表面粗さの最大の原因であり，これを抑制できることから，SNP 法は革新的技術といえる。また，水素ガスの発生に起因するピンホールおよびクラックが発生するために，従来めっきは金属皮膜の膜厚をより大きくする必要があったが，本方法ではその問題を解決することにより省資源化・薄膜化が達成できると考えられる。

皮膜表面の均一性を定量的に解析するために，図6.18のサンプル（膜厚15μm）について，超深度形状測定顕微鏡で表面粗さを測定した．基板の面粗度は32nmである．従来めっきの面粗度は30nmであり，基本的に基板の面粗度と比較して大きく変化しない．これに対し，SNP法では20nmとなった．図6.18を見ると明らかであるが，定量的にもSNP法はきわめてレベリング効果が大きいことが明らかになった．

6.2.5 結晶粒の微細化

SNP法により得られためっき皮膜の断面を透過型電子顕微鏡により観察した[28]．その結果を図**6.19**に示す．従来の電気めっき法により，得られるニッケル皮膜の結晶の平均粒径は25nmである．この粒径は通常のニッケルめっきにおいて平均粒径の小さい部類に入る．今回利用しためっき液がサッカリンを添加剤として入れているからである．これに対して，SNP法により得られるめっき皮膜は，析出金属の平均粒径が10nmとより微細な結晶が析出していることが確認された．この平均粒径はアモルファス金属に近いものであり，非常に興味深い結果である．一般に多結晶体である金属皮膜の強度σと結晶粒径dの間には，$d \geq 10\,\text{nm}$の場合，つぎのホール・ペッチの関係式が成り立つことが知られている．

$$\sigma = \sigma_0 + \frac{k}{\sqrt{d}} \tag{6.1}$$

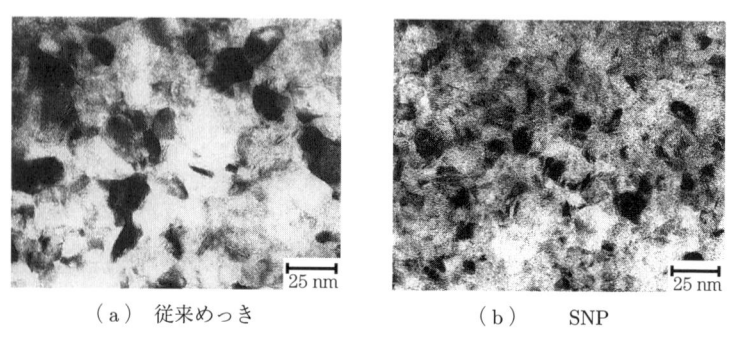

（a）従来めっき　　　　　（b）SNP

図**6.19**　従来めっきおよびSNPによる金属皮膜断面の透過型顕微鏡写真

ここで，σ_0, k は実験的に求められる定数である。

この式は，析出金属粒径が微細化するほど，皮膜強度が増大することを表す。したがって，SNP 法による皮膜硬度の上昇が予測される。

そこで SNP 法により得られた金属皮膜のビッカース硬度測定を行った。常圧めっきは $550Hv$ 硬度を示した。これに比べ，SNP 法では $700Hv$ という非常に高い硬度を示した[28]。これは，SNP 法が通常の電気めっきの析出機構とは異なり，C/W エマルジョンの乳濁効果によって断続的な電気化学反応が起こり，結晶成長が阻害されることで均一な粒径の金属が析出していると考えられる。最近の研究からこの電流の変動が平均粒径に大きな影響を与えることが明らかになった[29]。この均一で微細な析出粒子のために析出皮膜のレベリングが従来方法より優れたものになったといえる。汎用の Ni めっき溶液を用いて，従来以上の表面均一性の高いめっき皮膜が得られただけではなく，硬度も上昇した。この事実は，学術的な興味もさることながら，工業的な要求を満足する材料創製のためにはきわめて有効な点と考えられる。

6.2.6 SNP の反応メカニズム

SNP 反応では，レベリング性が高いこと，ピンホールが発生しないことや，結晶粒が微細化することなどが特徴として挙げられる。このことは，その電気化学反応に由来すると考えるのは理にかなっているはずである。SNP 反応場は，電解質溶液中に CO_2 相が分散して流動していると考えられる。この事実から図 **6.20** のようなモデルを提案することができる[30]。SNP 反応場では，陰極とめっき液が接触している界面では結晶核が発生しているが，CO_2 相が接触している場所では核発生しない。また，陰極表面に接触している CO_2 相は速やかに離脱し，同時に他の場所に CO_2 相が接触する。めっき反応で核発生し結晶成長している場所に，この CO_2 相が接触すると一時的に結晶成長は停止する。このようにして結晶が微細化したと考えることができる。

このモデルはピンホールの抑制に関しても説明することができる。電気分解により発生した水素気泡が分散している CO_2 相に溶解することにより，ピン

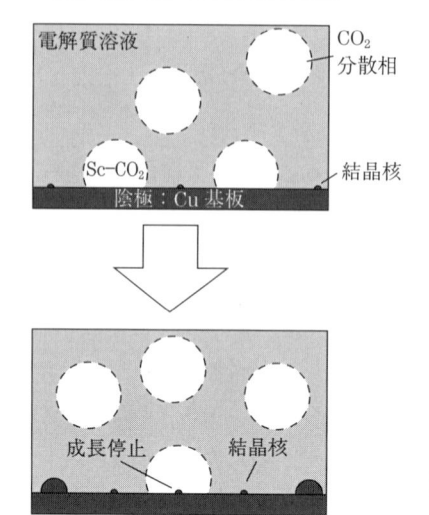

図 6.20　SNP の反応モデル

ホールが抑制されるのである。

6.2.7　超臨界 CO_2 の役割

いままでに，めっき液と超臨界 CO_2 エマルジョンの中でめっきを行うと，平滑でピンホールがない硬質なニッケル皮膜が形成されることを記述してきた。また，それらの結果から反応のモデルも議論した。しかし，これらの結果は，CO_2 が分散したことによる効果なのか，あるいは，電解質溶液の中に非極性の相が分散した不均一系の反応場による効果なのかを明らかにする必要がある。

そこで，50°C・10 MPa の超臨界 CO_2 の代わりに，同温常圧のヘキサンを分散したエマルジョンの中で電気めっきを行ってみた。電流効率は SNP が 90.0%，ヘキサンエマルジョンめっきが 91.6% でほぼ同じであり，めっき液の電気抵抗も SNP が 13.7 Ω，ヘキサンエマルジョンめっきが 14.5 Ω とほぼ同じであった[28),29)]。異なっているのは，図 6.21 に示すように得られた皮膜であり，SNP ではピンホールもなく均一な皮膜が得られたのに対し，ヘキサンエマルジョンめっきは穴だらけの無光沢のめっきが得られた[31),32)]。

この違いが何かを輸送特性の観点から考えると，50°C・10 MPa の超臨界 CO_2

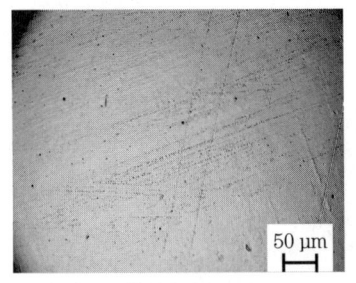

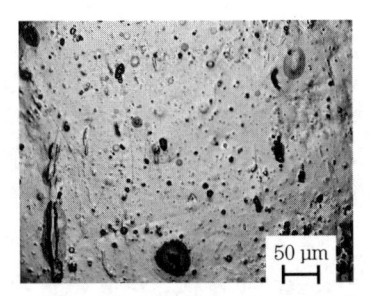

（a） 分散相組成 20% の SNP	（b） ヘキサンエマルジョンめっき

図 6.21 Ni 皮膜の光学顕微鏡写真

とヘキサンの密度は，それぞれ 0.385 g/ml，0.677 g/ml であるのに対し，超臨界 CO_2 とヘキサンの粘度はそれぞれ 30.3 µPa·s，310 µPa·s と大きく違っている。この輸送特性の違いがめっき皮膜の形状に影響したと考えられる。前項の図 6.20 から考えると，ヘキサンエマルジョンでは，SNP と電気化学的にはまったく同じであるにもかかわらず，ヘキサン分散相の金属表面への付着時間が長く，そのため沢山のヘキサン分散相に由来する穴ができたと考えることができる。この結果から，超臨界 CO_2 の高密度かつ低粘性の性質がめっき皮膜に影響したと結論づけることができる。

6.2.8 SNP 法による多孔薄膜

前にも述べたように，SNP 法は CO_2 が容器内を 80% 占める反応系においても，電気化学反応が可能であり，この場合，反応系でめっき溶液の基板への衝突時にめっき反応が起こるのである。したがって，電気化学的な視点から見れば，エマルジョンにおける電気化学的反応は，分散相と連続相の組合せと界面活性剤の種類の選択，撹拌形式により，電気化学反応の反応時間と反応領域が制御可能なのである。

この典型的な例を図 6.22 に示す[33]。図 6.20 は基本的にはいままでの SNP 反応と同じである。違いは，特殊なフッ素系界面活性剤を用いたことだけである。この反応は，C/W エマルジョン中の CO_2 のミセルが µm 単位で硬く凝集することが原因である。この硬いミセルが基板表面に付着することでこのよう

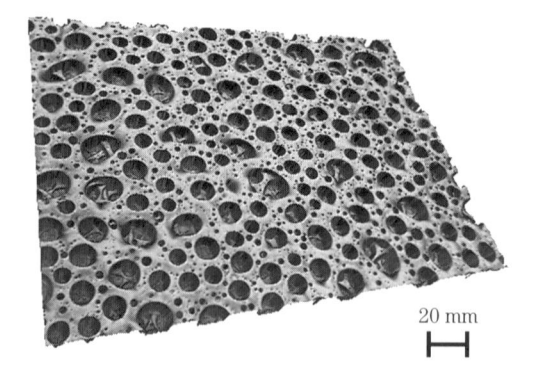

図 6.22 フッ素系界面活性剤を用いた SNP により得られる多孔皮膜

な複雑な皮膜が得られる。平滑な表面と多孔表面が同じ反応原理から生まれるというのは興味深い。C/W エマルジョンのミセルが硬いかまたは軟らかいか，基板とミセルの接触時間が長いか短いかで，得られる金属皮膜の構造・物性が変化するのである。

6.2.9 無欠陥で均一な金めっき薄膜

さらに，SNP の将来性を期待させる典型的な例を示す。図 6.23 は膜厚 300 nm で作成した従来めっき法の金めっき皮膜と，SNP による金めっき皮膜を 1 規定（1 N）硫酸に 1 週間浸漬したときの顕微鏡写真である。従来法ではこの膜厚ではピンホールをなくすことができないため，例えば 2 N 硫酸に浸漬するとピン

（a）膜厚 300 nm の従来金めっき　　（b）SNP による金めっき

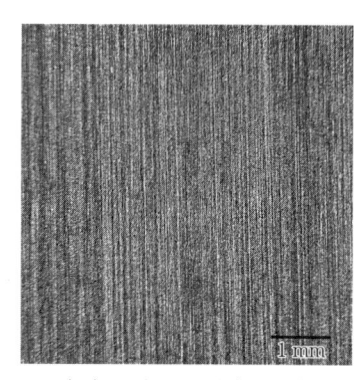

図 6.23　1 N 硫酸に 1 週間浸漬したときの顕微鏡写真

ホールを始点として腐食が進行する。ところが，SNP 法によればピンホールが
まったくないため腐食がまったく進行しないのである。したがって，SNP 法は
ピンホールというめっき反応の本質的問題を解決したことで，究極の薄膜化と
均一性を達成したのである。この例から見ても，SNP 法のナノテクノロジーへ
の展開はきわめて妥当なものといえる。

6.3 無電解めっきへの応用

6.3.1 無電解SNP法

無電解 SNP 法[34]について述べる。いままで，超臨界 CO_2 とめっき液のエ
マルジョン中に通電することにより，非常に高品質な電気めっき皮膜が得られ
ることを述べてきた。そこで，通電しない無電解めっきに，この新規な電気化
学的反応場を応用することがいかなる結果をもたらすかは興味ある問題である。
無電解めっきの反応の中で最も一般的な無電解 Ni–P めっきの反応を SNP に
応用する。無電解 Ni–P めっきは以下の反応機構が知られている。

$$H_2PO_2^- + H_2O \rightarrow H_2PO_3^- + 2H^+ + 2e^- \tag{6.2}$$

$$Ni_2^+ + 2e^- \rightarrow Ni\downarrow \tag{6.3}$$

$$2H^+ + 2e^- \rightarrow H_2\uparrow \tag{6.4}$$

$$H_2PO_2^- + e^- \rightarrow P\downarrow + 2OH^- \tag{6.5}$$

この反応は，式 (6.2)，(6.5) に示すように次亜リン酸が酸化剤と還元剤の役
割をして，式 (6.3) に示すように Ni を還元すると同時に，式 (6.5) に示すよう
にリンを析出させる。この反応においても式 (6.4) の副反応から水素が発生し，
ピンホールやボイドを形成する。したがって電解めっき反応のように SNP 法
を用いるとピンホールの抑制が期待できる。

そこで銅基板の上に Pd 触媒を担持させ，SNP により無電解 Ni–P めっきを
行った。無電解 SNP 法と通常の無電解めっき法により得られる Ni–P めっき
皮膜の光学顕微鏡写真からは大きな差は見られなかった。一方，走査型電子顕

微鏡写真を見ると両者には大きな差が存在することがわかる（図 **6.24**）。無電解 SNP 法により作成した無電解ニッケル・リン皮膜には，通常の無電解めっき皮膜に見られるノジュール（コブ状析出）が存在しない。

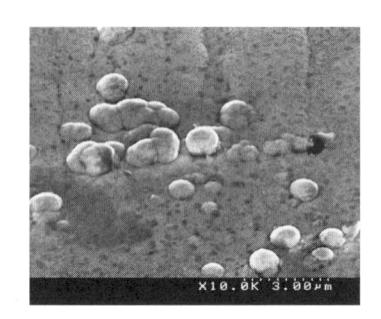

（a）無電解 SNP 法　　　　（b）通常の無電解めっき法

図 **6.24** Ni–P めっき皮膜の走査型電子顕微鏡写真

ノジュールは無電解めっきの反応そのものに起因しており，得られた皮膜の平滑性すなわち加工精度を低下させることや，磨耗時にノジュール部分が剥離し腐食の原因となるなどの問題を引き起こす。したがって，無電界めっき皮膜において大きな問題であるノジュールが，超臨界 CO_2 とめっき液のエマルジョンを用いることにより抑制できる。言い換えれば，光学顕微鏡で観察が不可能なサイズの欠陥が，無電解 SNP 法により抑制可能なのである。また，表面粗さを測定したところ，無電解 SNP 法により得られた金属皮膜では，表面粗さが基板より低下する，すなわち，平滑になるばかりでなく，反応時間に対して表面粗さが変化しないことが明らかとなった。

6.3.2　超微細孔への埋込み

蜂の巣状多孔構造を有するアルマイト皮膜を熱水処理することで，平均孔径 4 nm の等方性多孔構造を有する γ–アルミナが得られる（図 **6.25**（a））。この等方性多孔構造内に無電解パラジウムめっきを行うことで，Pd/γ–アルミナ/アルマイト傾斜複合皮膜を作成した例を，無電解 SNP 法の微細埋込みめっきの例として紹介する[35]。

6.3 無電解めっきへの応用

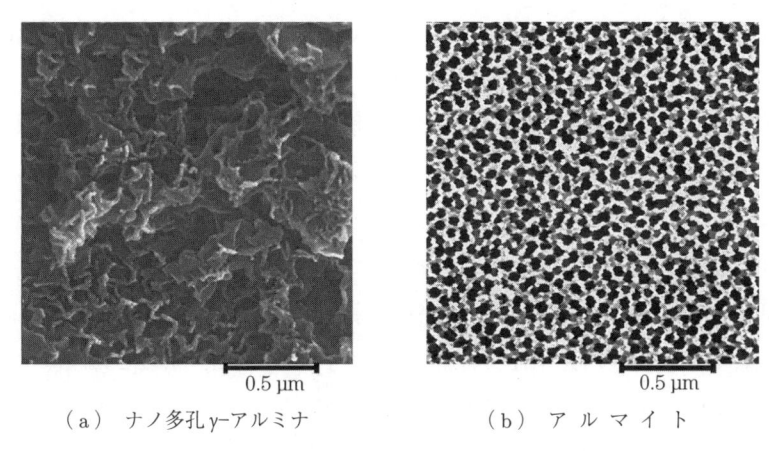

|(a) ナノ多孔γ-アルミナ|(b) アルマイト|

図 6.25　表 面 SEM 像

　この作成スキームを図 6.26 に示す。まずアルミニウム箔を陽極酸化処理してアルマイトにした後，熱水処理により γ-アルミナに変える。その表面に Pd 触媒を担持した後，無電解 Pd めっきを行うのである[41]）。

　いままではアルマイト箔の表面に Pd めっきが不可能であったが，この手法により Pd/γ-アルミナ/アルマイト傾斜複合皮膜が作成可能となった。この傾

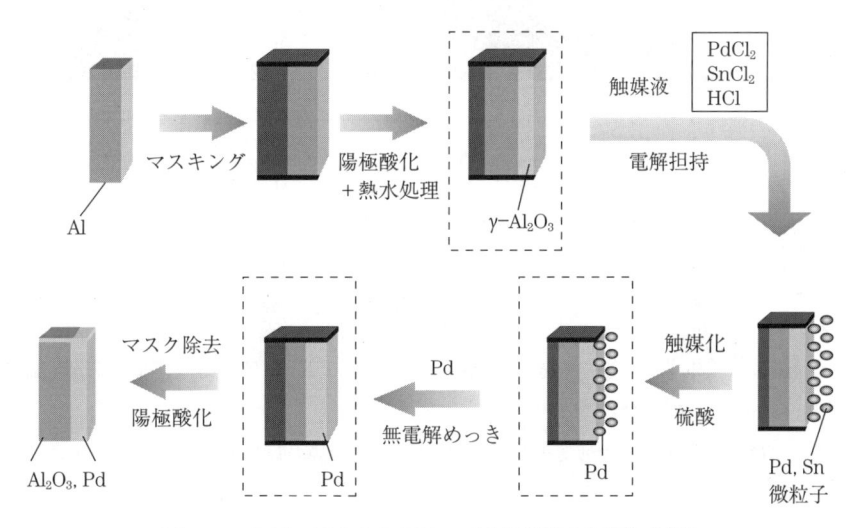

図 6.26　Pd/γ-アルミナ/アルマイト傾斜複合皮膜作成方法

154   6. めっきへの応用

斜複合膜は，軽量で熱収縮などによる破壊に対して耐久性が強いことが報告されている。

さらにこの傾斜複合皮膜の作成に無電解 Pd–SNP 法を用いることにより，4 nm の孔を有する等方性多孔構造を有する γ-アルミナの深部に Pd めっき層を埋め込むことができ，また Pd 皮膜の表面も平滑にすることが可能になったと報告した[35]。

図 **6.27** に通常の無電解めっき方法を用いた場合の Pd/γ-アルミナ/アルマイト傾斜複合皮膜の EPMA 分析結果を示す。上から Al, O, Pd の膜深さ方向の元素分布を示してある。SNP の方法では Pd 箔が γ-アルミナ表面にシャープに分布していることから析出した Pd 表面が平滑であること，さらに γ-アルミナの最深部に Pd が埋められていることがわかる。このことから，SNP 法を用いると平均孔径 4 nm の超微細孔の深部までめっき液を浸透させることができることを示している。

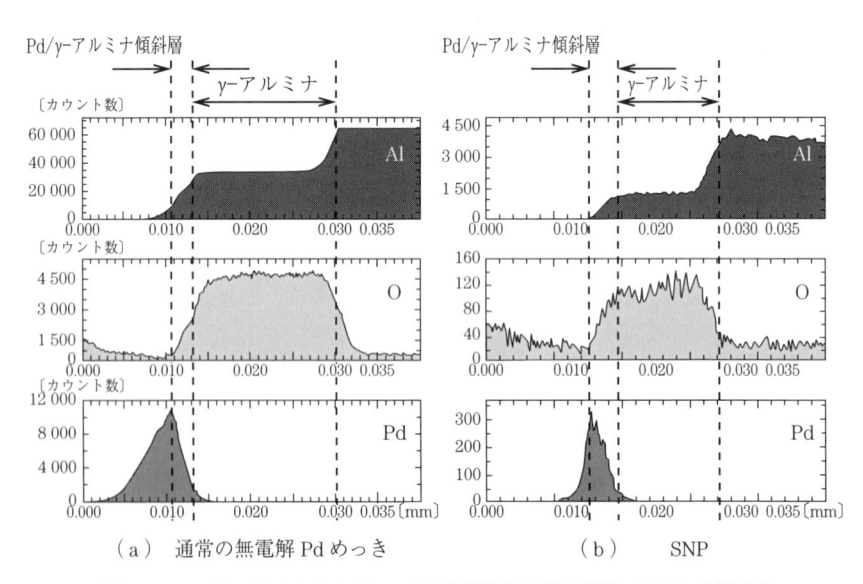

（a）通常の無電解 Pd めっき　　　（b）SNP

図 **6.27**　Pd/γ-アルミナ/アルマイト傾斜複合皮膜の断面 EPMA 分析結果

6.3.3 高分子表面のメタライズへの SNP 応用

6.1.1 項で述べたように，高分子材料に強固な金属層を形成することは，自動車の部材，エレクトロニクス，MEMS，マイクロマシンなど多岐にわたった分野で必要とされている．しかし実際には非常に難しい技術である．

ポリイミド皮膜への金属コーティングに，超臨界 CO_2 を用いた触媒担持と超臨界 CO_2 と無電解めっき液のエマルジョンを用いた SNP 技術を組み合わせることにより，欠陥のないめっき皮膜を作製できる[36),37)]．ポリイミド（Kapton®）は疎水性を有しており，クロム酸処理なしで塩化パラジウム溶液により触媒した場合，図 6.28 に示すように Pd 核がほとんど析出しない．一方，超臨界 CO_2 中では容易にかつ高密度に Pd 触媒核を高密度に析出させることができる．こ

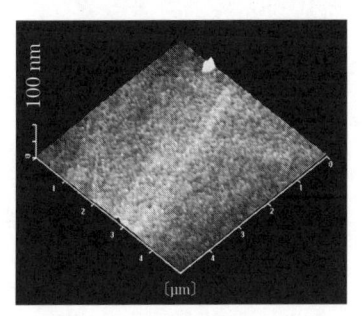

（a）従来の塩化パラジウムで触媒処理した場合（浸漬 5 分）

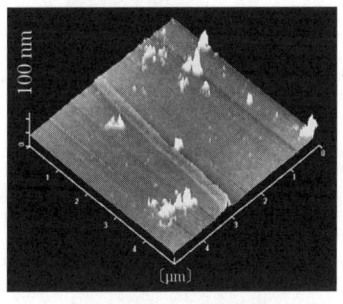

（b）Pd 触媒を含む超臨界 CO_2 で浸漬した場合（浸漬 5 分）

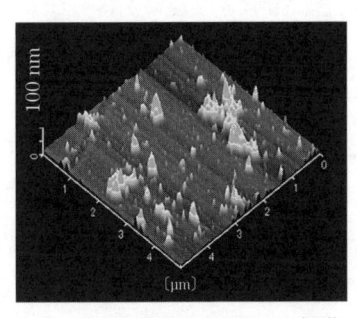

（c）従来の塩化パラジウムで触媒処理した場合（浸漬 20 分）

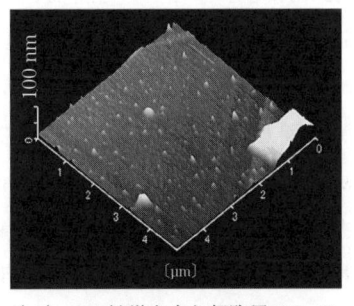

（d）Pd 触媒を含む超臨界 CO_2 で浸漬した場合（浸漬 20 分）

図 6.28　ポリイミド基板の原子間力顕微鏡（AFM）像

の表面に通常の無電解めっき法によりNi–Pを被覆した結果が図6.29である。Pd核がほとんど析出しないポリイミドではNi–Pは金属皮膜として析出しない。それに対し，超臨界CO_2中でPd核を析出したポリイミド基板では均一な金属皮膜が得られた。このことから，超臨界CO_2中でPd核を析出した基板では，金属皮膜を析出させるに十分な触媒核を担持させることができることがわかる。

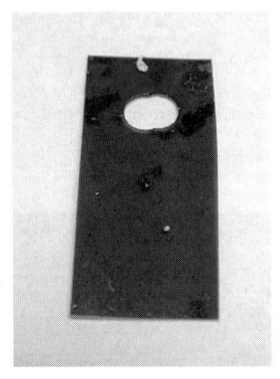

（a）塩化パラジウム触媒化法の後　　（b）超臨界CO_2中で触媒化した後

図6.29　表面に通常の無電解めっきした際の光学顕微鏡写真

さらに超臨界CO_2中でPd核を析出した基板に，通常の無電解Ni–PめっきとSNP法でNi–Pめっきを析出させた場合にも大きな違いが得られる。一つには通常の無電解めっきをした場合には，ノジュールや微細剥離部分が見られるのに対して，SNP法による被膜ではそのような欠陥が見られないこと，もう一つには図6.30に示すように通常の方法ではNi–Pがポリマー内部まで浸透しないのに対して，SNP法では400 nmまで浸透していることである。この技術の基本は，超臨界CO_2中の触媒担持を用いることにより，高分子の内部へ触媒を担持させ，その後浸透性の高い超臨界CO_2媒体のめっきを行うことで，高分子内部へ金属の根を生やすことができることである。これにより，いままでにできなかった強固な高分子・金属接合を達成できることが考えられる。

超臨界CO_2中で成型し触媒担持したポリアミドを，超臨界CO_2/エタノー

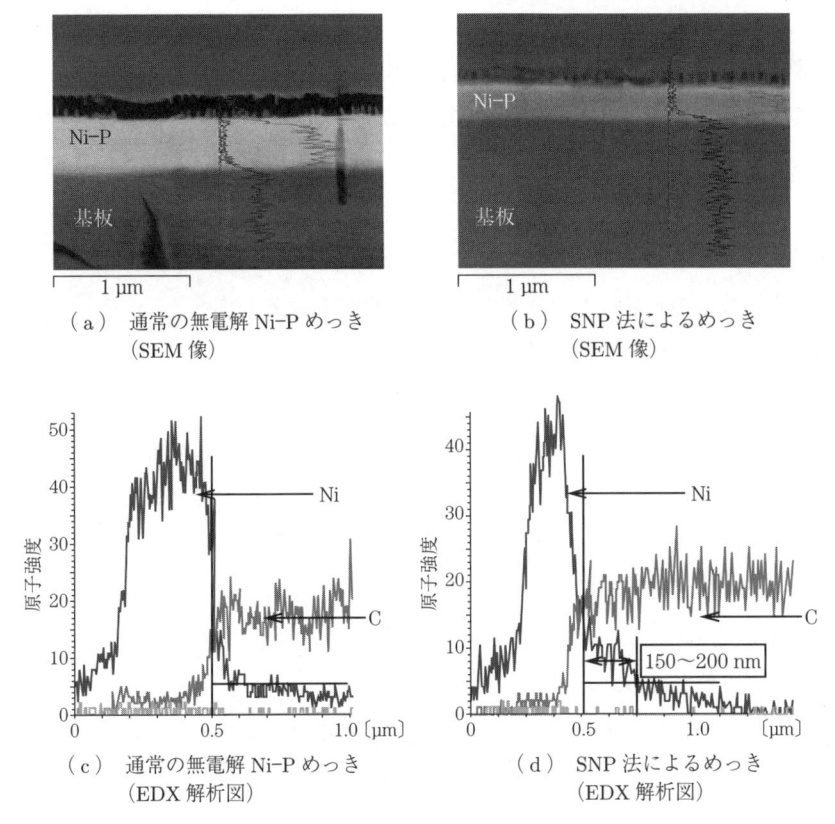

(a) 通常の無電解 Ni–P めっき（SEM 像）

(b) SNP 法によるめっき（SEM 像）

(c) 通常の無電解 Ni–P めっき（EDX 解析図）

(d) SNP 法によるめっき（EDX 解析図）

図 6.30 超臨界 CO_2 中で触媒化した表面に処理をした後の断面 SEM 像および EDX 解析図

ル/無電解ニッケルめっき液の混合系めっき反応場に浸漬し，均一かつ密着性の高いめっきを行うことができることも報告されている[38]。この方法により，密着強度が1.5倍にまで向上している。

6.1節でもすでに詳しく述べたように，超臨界 CO_2 中で触媒担持を用い，高分子の内部へ触媒を担持させ，その後浸透性の高い超臨界 CO_2 媒体のめっきを行うことにより，より強固な高分子–金属材料の接合を実現することができるのである。

6.3.4 半導体プロセスへの応用

半導体産業は，わが国において国家を担う重要な役割を果たしている。この発展を支えているのは半導体製造における配線回路の微細化・高密度化技術の発展である。半導体製造技術の一つである配線形成技術（2.1.2項〔3〕参照）では，電解めっき法を用いてCu配線を形成する手法が主流であり，現状においては米国が主導権を握っているが，さらなる微細化への技術課題が山積している。当該技術の延長線上ではさらなる微細化に対する凹部への埋込みめっきが困難となり，革新的技術の開発が切望されている。

半導体ウェットプロセスで重要なめっきプロセスでは，環境基本法，下水道法および関連条例における規制基準の強化に対し，環境対策設備や代替技術開発への投資を余儀なくされている。したがって，恒久的な環境保全・省エネルギーを両立した革新的なめっき技術の出現が期待されている。このような背景の下で，超臨界状態のCO_2を洗浄・反応溶媒に用いる方法により，微細構造を非破壊で洗浄することができると同時に，洗浄溶媒をかぎりなくゼロに近づけることが可能である。

いままでに述べたSNP法は，レベリング効果および均一電着性効果（膜厚を均一にする効果）において優れた金属めっき被膜を提供することが明らかになっている。しかしながら，図6.18のように実際にSNP技術の半導体配線形成技術への応用を試みたが，SNP法による銅の配線形成は電気化学的素反応レベルできわめて困難であることがわかった。具体的には，微細凹部への埋込み不良や，シード層溶出によるめっき不良などさまざまな課題に直面した。

SNP技術をナノ粒子工学と融合した発展型SNP技術（M-SNP）は，銅イオン濃度を均一にするためにSNP反応場に銅微粒子を導入するもので，埋込み性に優れた手法である。

図6.31に直径60 nm，深さ120 nmの半導体用埋込みテストチップに埋め込まれた銅の電子顕微鏡写真を示してある。この図より，SNPでは，実用レベルの埋込み配線チップの埋込み穴に，ボイドや埋込み不良がなく完全に銅が埋め込まれている様子がわかる[39]。また，SNPによって埋込み穴内部で超臨界流

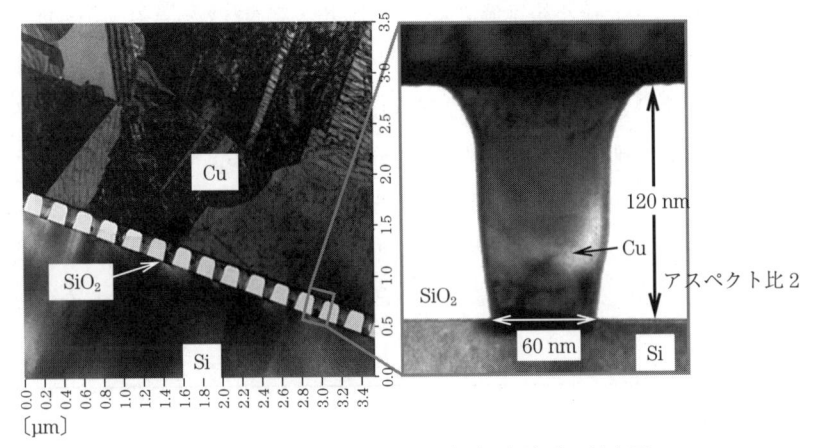

(a) 透過型電子顕微鏡写真　　　　(b) 図(a)の拡大図

図 6.31　SNP 法により直径 60 nm 微細孔に埋め込まれた銅配線

体の表面処理において考えられるコンフォーマル（良段差被覆性）成長ではなく，銅はボトムアップ成長（底面からの成長）が起こっており，さらに (111) 面に配向した単一結晶粒として埋め込まれている。この方法は，超臨界 CO_2 を反応溶媒，洗浄溶媒と乾燥媒体に用いることで廃液をかぎりなくゼロに近づけることができ，技術イノベーションとグリーンイノベーションを同時に達成する稀有な技術である。SNP 法では，微細な領域にボイドレスで埋込み配線が可能であるだけではなく，結晶成長が制御できる。

このように，超臨界 CO_2 を用いればめっきでも優れた埋込み性が達成できる。

6.3.5　MEMS への応用

MEMS 技術分野は，近年飛躍的な需要の拡大を見せており，その要因の一つとして，製造・加工技術の発展を背景とした技術革新が挙げられる。MEMS の製造手法は，半導体製造手法を基として発展してきている。配線めっき工程も例外ではなく，さらには，金属薄膜形成などにもめっき技術が活用されている。しかし，MEMS は複雑な 3D 構造の場合が多く，従来めっき技術ではそれらへの対応が非常に困難であり，MEMS 構造において大きな制約となっている。

SNP の応用により，微小複雑構造体への超平滑・高機能めっき処理が可能となり，マイクロマシン技術分野における新たな技術革新をもたらす効果がある。

しかしながらリソグラフィー法を利用して3次元的に複雑構造を作成する場合，めっき反応の副反応である水の電気分解に由来するピンホールが問題となる。特にアスペクト比の高い埋込みをする場合，水素気泡がめっき構造物中にボイド形成を引き起こすことが考えられる。さらに，アスペクトの高い構造物をめっきする場合，スパッタによる金属部材の作成より時間はかからないとし

コーヒーブレイク

めっき膜改質

超臨界流体の応用の一つとして，銅めっき膜の超臨界流体中でのアニールによる改質に関する研究を紹介する。銅めっき膜は，集積回路用の銅配線プロセスに用いられているが，配線幅が 100 nm 程度以下になると，銅の中の電子の平均自由行程（34 nm）に近づくため，配線の側面や銅の結晶粒界で電子が散乱されて抵抗率が上昇する問題が生じる。この電子散乱効果による抵抗率の上昇を抑制するには，散乱の原因となる粒界を減らす，すなわち銅の粒径を大きくすることが有効である。計算によれば，配線幅のおおよそ2倍より粒径を大きくすると，粒界散乱による抵抗上昇はかなり抑制できる。また配線信頼性の観点からも，粒径が小さくなると粒界を介したエレクトロマイグレーション（EM）が生じやすくなるためよくない。つまり銅配線に用いる銅めっき膜には，電気特性と信頼性の観点から，結晶粒径を大きくする改質が求められている。

ではどうすれば銅めっき膜の粒径を大きくすることができるだろうか。一般に，めっき後に 150°C から 400°C の温度範囲でアニールを行うことで粒成長が行われているが，従来のアニール方法では，粒成長の促進に限界がある。そこで，超臨界 CO_2 中でのアニールを試みたところ，従来の常圧アニールに比較して粒径が大きくなることがわかり，さらに超臨界 CO_2 に水素を添加すると，粒径が大きくなることがわかった。超臨界アニールを行った銅めっき膜は，粒界のグルービングなど粒径拡大の他にも特徴が見られ，また超臨界アニールの効果は，薄膜ほど顕著であった。XPS による超臨界アニール後の銅の表面分析からは，水素濃度を増やすとともに表面の酸素，炭素濃度が減少する傾向が見られ，超臨界流体による表面不純物の除去作用によって，表面の銅のマイグレーションが促進されて粒成長につながったものと考えられる。

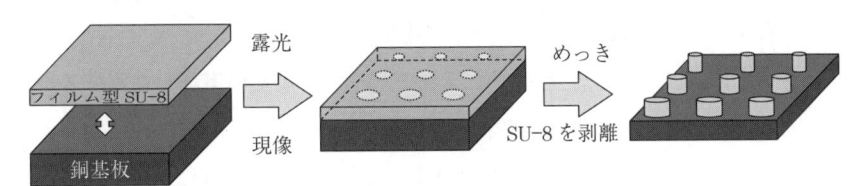

6.3 無電解めっきへの応用

(a) 銅基板上に SU-8 フィルムを設置
(b) 直径 50〜125 μm の直径の孔を SU-8 にパターン形成
(c) 孔に Ni マイクロピラーを形成

図 **6.32** テンプレート形成プロセス

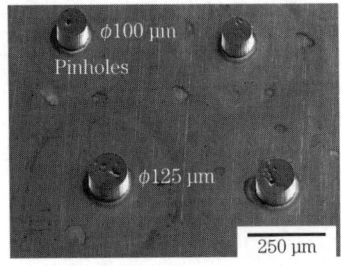

(a) 15 μm 厚さの SU-8 を用いた通常のめっき法（10 A/dm^2, 3 min）
(b) 50 μm 厚さの SU-8 を用いた通常のめっき法（10 A/dm^2, 5 min）
(c) SNP 法（10 A/dm^2, 3 min）

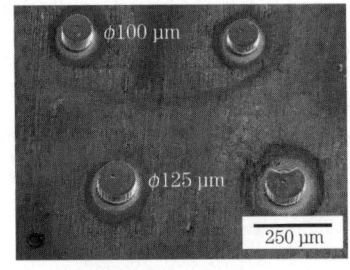

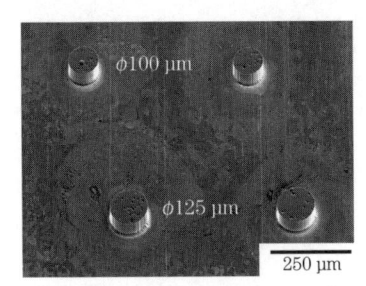

図 **6.33** 通常のめっき方法および SNP 法で作成した Ni マイクロピラーの SEM 像

ても，数十 μm の高さにめっきするためには反応時間を長くする必要がある。反応時間を短くするためには電流密度を高くする必要があるが，これは先に述べた水の電気分解を促進させ，それによるピンホール形成を多発させる。

これに関して，エポキシネガレジスト SU-8 のフィルムで直径 50〜125 μm

の孔を有するパターンを作成し，そこに電気めっきおよびSNP法でNiマイクロピラーを作成するという実験が報告されている[40]。その実証した実験スキームを図 **6.32** に示し，その作成結果を図 **6.33** に示す。図(a)および図(b)ではNiピラーに大きな穴が形成されていることがわかる。これは，先に述べたようにめっき反応中の水の電気分解による水素気泡が原因と考えられる。これに対し図6.33(c)に示すSNP法により形成されたマイクロピラーにはそのような欠陥がないことがわかる。高いアスペクト比を有するパターンにめっきを作成すると，基本的にはピンホールの形成を抑制することは難しい。しかし，超臨界CO_2エマルジョンを反応場とするSNP法ではピンホールの形成を抑制することができることが明らかになった。このような手法は銅配線にも応用可能であると考えられる。

7章

化学的薄膜堆積

7.1 薄膜堆積プロセスの一般

薄膜とはおおむね1μm程度以下の膜で，通常，固体基板上に形成されていて常温常圧で固体であるものをいう．本書でもその意味に用いる．

薄膜形成技術を広く考えると，気体から固体，液体から固体といった具合に，異なる相から固体を得る方法であるといえる（図7.1(a)）．前者の代表が蒸着法（気相法），後者はめっきやゾル・ゲル法が代表的な方法である．めっきについては6章で述べたので，その他の手法を比較して，表7.1にまとめる．

（a）通常の薄膜形成技術

（b）超臨界CO_2流体から薄膜を堆積する技術

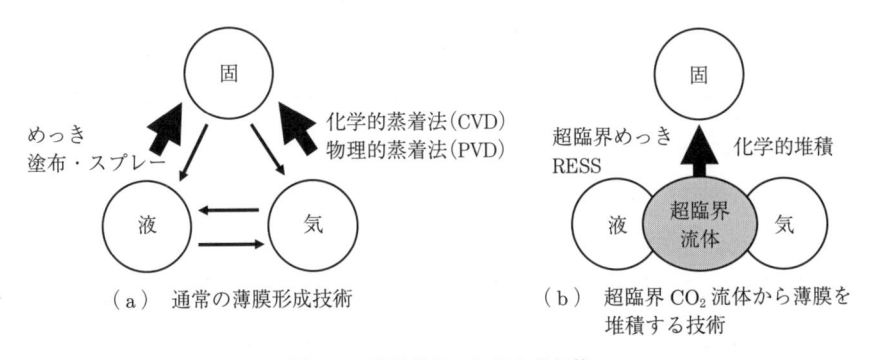

図7.1 薄膜堆積における相転換

気相法は，気体状態の原料から分子，原子，イオン，ラジカルなどの活性な化学種の状態を経由して基板上に材料を堆積させる手法であり，それらはさらに原料から薄膜堆積に至る過程で化学反応を想定しない「物理的気相堆積法

表 7.1 一般的な薄膜堆積プロセスの特徴

	気 相 法 (物理的)	気 相 法 (化学的)	液 相 法 (化学的)
手法名称	真空蒸着，スパッタリングなど	化学的気相堆積(CVD)	ゾル・ゲル，化学的溶液堆積
長所および短所	強固かつ高純度の膜を形成。材料堆積速度が調整しやすい。 多くの化合物に適用可能(多成分系材料を含む)。 立体構造の段差被覆性に乏しい。	段差被覆，埋込みなどの立体構造上での成膜に適する。 材料堆積速度の確保が困難。 適切な原料(揮発性)と気化条件の選択が必要。	材料堆積の手法および機構がきわめて簡便。 さまざまな膜厚での材料堆積に対応可能。 立体構造の段差被覆が困難。
装置・プロセスの特徴	真空装置および励起源が必要。	真空装置，励起源および揮発性原料が必要。	原料分解・結晶化のための熱処理が必要。
プロセスの適所	平板構造膜の量産に適する。	3次元構造回路や立体構造物の形成に適する。	平板構造膜の量産に適する。 大気圧下での合成が可能。

(physical vapor deposition, PVD)」と，化学反応を利用する「化学的気相堆積法 (chemical vapor deposition, CVD)」に分類できる。

超臨界 CO_2 流体から薄膜を堆積する技術においても，すべてではないが上記の従来手法に対応した方法がある（図7.1(b)）。本節では，超臨界流体利用のメリットの理解の準備として，まずおのおのについて原理と利点，欠点を簡単に整理する。

7.1.1　PVD

PVDには，真空蒸着やスパッタリングなどといった手法があり，熱や電子線（真空蒸着），プラズマ（スパッタリング）などの励起源を用いて固体ターゲットから励起状態の化学種気体を発生させ，それらを基板上に再凝縮させることで薄膜を形成する。

PVDは堆積の機構が比較的単純であり，酸化物や窒化物などの絶縁体から，金属・合金，半導体に至るまで多種多様な材料に適用可能である。真空チャン

バ中で実施され，化学反応による副生成物の発生も避けられることから，不純物含有の少ない高品質の膜を形成することができる．また，励起エネルギーをはじめとする各種の膜堆積条件を調整することにより，材料の堆積速度を制御することも可能である．これらの理由から，LSI に要求されるナノレベルの膜厚から MEMS において頻繁に要求される膜厚数 μm 以上の絶縁膜堆積に至るまでも容易に対応することができる．

　強制的なエネルギー励起手段を用いる結果，堆積の化学種は大きな運動エネルギー・運動量をもち，基板に対して指向性強く飛来することになる．トレンチや側壁構造への絶縁膜の段差被覆などといった，高度に立体化・複雑化した構造体へ絶縁膜を堆積する際には，膜厚の表面/側面の堆積状況がアスペクト比に依存してしまう．すなわち，段差被覆性（いわゆる "つきまわり"）が確保できない．

7.1.2　　CVD

　CVD は，金属アルコキシドや β-ジケトン錯体，有機金属化合物などの原料を気化して得た分子状気体を基板表面付近に供給し，これらの熱分解や酸化などといった化学反応を通じて目的の材料を堆積する方法である．膜堆積反応には，原料気体の拡散・吸着・反応・脱離などさまざまな過程が関与しているため，複雑な機構を考慮する必要がある．しかし，このプロセスにおいては PVD とは大きく異なったいくつかの利点がある．

　最大の特徴は良好な段差被覆性にあり，貫通孔やトレンチ構造などの表面に均一な膜厚を有する堆積膜を形成することが可能である．高度に立体化した複雑形状の構造体へ絶縁膜を堆積する際には，PVD や後述の溶液法よりも大きな利点があるが，それは原料が等方的な気体拡散によって輸送されるためであり，基板反応温度や原料供給濃度（圧力）の調整により細孔や構造体内への十分な原料の浸透ができ，良好な段差被覆性が実現される．

　膜堆積機構は上記の拡散輸送をはじめさまざまな過程からなるが，基板表面反応（吸着→熱分解などの反応）の関与は大きい．基板表面反応が律速となる膜

堆積条件においては，十分な堆積速度を得ることが困難で，大きな膜厚が求められる場合には効率化の問題が生じる。また，堆積の対象となる元素種によっては，十分な揮発性と易分解性を有する原料化合物の選択肢が大幅に限られるため，材料系に応じて膜堆積の難易度が大幅に異なることも重大な問題である。

7.1.3 液　相　法

液相法は，溶液などの液体を媒体として薄膜を成長させる方法である。めっき法も液相法であり，主に金属膜の堆積に用いられる。ここでは，絶縁膜の堆積に広く利用されている「塗布法」について述べる。

塗布法は，原料成分の金属塩や有機金属化合物などを含んだ溶液を塗布したのちに，熱処理などによって化学反応させることで膜材料を形成する方法である。塗布法は溶液中の原料成分や溶液塗布の方法により多様な呼称が用いられるが，基本的な材料形成のプロセスはいずれもほぼ類似であり，原料の加水分解・重縮合や副生成物の熱分解反応を経て堆積膜を得る。

前述の気相法は，いずれも真空チャンバ内での操作により膜堆積を実施する手法であるために，複雑かつ高価な真空装置系での運用が求められる。一方，液相法では大気圧下の操作で膜堆積が実現でき，設備・コスト面で大きなメリットを享受することができる。とりわけ大規模な面積に均質な平板膜を形成する際には大きな利点が強く反映される。また，幅広い材料に対する古典的な膜堆積手法として，単分子吸着サイズから数百 μm までのさまざまな膜厚の材料に対しての実績が報告されており，あらゆるサイズの回路形成に対応する余地があるといえる。

その反面，溶媒や副反応物に由来する不純物の残留や，結晶性など材料品質の低下などの問題の発生が不可避となる。さらに，液体（溶液）原料は粘性が高く，貫通孔や段差構造への原料浸透性は著しく阻害され，残留気孔や目詰りの発生など，高度に立体化・複雑化した構造体への均質な堆積は不可能か，あるいは大幅に不十分となる。溶液・溶媒の揮発時の毛細管力発生によるパターン変形の問題も生ずる（3章参照）。

以上の手法はいずれも一長一短を有するものであり，すべての項目を一手法のみで一括して解決するには至っていない．さらに，材料の緻密化・結晶化，反応促進のために基板加熱を行う必要があり，例えば一般的な熱 CVD による SiO_2 膜堆積などでも，堆積反応促進のため 400°C 程度の温度での基板加熱が必須とされる．高分子材料などの導入が進む集積回路や MEMS では低温化は必須であるので，これも問題であるといえよう．

7.1.4 薄膜堆積プロセスに求められること

半導体集積回路に用いられる材料は多様化しており，材料については個別の用途に応じてさまざまな形状・特性が要求されることになる．特に MEMS ではシステム自体の多様性ゆえ，その要求はさらに厳しい．上記したことも含め，多くの場面で共通して要求される項目を以下に指摘する．

〔1〕 **段差被覆性** 高度に立体化・複雑化した構造体をいかに精度よく，かつ高効率に形成するか，ということは最も重要な課題である．半導体集積回路においては，3 次元配線やトレンチ，フィン，クラウン型構造体の被覆，MEMS においてはそれらに加えてカンチレバーやブリッジなど，これまで以上に複雑かつ高精度を要する材料の加工が強く要求されることとなる．LSI にしろ MEMS にしろ，現行のプロセスでは平板状の絶縁膜堆積とエッチングを繰り返すことでそれら構造体を製造するが，形状の複雑さが増すにつれて加工の難易度および工程数が増大し，歩留まりやコストを圧迫する．複雑化した立体構造への膜堆積に対応できるプロセスが求められる．

〔2〕 **低温化** 膜堆積温度は可能なかぎり室温に近いことが望ましい．
基板上の堆積膜にはさまざまな起源による"残留応力"が発生する可能性があり，加工後の構造体の変形や亀裂発生などを引き起こす原因となる．とりわけカンチレバーをはじめとしたさまざまな複雑構造体を含む MEMS においてそれらの影響が顕著であり，マイクロマシニングの工程では始終一貫して十分な注意を払わねばならない．残留応力の発生起源には，不純物の混入やスパッタ粒子のピニング効果などの内的要因（内部応力 σ_{in}）と，基板材料と膜材料の

間での熱膨張（収縮）挙動のミスマッチに基づいた熱的要因（熱応力 σ_{th}）の2種類が挙げられる．特に後者は，基板材料と膜材料の熱膨張係数という材料の本質的な特性に基づくものであり，膜堆積プロセスの熱履歴により支配され，堆積時に加熱する場合その影響は避けがたい[5]（図 **7.2**）．

$$\sigma_{th} = \frac{\delta\sigma}{\delta T} = \frac{E_f(\sigma_f - \sigma_s)}{1 - \nu_f} \tag{7.1}$$

σ_{th}：熱応力（平面方向，正：圧縮，負：引張り）
E_f：薄膜のヤング率
σ_f：薄膜の熱膨張係数
σ_s：基板の熱膨張係数
ν_f：薄膜のポアソン比

金属膜の PVD は室温程度で実施されることが多い．一方化学反応を伴うプロセスでは，多くの場合数百 ℃ の高温条件下で実施される．この温度は，下地や堆積材料自体の耐熱性や，装置の取扱い・構成の容易により決められる（耐

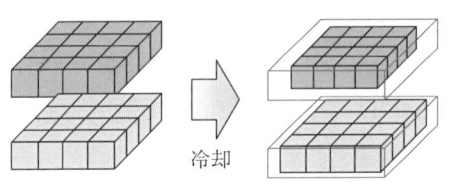

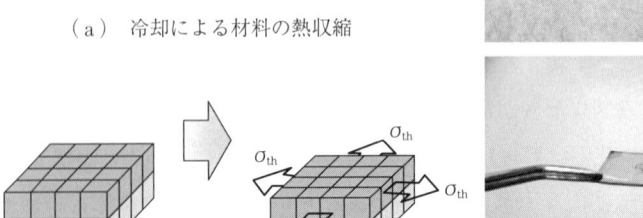

（a）冷却による材料の熱収縮

（b）積層構造の冷却による応力発生
　　（バイメタル効果）

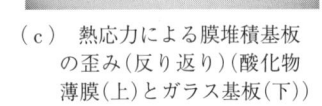

（c）熱応力による膜堆積基板の歪み（反り返り）（酸化物薄膜(上)とガラス基板(下)）

図 **7.2** 膜–基板間の熱膨張係数の相違に基づいて発生する熱応力 σ_{th}
（膜の熱膨張係数 σ_f > 基板の熱膨張係数 σ_s の場合，引張応力の発生）

熱性の高い構造の場合には1000℃以上のこともある)。その後の冷却過程で熱応力が発生することになるが，その堆積温度を可能なかぎり室温に近い温度まで低減させることが熱応力の低減に最も有効である。ポリマー素材など有機物ベースの構造体部品と絶縁体膜の組合せを検討する場合には，有機物の分解温度が上限となり，さらなる低温化が必要になる。

〔3〕 **堆 積 速 度**　半導体製造プロセスでは，回路の微細集積化を追求する風潮を反映して膜厚は減少する傾向が顕著であり，現在は数十から数百 nm (10^{-8}〜10^{-7} m)程度の薄膜材料の加工がその主流となっている。一般論としてはその分堆積時間は減少するはずだが，段差被覆性などを確保するため堆積速度も低減しており，必ずしも実現されていない。

MEMS製造においては，やや大規模なサイズの構造体を形成するための部品としての用途はもちろん，腐食性の反応から材料を保護するエッチングマスクとしての利用も多く，ミクロンサイズ以上（> 10^{-6} m）の比較的に大きな膜厚の要求が大きい。

当り前であるが，材料加工を効率的に実施するためには，高品質の膜を，段差被覆性よく，かつ高速成膜できるプロセスが求められている。

7.2　薄膜堆積における超臨界流体の役割

7.2.1　堆積媒体としての超臨界流体

気体，液体のどちらの相をとるかは，圧力と温度に応じて決まるから，超臨界流体から薄膜を堆積することももちろん可能で，興味深い方法である。

気相法に，固体原料を気化してから再凝集して薄膜を堆積するPVDと，化学反応を利用して気体ないし気化した原料固体膜を得るCVDとがあるように（図**7.3**），超臨界流体を利用する方法にも，固体原料を溶解し析出させて堆積する方法と，超臨界流体に溶解した原料から化学反応によって薄膜を堆積する方法がある（図**7.4**）。前者は，超臨界流体を原料の輸送媒体として，後者はそれに加え反応の媒体として用いているといえる。本項では，主に後者の方法を

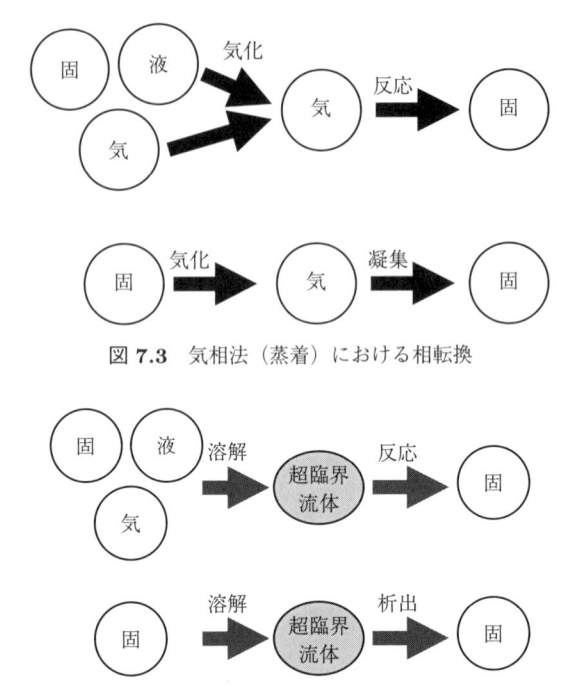

図 7.3 気相法(蒸着)における相転換

図 7.4 超臨界流体を利用した薄膜堆積

紹介するが,その比較のため,まず簡単に前者の方法を紹介しておく。

超臨界流体を利用したごく基本的な物質製造方法は,溶体急速膨張(rapid expansion of supercritical solution, RESS)法である。これは,超臨界流体中に材料物質を溶解させ,ノズルから噴射して急減圧する際に,溶解できなくなった原料が粉状に固体化する原理に基づいている。一般に粒子を製造するために用いられているが,コレクタ上に堆積した物質が単なる粒子の集積体でなく堅牢な固体膜であれば,薄膜の堆積手法——スプレーコーティングの一種——とみなすことができる。難揮発性の物質でも溶解して利用できること,媒体が気化してしまうので膜中に不純物として残留しにくいことなどが,超臨界流体を用いる利点であるといえ,Al, Cr, In, Cu, Ag, Ni, Y, Pd, Zr, Al_2O_3, Cr_2O_3, SiO_2, InP など多くの成膜例がある[1]。ゾル・ゲル溶媒として超臨界流体を用い,RESS 法に類似の方法で基板に吹付け膜を形成する手法も提案されている。

その他，有機溶媒を用いる各種の薄膜形成方法で，代替溶媒として利用することができる。

本章で述べる薄膜形成技術は，超臨界 CO_2 流体中に薄膜原料（有機金属錯体）を溶解させ，そのまま堆積反応を行わせる。基本的には超臨界 CO_2 自体は原料ではなく，キャリア媒体として用いられる。化学反応を利用するので一種の CVD といえるが，超臨界流体を媒体とするため，以下のようなさまざまな特長をもつ（1.2.4 項参照）。

(1) 超臨界流体のもつナノレベル浸透性を利用し，高アスペクト構造内や微細孔内に物質を被覆・充填できる。
(2) 超臨界 CO_2 流体の溶媒作用や補助溶媒効果により，堆積温度が低く不純物混入が少ない。
(3) 原料自由度が大きい。固体有機金属など CVD 法では好まれない原料も利用できる。
(4) 原料密度が従来の薄膜形成法に比べて，$10^4 \sim 10^6$ 倍もある。微細構造内に原料を供給できるのみならず，反応速度の向上が期待できる。したがって，MEMS など高アスペクト・複雑形状のマイクロ・ナノ部品を，高速に作製できる可能性がある。
(5) 真空やプラズマを用いず，また，原料を回収・再利用でき，さらに CO_2 自体の回収も可能であるから，本質的に低コストである。

つぎに詳しくこれらの点について解説する。

7.2.2 超臨界流体を用いるメリット

超臨界流体を利用した金属膜と金属酸化物の研究事例を表 7.2 に示す。事例の多くは，半導体デバイス応用を念頭においた膜厚数百 nm 程度の膜堆積に関するものであるが，MEMS 用薄膜プロセスとも親和性の高い内容も含んでいる。

〔1〕 **良好な段差被覆性**　気体，液体といった媒体の性質が堆積物の特徴に大きな影響を及ぼすことは，すでに数多くの実験と理論により明らかになっている。膜堆積プロセスの特徴を説明するうえでは，媒体中における原料物質

表 7.2 超臨界流体を利用した金属酸化物膜堆積の報告例

堆積膜	原料化合物	装置	堆積条件
$Al_2O_3, ZrO_2, MnO_x,$ RuO_x, Y_2O_3 [6]	$Al(acac)_3$, $Al(hfac)_3$, $Zr(acac)_4$, $Mn(hfac)_2$, $Ru(tmhd)_3$, $Ru(Cp)_2$, $Y(tmhd)_3$	密閉式	基板温度 70~200°C 15~18 MPa CO_2 H_2O_2, t-butyl peracetate 添加
$HfO_2, CeO_2, Ta_2O_5,$ $Nb_2O_5, ZrO_2,$ Bi_2O_3, TiO_2 [7]	$Hf(tmhd)_4$, $Ce(tmhd)_4$, $Ta(OEt)_4(acac)$, $Nb(tmhd)_4$, $Zr(tmhd)_4$, $Bi(ph)_3$, $Ti(tmhd)_2(OiPr)_2$	密閉式	基板温度 250~350°C 1 200~1 500 psi CO_2 一部 H_2O 添加
SiO_2, ZrO_2 [8]	$Si(OEt)_4$, $Zr(hfac)_4$	密閉式	基板温度 50~465°C 15~18 MPa CO_2 H_2O または O_2 添加
SiO_2 [9], [10]	$Si(OEt)_4$	流通式	基板温度 150~400°C 10~12 MPa CO_2 O_2, O_3 添加
ZnO [11]	$Zn(acac)_2$	密閉式	基板温度 230~380°C 8~13 MPa CO_2 O_2 添加
TiO_2 [12], [13]	$Ti(tmhd)_2(iOPr)_2$	流通式	基板温度 80~120°C 4~6 MPa CO_2
$CuMn_xO_y$ [10]	$Cu(tmhd)_2$, $(pmcp)_2Mn$	流通式	基板温度 230°C 10 MPa CO_2
Sr–Ti–O [14]	$Sr(tmhd)_2$, $Ti(mpd)(tmhd)_2$	流通式	基板温度 80~380°C 150 atm CO_2 H_2O_2 添加

* **acac**：acetylacetonate, **hfac**：hexafluoroacetylacetonate,
  tmhd：2,2,6,6-tetramethylheptanedione, **mpd**：2-methylpentanedione,
  Cp：cyclopentadienyl, **ph**：phenyl, **pmcp**：pentamethylcyclopentadienyl,
  OiPr：isopropoxide, **OEt**：ethoxide

の「拡散性」と「濃度」が最も重要なパラメータである．例えば，CVD における原料の供給は気体の優れた拡散性を生かすことで，迅速かつ浸透性の高い原料供給を実施することができる．しかし，密度の希薄な気体による原料供給では高速の成膜に足るだけの薄膜堆積速度を確保するうえで不十分である．

供給能は原料の蒸気圧特性にも左右されるが，化合物種に応じて大幅に異なるため，プロセスの調整や最適化に多大な労力を要することになる．特に複数の原料系を使用した合金や複合酸化物では，この問題が重要となる．

一方，液状媒体を利用した液相法では，媒体の低拡散性ゆえに複雑な構造体への原料の迅速な浸透は限定されてしまう。ただし，溶媒自体の密度が高いので，溶解した原料の供給密度を気体拡散よりもはるかに高くでき，また原料の混合も容易である。比較的膜厚の大きな膜の堆積や，（飽和溶解度未満で分離・析出が起きない濃度で異なる原料を混合し）複合酸化物膜の合成などに利点を見出すことができる。

それらの媒体に対し，超臨界流体は $D\rho$ 積が大きく拡散輸送能を気体液体に比べてはるかに大きくとることができる（1.1.2 項[3]）。溶媒能があるから溶解物質自体の密度も高くとることができ，それらの特性を流体温度・圧力などをパラメータとして調整することが，他の媒体と比較して容易である。このような特性は，とりわけ高度に立体化・複雑化した構造体に精度よく薄膜を形成するうえでたいへんに有利である。

微細構造内では流体の流れ（移流）は生じないから，内部へは拡散のみにより物質が供給される。実際に，トレンチやホールなどの凹凸構造への良好な段差被覆や埋込みも，流体条件の調整によってうまく実現されている（図 7.5）[13]。さらに，細管中での毛細管現象に類似した物質堆積挙動など[17]，近年の研究において超臨界流体に固有な原料供給の機構が新たに発見されているため，それらの関与にも注目すべきである。

[2] 低温成膜　超臨界 CO_2 流体中での堆積温度は，従来の気相法などと比較して低い傾向にあることが知られている。これは溶媒作用のためである（1.1.2 項参照）。

これまでの種々の原料化合物を用いた材料堆積実験が試みられているが，媒体となる超臨界流体は 40～150°C，堆積基板の温度は 100～300°C が一般的である。とりわけ基板温度は CVD などで材料堆積が開始する温度（例えば絶縁膜で約 400°C 以上）よりも有意に低温である。室温合成が可能であるとの報告はないようであるが，プロセス温度を数十～数百 °C 低減できることは，材料合成の重要な利点であるといえる。

プロセス温度をさらに低減させるために，還元剤，酸化剤，分解触媒などの

174　　7. 化学的薄膜堆積

化学溶液堆積法による膜堆積

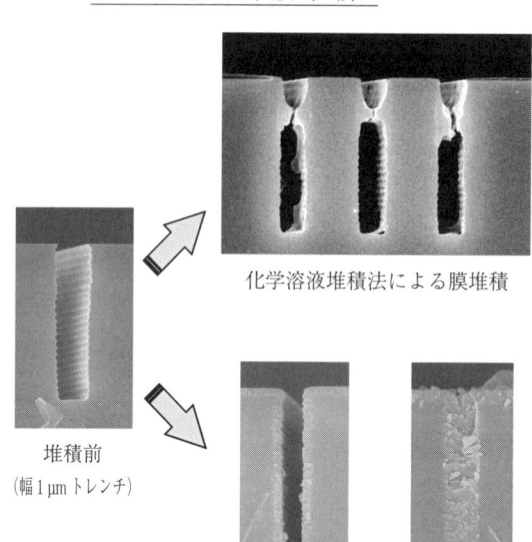

堆積前
(幅1μmトレンチ)

(段差被覆)　　(埋込み)
超臨界流体を利用した膜堆積

図 7.5　化学溶液堆積法（液相法）および超臨界流体利用の膜堆積法によるトレンチ構造上への材料堆積の比較（幅1μmのトレンチ構造上への TiO_2 膜堆積）

気体，あるいは共溶媒の添加も有効である．超臨界流体を媒体とした材料合成手法は助剤添加技術と親和性が高いといえる．

〔3〕**多成分成膜**　複数の原料化合物を利用した多成分系材料の堆積に関しても，超臨界流体利用技術は有利である．原料化合物の混合および供給は，流体に対する溶解度により決まる．飽和溶解度以下での原料溶解条件では，気相法と類似した膜堆積モードになる．それぞれの原料化合物の分解や結晶化の過程については，単成分系材料と同様と考えてよいから，その点で気相法に比べて多成分にすることが格別有利であるわけではない．しかし，気相法，特にCVDではたがいに蒸気圧の異なる多成分原料の供給は困難であるので，超臨界流体の利用は有利である．多成分系については，表7.2に示したようなCu合金やSr–Ti–Oなどの材料堆積に関する事例がこれまでに報告されている．

また，類似の手法として高温高圧水を用いた水熱法による $Pb(Zr,Ti)O_3$ 膜などの堆積が報告されている[18), 19)]．水熱法も多成分系酸化物の低温合成が容易

であることに加え，厚膜形成のための高速成膜にも容易に対応できることから，MEMS用圧電素子としての応用が検討されている．

〔4〕 **原料の回収・リサイクル性**　原料の回収・リサイクルができることも超臨界CO_2流体利用の大きな特長である．成膜終了後の超臨界CO_2は，未反応の原料や反応の副生成物を含んでいる．減圧すればCO_2は溶解力を失うので，原料（と副生成物）を回収することができる．成膜原料には高価なものもあるから，回収はコストメリットがある．そもそもCVDでは不純物混入を防ぐため大量のキャリアガスで希釈し原料濃度を下げる必要があるので，原料の使用効率が低い．そのうえ排気トラップに捕獲・吸着するので原料回収が困難である．超臨界流体では媒体中に不純物が優先的に分配されるので，原料濃度を高く保つ良質なプロセスが実施できる．

図7.6はその原理を示すフロー図である．原料と副生成物（および助剤）は混合した状態で回収されるので，分離・精製して再利用する．排出された超臨界CO_2流体の温度圧力を適切に調整すれば，超臨界CO_2自体を媒体とした分離・精製もできる．CO_2は気体として回収され，精製・圧縮することで再利用も可能であるから，原理的にはクローズトシステムもできる．

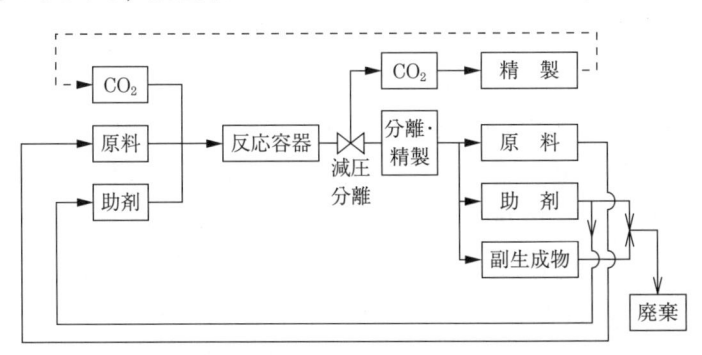

図7.6　成膜原料の回収・リサイクルのフロー

7.2.3　半導体集積回路・MEMSプロセスにおける位置づけ

2章で詳しく述べたように，現在の高機能大規模集積回路（LSI）では，キャ

パシタ電極や内部配線がナノレベルで高度に複雑化・立体化している。用いられる材料も多様化し，一説では周期律表の半分近い元素が採用され，あるいは試みられているという。電気伝導度，熱膨張率，密度などの種々の性状の異なる金属，半導体，絶縁体が混在する一種の複合材料といえる。

また，スケールについてみても，もともとトランジスタゲートまわりのごく微細な構造と電源や入出力配線の $\mu m \sim 10 \mu m$ 級の大きな構造が混在していたが，特に，近年のチップ積層型3次元集積回路ではMEMS技術との融合が進んでおり，さまざまなスケールのさまざまなアスペクトの部品が混在するようになっている。

MEMSについては，構成する微細構造体や回路，センサ，アクチュエータなどの形成には，半導体集積回路の製造技術をさらに発展させた「マイクロマシニング」と呼ばれる微細加工技術が用いられ，さまざまな材料の薄膜堆積およびエッチング操作の繰返しにより，それらの構成部品が製造される。機構部では数百 $\mu m \sim mm$ 級のスケールの大きな部品が用いられる。MEMSの集積回路を形成するマイクロマシニングにおいては，半導体，金属，セラミックス，ガラス，有機物といった多種多様な材料が対象として取り扱われる。それらのうちセラミックスおよびガラスに相当する材料の多くは，主に絶縁膜として加工され，MEMS回路の中に組み込まれることになる[2]〜[4]。

このような，半導体集積回路やMEMSの薄膜プロセスでは，複雑な構造体内部に金属や絶縁物を充填したり，あるいは表面をコーティングする技術に対する要求が大きい。本章では薄膜の堆積について，材料および堆積プロセスに求められる事項を説明するとともに，超臨界流体を利用した新規プロセスによるそれらへの対応を紹介する。

〔1〕 **金属材料**　金属材料は一般に配線・電極材料として用いられる。光学系のMEMSでは反射材料などとしても用いられる。2章で述べたように多くの金属材料が使用されているが，本章で取り扱う代表的なものについて触れる。

LSIでは，Cuの内部配線が水平上下に3次元的に連続した，多層Cu配線

が用いられている。この形成にはダマシン法が採用されており，電気めっきによって配線形成用の溝（トレンチ）や孔（ビアホール）を埋め込んだ後，余分なCuを研磨除去し，つぎの層の積層を繰り返していく。Cuめっきに必要な基板表面電極はスパッタリング法によって形成するが，スパッタリング法では原子が雨粒のように飛来するため，高アスペクト孔の奥底では段差被覆性が確保できず，めっき不良による埋込み不良・断線をもたらす。また，めっき液に由来する残留不純物元素や，めっき温度とその後のプロセス温度との差に起因する膜の冶金的構造変化なども問題になっており，クリーンで適度に高い温度での成膜技術が必要となっている。

さらなる高速化・高機能化に対応すべく，複数の回路チップを積層し，シリコンを貫通したCu電極でたがいに接続する3次元集積回路配線技術が必要になっている（2.2.3項）。このような電極はMEMS技術を用いて作製されるが，シリコン貫通孔にCuを充填，ないし被覆する技術として超臨界流体を用いる本技術が有望である。穴径は数十μmから将来数μmにまで縮小するが，アスペクト比としては10以上が要求され，成膜技術的にはきわめて厳しい条件である。貫通電極にかぎらず，RF部品などの実装系部品をCuで形成する技術，あるいは複雑に加工されたシリコン構造体を完全に（絶縁）被覆するといったMEMS一般プロセスにも有効であろう。

キャパシタ電極材料としてRuやPtが用いられている。貴金属であるため，絶縁膜堆積時の酸化雰囲気の耐性，およびフロントエンドプロセスで要求される耐熱性が高いためである。また適度なエッチング耐性があるとされる。

〔2〕 **絶 縁 膜**　絶縁膜には多様な用途と要求がある。主な用途として，まず配線・電極などの絶縁や保護といった役割が挙げられる。金属配線間のショート・絶縁や外部接触を防ぐことがその目的であるため，それらの材料には高い絶縁性が求められる。また回路の高速駆動を念頭に置いた際の配線遅延を防ぐため配線間絶縁膜には誘電率の低い材料を利用することが望ましい。集積回路では，キャパシタ材料やゲート絶縁膜にも用いられ，その場合は誘電率の高いものが必要である。

さらに，絶縁膜は金属配線の保護のみならず，各種材料間の物質拡散を防ぐための拡散防止層としても機能することから，化学的・熱的に安定な材料であることも重要である．これらはいずれも従来の半導体デバイス製造における用途でもMEMSでもほぼ共通する内容であるため，そこで頻繁に利用されるSiO_2などの材質からなる絶縁膜が利用に適すると判断される．

MEMS回路のマイクロマシニングに特有の用途として，複雑な立体構造体を形成する際にガラスやセラミックスの堆積膜が利用される事例を忘れてはならない．MEMSに特有のカンチレバー，ブリッジ，ダイアフラム，弾性支持体などの構造体を形成する際，SiO_2などの材質からなる絶縁膜を堆積し，これをエッチング加工することで構造体の部品として組み込むことがしばしば行われている．加えて，他材料をエッチングにより加工する際のエッチングマスクや犠牲層として，絶縁膜は頻繁に利用されており，こちらも構造体形成においては重要な役割を果たしている．現在，エッチングの反応から材料を保護するための被覆膜としてさまざまな材料が特性に応じて使い分けられているが，MEMSの主要材料であるSiを深部までエッチングにより加工する場合には，SiO_2やPSG（リンケイ酸ガラス）の膜を被覆物として利用するケースが多い（図**7.7**）．マイクロマシニングにおけるエッチングの役割とその特徴については別途説明する（8章 参照）．

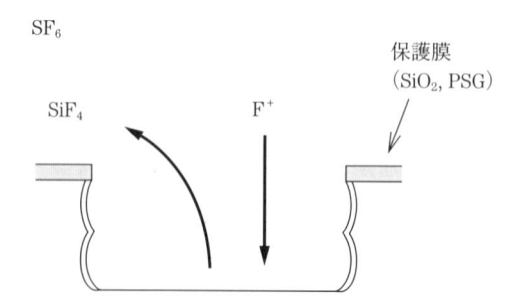

図 **7.7** エッチング保護膜としての酸化物薄膜の利用（例：ボッシュ法によるSiウェーハのDeep RIEエッチング）

さらに，近年はMEMSへの機能性付与の手段として各種の機能性を有した絶縁膜をMEMS回路内に組み込むことも積極的に検討されつつある．その具体的な事例として，電荷の蓄積および放出の役目を担う誘電体キャパシタ（SiO_2

他), 圧電体材料の圧電/逆圧電現象を利用した圧電アクチュエータや圧電センサ ($Pb(Zr,Ti)O_3$, ZnO), 光MEMS用導波路 (SiO_2, Al_2O_3, TiO_2 他) などが挙げられる. 多くは集積回路プロセスのキャパシタ材料やゲート絶縁膜材料としてすでに実績のある材料である.

7.3 装置構成

ここでは超臨界CO_2流体を利用した化学的薄膜堆積装置の構成を紹介する. これまでに多くの研究者により報告がなされているが, それらで使用された成膜装置の構成はいずれも以下に述べる「密閉式」あるいは「流通式」のいずれかに区分されるものである (図 7.8). どちらの構成においても, 超臨界流体に対する原料化合物の溶解, 基板表面への原料供給, そして膜堆積反応, といった基礎的な過程を経て堆積がなされていることは同じである. 主として原料供

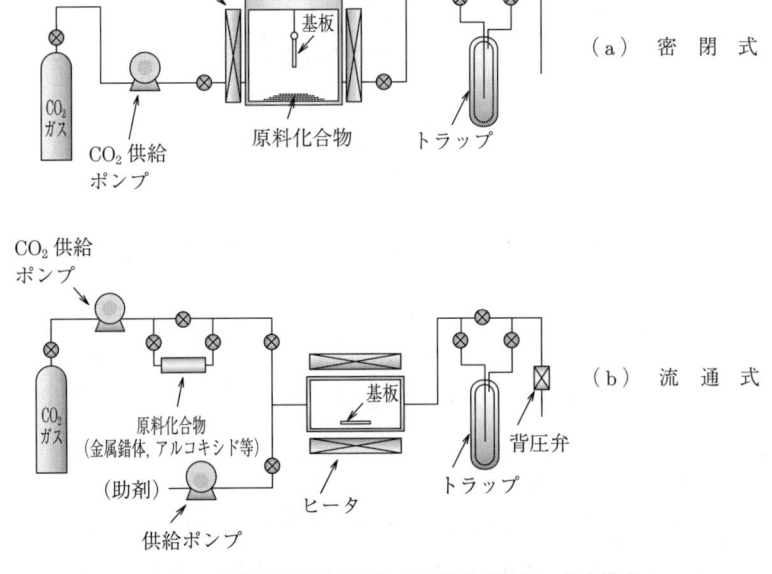

図 7.8 超臨界流体を利用した材料堆積装置の基本構成

給,および反応副生成物の排出の方式の面で大きな相違が存在する。

7.3.1 密閉式

密閉式(バッチ式)装置の利用は超臨界流体を用いたさまざまな材料合成法の中でも最も典型的な手法であり,耐熱・耐圧性を有する密閉容器のみを主に利用した単純な装置構成が採用されている(図7.8(a))。その構成はオートクレーブや水熱合成装置をイメージすると非常に理解しやすい。

この密閉容器内に原料化合物,基板材料,必要に応じて還元剤(金属膜),酸化剤(酸化膜)などの助剤を導入し,その後加圧したCO_2を充填したのち容器を完全に密閉する。つづいて密閉された容器を外部よりヒータで加熱し,所定の温度・圧力条件下で任意の時間保持することで堆積反応を進行させる。そして反応時間終了後に容器を冷却および大気開放し,そこで容器内より目的の試料を取り出すことができる。

本装置では反応中に原料,堆積物,基板,反応副生成物,助剤のすべてが同一の容器内に存在し,そのため反応の過程はきわめて複雑化する。また副生成物が未排出の状態でとどまると,容器内での膜堆積反応を抑制する方向へ化学平衡が移動するため,効率的な膜堆積を目指すならばそれらを排除する機能を備えた後述の流通式装置の使用がより望ましい。原料の装入量が決まっているから,当然膜厚にも上限が生じる。

しかしながら,装置の構成および運用,共にきわめて簡便で,再現性も悪くないため,これまでに多くの膜堆積における実績が報告されるとともに,基板ヒータや圧力制御弁,内部モニタリング用光学プローブなどの増設によるさまざまな発展的な実験も積極的に展開されている。

7.3.2 流通式

一方の流通式(フロー式)装置は,超臨界流体を用いた材料合成手法の中でも成膜プロセスに特化した手法であり,その装置構成はCVD装置など通常の薄膜プロセス装置と非常に類似したものである(図7.8(b))。

こちらの装置では，原料供給系，反応系，排気系といった各系が独立して設置され，連動して超臨界条件を保ったままプロセスが進行するよう構成されている．すなわち，超臨界状態の流体を連続的に導入して原料タンク内で流体に原料を溶解，これを基板表面へ導入・反応させることで膜堆積を実施する．その際，反応系内がつねに超臨界CO_2流体で満たされるように流体温度および圧力は調整されており，また，基板ヒータを用いることでそれらとは独立で基板温度をコントロールすることができる．連続運転可能であるので，厚膜堆積も可能である．

 反応副生成物および未反応原料は背圧弁を通じて系外へと排出されるため，系内の副生成物濃度は最小限に抑制することが可能となる．こちらも密閉式装置と同様，状況に応じて還元剤，酸化剤，添加剤の導入を実施することができる．助剤が液体の場合は高圧ポンプを用いればよいが，H_2やO_2などの気体の場合，ブースタポンプなどで流体圧以上に昇圧することになる．低圧の気体を添加したい場合には，あらかじめ反応容器に気体を充填して半閉鎖式にする，あらかじめ高圧シリンジでCO_2と気体を混合したのち加圧する，などの方式が採用される．低圧ガスを超臨界流体に直接導入できる専用装置も開発されている[30),31)]．

 有機金属錯体原料はリザーバ内で溶解し反応容器に送る．液体原料を用いる場合には高圧ポンプで圧送してもよい．ただし一般に常温・常圧付近で液体の有機金属原料は不安定で反応性が高いので取扱いに注意を要する．原料をいったん有機溶媒に溶解してから反応容器に供給してもよく，その場合は有機溶媒が助剤として作用することも期待できる．

 原料を供給する超臨界流体の流れ方向と基板方位の相互位置関係に着目して，流通式の膜堆積手法をさらに「水平型」と「垂直型」に細分化することができる．CVD装置においては，基板表面での原料拡散層の形成や原料およびキャリア流体の熱対流モードの差が生じることもある．超臨界流体利用時の両者の相違は未だ明確化されていないが，1.2.3項で述べたように超臨界流体は高密度の圧縮性流体で熱対流が起きやすく，輸送特性に影響するから，成膜特性や堆

積物の性状に差が生じることは十分に予想できる。

高温・高圧条件下にある超臨界流体を定常的に取り扱うため，これらの装置はいずれも肉厚の金属素材を用いた耐圧性容器を膜堆積の反応容器として利用することが一般的である。実験室レベルでは，典型的に容量数十〜百立方cmの比較的に小規模な装置構成で運用される。

薄膜を堆積するポイントは，基板上でのみ堆積反応を進行させることである。図7.8には反応容器全体を加熱する構成として示したが，この場合容器壁にも堆積が生ずる。一方，流体の中で反応が生じて粉体が生成することは避けられなければならない。このためには，基板表面が触媒として作用するような反応系を選ぶか，基板のみを加熱することになる。基板のみを加熱する場合，熱や物質の対流を考慮した流体設計を行う必要がある[32]。

7.4　金属膜堆積

超臨界流体の材料製造技術への応用は，環境親和性代替溶媒として進み，現在でもポリマー膨潤・発泡・成形や染色処理への利用の研究が多く行われている。一方微粒子を中心に物質合成の反応場としての検討も精力的に行われており，その組合せとしてめっき下地処理を目的としたポリマー中への物質浸透に関する検討が行われるようになった（6.1節）。この技術をナノ構造体への金属充填として発展させたのが，トヨタ中研の若山のグループによる先駆的な研究である[33]。その後，マサチューセッツ大学のWatkinsら[28]や，山梨大学の近藤ら[27]のグループから集積回路のCu配線形成に適用する研究が発表され，半導体シリコンウェーハ洗浄技術として超臨界CO_2の利用検討がなされていたこともあって，大いに注目を集めるようになった。

7.4.1　堆積機構

〔1〕**原料と基本反応**　原料に有機金属錯体が用いられる。有機金属錯体は，金属原子のまわりに有機基を配位したもので，取り囲む有機基が金属原子

の電子を誘引して（つまり金属原子が酸化されて）結合をつくっている[†]。金属原子は電子が奪われた酸化状態にあるので，金属を堆積するためには還元雰囲気が望ましい。単なる熱分解では，金属元素は有機基や超臨界 CO_2 自体，あるいは不純物と反応して，膜自体に不純物の混入を招きやすい。還元剤としては H_2 が最もよいが，アルコールなどの還元剤も試みられている。

金属原子を M，配位子を L と書くと，水素還元反応は例えば

$$ML_x + \frac{x}{2}H_2 \rightarrow M + xHL \tag{7.2}$$

と書ける。L は表 7.2 の欄外注釈にあるようなもので，例えばヘキサフルオロアセチルアセトナート銅 ($Cu(C_5HF_6O_2)_2$，以下 $Cu(hfac)_2$) の場合には，$Cu(hfac)_2 + H_2 \rightarrow Cu + 2Hfac$ である。式 (7.2) の反応がすべて超臨界流体中で進行するためには，原料の ML_2 と H_2，それから副生成物の 2L のすべてが超臨界 CO_2 に可溶でなければならない。

有機金属錯体は CVD 原料としても用いられるが，分子量が大きく，また複雑な構造をもつので，重合しやすく揮発性は低い。そのため CVD 原料として利用可能なものは限られている。蒸気圧確保とプロセス制御性向上の観点から，フッ化系のものや液体の原料が CVD では好まれる。ただし前者では残留フッ素による膜質低下の懸念が，また後者では原料の安定性に不安があることが多い。

これに対し，有機物金属錯体は超臨界 CO_2 流体によく溶解するものが多い。CVD でも用いられるフッ化物系のものは，フッ化炭素基が金属元素を遮蔽して分子全体の極性が小さく抑えられているため，CO_2 と親和性が高く，つまり溶解度が高く好んで用いられる。溶解度が小さいものでも，堆積温度（150～250°C 程度）まで昇温すると多くの錯体は溶解ないし分解（堆積反応）する。したがって，超臨界 CO_2 流体を用いると原料選択の幅は広がる。超臨界 CO_2 流体の応用として，金属（または金属イオン）を錯化して溶解・回収する技術があり，金属錯体溶解度についてはデータが多い[34]（ただし，これらのデータは主に室温～80°C 程度のものが多く，堆積温度のものは少ない）。

[†] 有機基の電子対など電子密度の高い部分を配位して安定化させているものもある。

水素は超臨界 CO_2 と完全に混和する[35]。また,副生成物の HL は ML_x よりも良好に超臨界 CO_2 に溶解する。HL が溶解しやすいのは,分子量が小さいこと,金属原子がなく極性が小さいことによる。HL の溶解度が高いので式 (7.2) の反応平衡は右にシフトする。つまり堆積反応は起きやすい(逆に,溶解度が高いから反応が右に進みやすいともいえる)。一方,CVD では気相環境中で原料と副生成物の間には差はないから,超臨界 CO_2 では気相反応よりも堆積反応が有利に進行するといえる。そもそも溶媒中では溶媒分子が原料分子に配位しており,反応速度自体が高いことは 1.2.4 項で述べたとおりである。

CVD の場合,表面に入射する分子の頻度は単に分圧に比例して変化するだけで,原料にも副生成物にも差がない。排出された副生成物は表面に再入射しうる。超臨界 CO_2 中では副生成物は環境中に優先的に分配されるので,実は CVD に比べてクリーンなプロセスであるともいえる。実際,超臨界 CO_2 を超臨界 Ar に代え†同一条件で堆積を行っても,連続膜ではなく粒状で不純物の多い堆積物しか得られない。超臨界 Ar には溶媒能がないためである。

〔2〕 **表面反応機構**　式 (7.2) は総括反応であるので,もう少し子細に見ると,例えばつぎのようにモデル化することができる。

$$CuL_2 + 2\otimes \rightarrow CuL\otimes + L\otimes \tag{7.3a}$$

$$H_2 + 2\oplus \rightarrow 2H\oplus \tag{7.3b}$$

$$CuL\otimes + H\oplus \rightarrow Cu(soild) + LH\otimes \tag{7.3c}$$

$$HL\otimes \rightarrow HL + \otimes \tag{7.3d}$$

$$L\otimes + H\oplus \rightarrow HL + \otimes + \oplus \tag{7.3e}$$

ここで $\otimes$ と $\oplus$ は空いた吸着サイトである。このモデルは単相解離吸着した化学種同士が反応し,反応生成物として固体が堆積するラングミュア・ヒンシェルウッド型(LH 型)の触媒反応で,CVD で提唱されたものである。超臨界 CO_2 流体中でも同様に進行すると考えられてきた[33]。

---

† Ar の臨界点は 150.9 K・4.90 MPa。

この触媒型反応は，導電性下地上で優先的に進行する．前述のように薄膜の形成には，下地表面および成長表面において優先的な反応，すなわち不均質反応が連続的に進行することが必要であり，触媒反応を起こす原料系を適切に選択しなければならない．本系の場合には，下地が金属であると電子を供与し還元反応を誘起するため，堆積は起きやすい．絶縁物上でも成長しないわけではないが，堆積開始までの潜伏時間が長くなる．成長が開始すれば堆積した金属自体を触媒として反応が進むので，その後は同じである．

LH 反応は，吸着種同士の反応であるので，反応速度式，つまり堆積速度反応 r は反応速度定数を k として

$$r = k\theta_A \theta_B \tag{7.4}$$

である．ここで θ_A, θ_B は化学種 A と化学種 B の表面被覆率 ($\theta < 1$) である．式 (7.3a)〜(7.3e) ではすべて右矢印 → で書いておいたが，一連の反応のうち最も速度が小さく全体を律速する反応を → で表し，その他は平衡 ⇌ (吸着平衡が成立) とすると取扱いが容易になる．このとき，θ_A と θ_B は平衡反応で決まり，式 (7.4) は律速反応の速度を表す．どの反応が律速であるかは研究者により一致しないが，H_2 解離吸着反応 (式 (7.3b)) や空の吸着サイトが左辺にない Cu 析出反応 (式 (7.3c))，HL 脱離反応 (式 (7.3e)) はいずれも高い反応エネルギーが必要で，候補になりうる．

原料の Cu 錯体と表面との相互作用が弱い場合には，解離吸着しない．平衡定数から実験的に求められた値は，蒸発エンタルピーから推算される気相吸着の場合よりも小さかったことが報告されている．つまり，すなわち環境側との相互作用が大きく，表面と相互作用しにくいことを示している．これは環境媒体である超臨界 CO_2 の溶媒和によるものであると解釈できる．超臨界 CO_2 のような溶媒環境中では，同じ原料系を用いても気相化学成長とは吸着モードが異なり，反応メカニズムも変わるといえる．

〔3〕**温度依存性** 式 (7.4) の温度依存性はアレニウスの式

$$r = A \exp\left(-\frac{E_a}{kT}\right) \tag{7.5}$$

で表される。ここで，A は前指数項，E_a は活性化エネルギー，k はボルツマン定数，T は絶対温度である。式 (7.4) の各因子とも温度依存性をもつが，律速段階である k の温度依存性が最も強く反映される。

式 (7.5) は，その対数をとると $\ln r = \ln A - E_a/kT$ なる比例式が得られる。r の対数値と $1/T$ の関係をプロットすると（アレニウスプロット，図 **7.9**）直線が描かれ，この傾き（> 0）から E_a を求めることができる。E_a の値として，有機金属錯体の還元では，実験的に $0.3 \sim 0.7 \,\mathrm{eV}$ [†] の値が得られている。

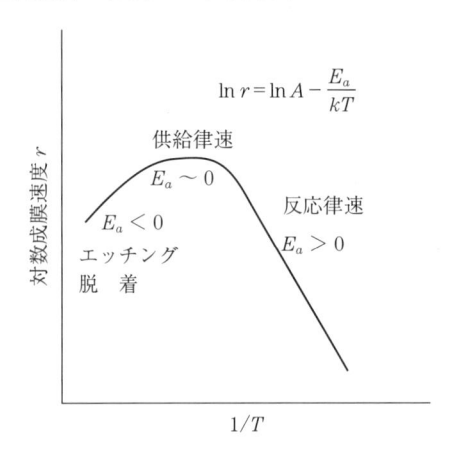

図 **7.9** 堆積反応速度の温度依存性

この値はプラズマ CVD で報告されている値とほぼ同じであるが，熱 CVD の値の $1/2 \sim 2/3$ 程度である。また一般に $\mathrm{Cu(hfac)_2}$ の $\mathrm{H_2}$ 還元による CVD では，$200 \sim 250\,°\mathrm{C}$ 程度から成膜が開始することが知られている。超臨界 $\mathrm{CO_2}$ 流体を用いると，同一材料系について，成膜温度が低下することが示唆される。活性化エネルギーの低下や成膜開始温度の低下は，超臨界 $\mathrm{CO_2}$ の溶媒和の効果によるものであると考えている（1.1.2 項）。

CVD の場合，温度が高いと（$1/T$ が小さいと）アレニウスプロットに平坦部が現れ，さらに高温では傾きが逆になる場合がしばしば見られる。このような傾きの変化は，成膜の律速段階の変化を示している。平坦部の発生は原料の

[†] $1\,\mathrm{eV} \equiv 97.5\,\mathrm{kJ/mol}$。

供給律速[†1]，$E_a < 0$ 部分の発生は吸着量の低下ないしエッチング反応に相当する。このような機構が超臨界流体中の化学堆積においても観察されるかについては，詳細な報告はないようである。

〔4〕**濃度依存性** 吸着量は，温度と濃度により決まるが，CO_2，有機金属錯体，H_2，その他の助剤の競合になる。吸着は，基本的には式 (1.7) のラングミュア吸着式で表され，吸着種の濃度が低い場合には被覆率 θ は濃度に比例し，濃度が高いと被覆率 θ は 1 に近づく。前者の場合堆積速度は原料濃度あるいは H_2 濃度に比例し（1 次反応），後者の場合には一定になる（0 次反応）。

Cu の堆積反応では，有機 Cu 錯体の濃度や還元剤の水素濃度に対し，ラングミュア型となることが報告されている（図 **7.10**）。このことは，逆に CO_2 吸着が競合しないことを示唆している。CO_2 は安定・不活性で，吸着熱が小さい（吸着しにくい）ことから考えても納得がいく。式 (1.7) 中の平衡定数 K の大きさは吸着熱により決まる。吸着熱はふつう正[†2]で，温度が高くなると吸着量は減る。解離吸着の場合には，温度が高くなると吸着量が増えることも多く，負

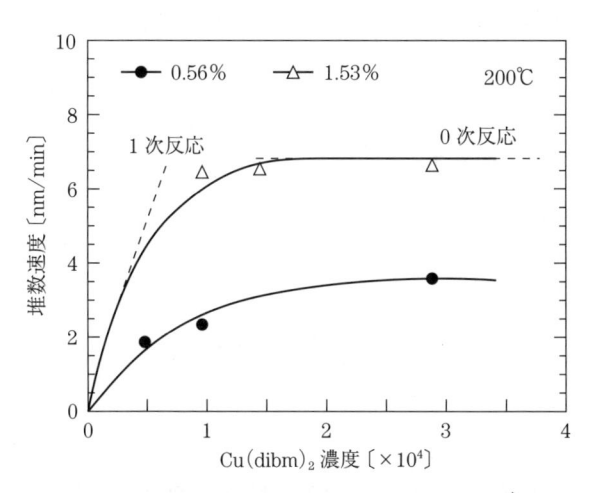

図 7.10 Cu 堆積速度の濃度依存性の実験値[33]

[†1] 拡散係数の温度依存性は小さい。
[†2] 発熱反応で吸着エンタルピーは負，平衡定数 K は温度の上昇とともに低下する。

の吸着熱をとる（温度が高いと安定）のこともある†。

上記では単層吸着（ラングミュア吸着）を仮定して議論を進めてきた。しかし，これは気相のように環境が均質で希薄な場合に成立する。有機金属化合物は蒸気圧が低く凝集しやすく，さらに超臨界流体では高密度であるので，表面で多層吸着，あるいは液化・再析出している可能性も大いにあるといえる。

原料の濃度が非常に高い場合，成膜速度は飽和せず，むしろ上昇していく結果が得られている。このときの濃度依存性は，BET (Brunauer–Emmett–Teller) の多層吸着等温式を用いたフィッティングに非常によく整合している。多層吸着量がそのまま堆積量に対応することは，上記の単なる表面触媒反応では説明できず，興味深い現象である。再析出については，絶縁膜堆積（7.5節）で詳しく述べるが，機構の類似性は興味深い。

7.4.2 段差被覆性と埋込み性

〔1〕 **段差被覆性**　超臨界流体中の化学堆積反応では優れた段差被覆性が得られることが報告されている。例えば図 **7.11** に示す例では，$30\,\mu m$ 径，長さ $900\,\mu m$（アスペクト比 = 30）の屈曲 MEMS 貫通孔内を，ほぼ均一な膜厚で Cu 被覆ができている。この他にも集積回路用 Cu 配線トレンチパターン内に均一被覆が行った例も多く報告されいている。

段差被覆性の悪化は，場所により成長表面への原料の供給量が異なることに由来する。開口部が小さくアスペクト比の微細な構造内では，原料が入口近くで消費されるので，奥に行くにつれ原料濃度は低下する。このとき，堆積速度の濃度依存性がなければ，すなわち 0 次反応領域であれば，場所による膜厚変動はなくなる。一方，1 次反応領域であれば，濃度差がそのまま膜厚差として現れる。

図 7.10 で示したように，0 次反応領域は原料濃度が高い場合に現れる。した

---

† 解離吸着反応の活性化エネルギーが大きい場合にも正の温度依存性が現れる。平衡が成立していないので，きちんと速度式を組み立てるか，見かけの平衡として取り扱うべきである。

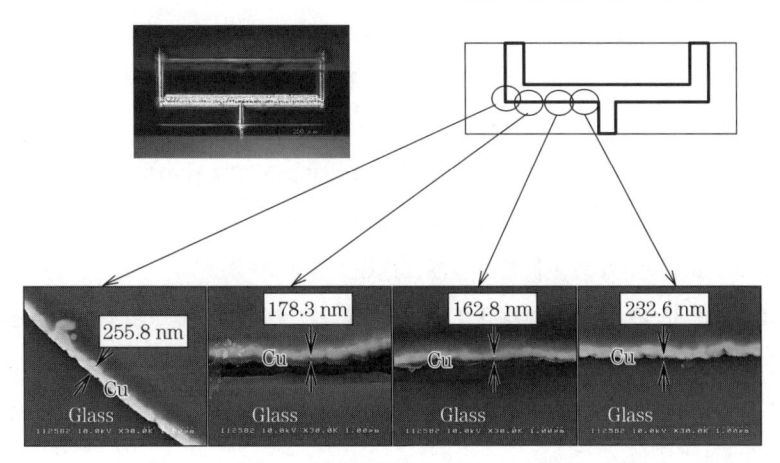

図 7.11 MEMS 屈曲貫通孔内を均一 Cu 被覆した例

がって，構造内に高濃度で原料を供給すれば段差被覆性は良好になる。いまわれわれが考えている nm～μm の構造では移流（流体の流動）は起きにくく，化学種は拡散で輸送される。超臨界流体は $D\rho$ 積が大きいので，構造内に高濃度で原料が拡散供給され，よい段差被覆性が達成される。

表 7.3 は，幅 2 μm の細孔内に堆積した場合，原料が枯渇する深さ（堆積深さ）を試算したものである。堆積速度を 0.5 μm/min とすべて同じであるとして比較すると，超臨界流体はめっきや CVD に比べて 1～3 桁程度深くまで堆積できる。めっきや CVD でも実際にその程度の深さは成膜可能であると思われるかもしれないが，堆積速度を落とすなどの対応をしている。

表 7.3 堆 積 深 さ

	超臨界流体	液体	気体
幅〔μm〕	2	2	2
拡散定数〔m^2/s〕	1×10^{-7}	1×10^{-9}	1×10^{-5}
濃度〔mol/m^3〕	40	500	1×10^{-6}
堆積速度〔(mol/m^2)/s〕	2×10^{-4}	2×10^{-4}	2×10^{-4}
堆積深さ〔μm〕	200	70	0.3

一般に温度を下げると段差被覆性が向上する。堆積反応速度が低下するので原料の消費量が小さくなり，相対的に拡散輸送が良好になされるためである[†]。

[†] 拡散係数の温度依存性は，一般に反応速度の温度依存性よりも小さい。

温度が低いと段差被覆性が向上する別の理由は，吸着反応の平衡が右寄り（A＋⊗ ↔ A⊗ で，平衡定数 K が大）に移るためである。K が小さくなるので θ は大きくなり，0次に移行しやすい。

吸着平衡は溶解度と関連するから（1.2.4項）超臨界流体の場合，温度・圧力の調整や共溶媒の添加により吸着量を制御できる。つまり，成膜速度を犠牲にすることなく良好な段差被覆を容易に達成できる。

〔2〕埋込み性　　極細孔に金属を充填した構造は，極微細集積回路配線，さらには複雑な3次元構造を有する MEMS などをはじめ，フォトニックデバイス，多孔触媒，ナノパターンドメディアなど，今後のナノテクノロジー応用には欠かせないものである。

段差被覆性が良好であれば，膜が厚くなるとトレンチやビアなどの細孔も充填できることになる。ただし，膜厚は完全に均一でなく表面には凹凸などもあるので，最終の堆積部分にシームやボイドが残ってしまう。また，ボトル状やオーバハングした構造内には埋め込めないことになる。

超臨界流体を利用すると，これらの構造内もシームなく埋込みが達成できる。このことについては集積回路内部配線用の細孔充填[27]〜[29]からカーボンナノチューブ内部空間の充填[25]まで，多くの研究者によって報告されている。図 **7.12** に Cu を微細孔内に埋め込んだ断面像を示す。オーバハングした高アスペクト孔を完全に充填できているのは驚異的である。

図 **7.13** は多孔質薄膜内に Ru を含浸させた試料の断面 TEM 像である。この薄膜は集積回路用低誘電率絶縁材料（low–k 膜，5章参照）として開発された有機シリカベースのもので，細孔径約 2 nm，細孔率約 30％，小さい開孔度をもつようにデザインされている。写真の膜部分で黒いコントラストの部分が Ru である。マトリクスは軽元素であるので，Ru は試料底部まで到達しているといえる。表層部は着色が濃く，きわめてよく含浸しているといえ，おそらく細孔はほぼ完全に充填していると思われる。

この優れた充填性については，先に述べた良好な拡散流束によるものと一義的には解釈できる。しかし，それでは単に被覆性がよくなるだけであるので埋

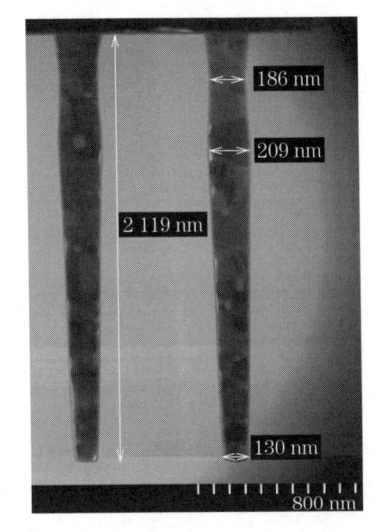

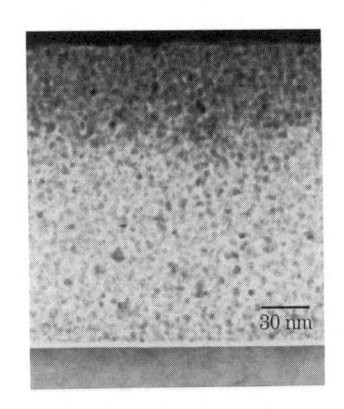

図 7.12 LSI 配線構造（ビア）の埋込み写真　　図 7.13 ナノ多孔体の金属埋込み

込み完了時にはシームやボイドが発生することになるが，多くの実験データはシームやボイドのない埋込みを容易に達成できることを示している。

〔3〕 **多層吸着と細孔凝集**　7.4.1 項〔4〕の濃度依存性で叙述したとおり，超臨界流体中では原料が単層で吸着しているとはかぎらないと推察される。

多層吸着層の2層目以降は吸着エンタルピーが液体のそれとほぼ等しくなる。つまり表面は液体的な性質をもつ。ごく小さな負の曲率をもつ構造（要するに「細孔」）では，表面が固体の小さな曲率をトレースできず，自身の表面張力を最小にするようにメニスカスを形成する。その結果細孔内は凝集した液体で充填される。ところで液体の平衡蒸気圧（濃度）P は液体の曲率半径で決まり，例えば凹メニスカスでは蒸気圧は減少する。したがって，凝集は凝集物質の飽和蒸気圧（溶解度）P_0 以下で起き，曲率半径 r との間に

$$\ln\left(\frac{P}{P_0}\right) = -\frac{\gamma V_M \cos\theta}{RT}\frac{2}{r} \tag{7.6}$$

の関係がある（ケルビン式）。V_M と γ は液相はモル体積と表面張力，θ は細孔壁との接触角である。

ケルビン式の意味を超臨界 CO_2 中化学堆積について考えてみると，多層吸着

が起こる場合には，飽和溶解度以下の濃度でなくても（もちろん過飽和でなくても），細孔内には原料の有機金属錯体が選択的に，つまり「形状敏感に」液化することを意味している[†1]。

細孔内への金属充填や，選択的堆積・充填については，以上の細孔凝集（capillary condensation）機構により説明できる．極微細孔の場合には，直接ケルビン凝集が起き，つづく還元反応により固体が析出する．もう少し大きな構造の場合には，段差被覆性を維持して堆積が進み，最後に残ったシーム部がケルビン細孔として作用して充填が完了すると考える．

ケルビン式 (7.6) を見ると，γ が大きく，溶解度 P_0 が小さい場合には，同じ原料濃度でより径の大きな細孔で凝集が起こることがわかる[†2]．フッ素含有の配位子をもつ化合物は蒸気圧が高く，超臨界 CO_2 中への溶解度も大である（7.4.1項）．溶解度が大で CO_2 との相互作用が良好であり，表面張力は小さい．実際，フッ素含有基により分子表面が安定化されているため，分子間の相互作用が弱いので液化相の表面張力は小さいだろう．

図 **7.14** は $Cu(dibm)_2$ と $Cu(hfac)_2$ を用いて同条件でビア埋込み性を比較したものである．明らかにフッ化されている $Cu(hfac)_2$ のほうが埋込み性が悪い．この理由は，上記凝集機構の差に由来するものと考えている．

(a)　$Cu(dibm)_2$　　　　　(b)　$Cu(hfac)_2$

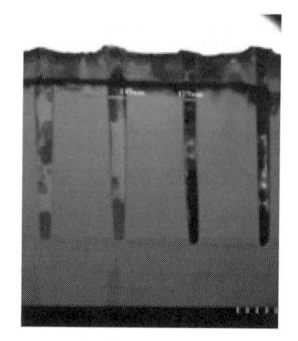

図 **7.14**　Cu 原料の違いによる埋込み性の差

[†1] 固体原料の場合，その融点以上であることを前提とする．
[†2] 右辺 < 0 に注意．

細孔凝集の場合，無電解めっきや選択 CVD とは異なり，下地材質の選択性を利用せず形状のみで選択性が発現するものである。この現象を利用すれば，「細孔ほどよく埋まり」，ボイドやピンホールなどの欠陥を抑制，あるいは修復するプロセスの構築が可能であると考えている。

7.5 絶縁膜堆積

超臨界 CO_2 を利用した絶縁膜材料の堆積は，水素末端処理されたシリコンウェーハ，熱成長シリカや窒化ケイ素表面，銅および白金などの金属電極上など，多様な基板表面上に実現されている。金属膜堆積と比較すると膜堆積に及ぼす基板表面状態への依存性は少ない傾向にある。絶縁膜の堆積に関する機構を考察する際には，それらに影響を及ぼす主要な要因として「超臨界流体に対する原料化合物の溶解および再析出」と「超臨界流体中における原料化合物の化学的反応」の関与を意識する必要がある。

7.5.1 原料化合物の溶解・再析出

絶縁膜堆積原料化合物としてはこれまでに，β-ジケトンやシクロエン配位子を有した金属錯体，金属アルコキシドあるいはそれらの複合化合物などが採用されてきた（表7.2参照）。それらの化合物の多くは超臨界 CO_2 流体に溶解性を示し，その溶解度は流体の温度および圧力をパラメータとして連続的に変化することが既往の報告で明らかにされている。

そのような溶解度の変化は絶縁膜材料の堆積に大きく関係している。とりわけ溶解度が流体温度の上昇とともに低下し，圧力の上昇とともに向上する原料化合物においてその効果が顕著となる。材料堆積に至るまでの経路を以下のように考える。

1) 比較的密度流体が高い条件（低温度・高圧力）で原料化合物が溶解。
2) 化合物の溶解した流体が，封入された容器でさらに高温条件で加熱される，あるいはこの流体を高温加熱した基板表面に導入する。

3) 基板近傍で溶解度が減少し，化合物が膜状に再析出。
4) 再析出層が熱反応により材料薄膜に転換。

超臨界流体の急速膨張を利用したRESS法（7.2.1項）も同じく溶解度差を利用しているが，RESS法では圧力変動を積極的に利用し，一般に大気や減圧下に噴射する。これに対し，本手法は主として流体と基板表面の温度差に基づいた材料堆積を行う機構で，溶解度の温度依存性や基板・流体の温度条件が材料の堆積量を支配する[†1]。

7.5.2 原料化合物の化学反応

原料が単純に再析出した場合[†2]，「堆積物」はあくまでも原料化合物そのものであり，絶縁膜として利用される金属酸化物などとは異なる化合物である。絶縁膜の堆積には，これらの原料化合物から金属酸化物への転換の化学反応が生じなければならない。先述した金属錯体やアルコキシドなどの化合物原料から金属酸化物を得るための一般的な反応経路として，下記の2種類が考えられる。

［解離および酸化］

$$\mathrm{MX}_l \to \mathrm{M} + l\mathrm{X} \tag{7.7a}$$

$$\mathrm{M} + \frac{m}{2}\mathrm{O}_2 \to \mathrm{MO}_m \tag{7.7b}$$

［加水分解および重縮合］

$$\mathrm{M(OR)}_n + x\mathrm{H_2O} \to \mathrm{M(OH)}_x\mathrm{(OR)}_{n-x} + x\mathrm{ROH} \tag{7.8a}$$

$$\mathrm{-M-OH} + \mathrm{HO-M-} \to \mathrm{-M-O-M-} + \mathrm{H_2O} \tag{7.8b}$$

$$\mathrm{-M-OR} + \mathrm{HO-M-} \to \mathrm{-M-O-M-} + \mathrm{ROH} \tag{7.8c}$$

ここで，M：金属，X：配位子（β-ジケトン，シクロエンなど），R：アルキル基である。

[†1] 溶解度が流体温度の上昇とともに増加する原料化合物においては，本原理では材料堆積は難しくなるかもしれない。
[†2] 多層吸着による再析出も考えられるが，取扱いは同じである。

7.5 絶縁膜堆積

解離および酸化にかかわる反応は，主としてβ-ジケトンやシクロエン配位子などを有した金属錯体を使用した場合に予想される反応であり，式 (7.7a) は錯体の解離反応，式 (7.7b) は生成した金属の酸化反応に相当する。この両反応は金属膜の形成 (7.4 節) におけるものと基本的に同一である。式 (7.7b) は，外部からの酸化剤 (ここでは O_2) の添加による O 供給が必要となる酸化反応である。配位子の種類によっては，それらの熱分解物より O_2 の供給がなされる可能性もあるが，系として十分酸化を行うには不足であるので，不完全な金属酸化物の形成のみにとどまる可能性が高い。

一方の加水分解および重縮合にかかわる反応は，アルコキシド原料を使用したいわゆる「ゾル・ゲル反応」に相当するものである[20]。

式 (7.8a) はアルコキシドの部分的な加水分解反応によるヒドロキシル基 (–OH) の形成，式 (7.8b) および式 (7.8c) はそれぞれ脱水 (H_2O) および脱アルコール (ROH) を経た重縮合反応による金属-酸素結合 (–M–O–M–) の形成に相当する。式 (7.8a)〜(7.8c) の一連の反応を経由して金属酸化物が形成される。その進行は微量の H_2O が触媒として系内に存在すると促進される。また β-ジケトン錯体や酢酸塩などさまざまな化合物原料においても同様の反応が存在する。

超臨界 CO_2 中の実際の絶縁膜堆積を考えると，上述した反応のうちの一方のみが選択的に発生しているということはなく，両者が密接に関与しながら進行すると考えられる。例えば，加水分解触媒である H_2O を添加すると，アルコキシドである $Si(OCH_2CH_3)_4$ (tetramethyl orthosilicate, TEOS) を原料とした SiO_2 膜の堆積において膜堆積量が増大するが，これは式 (7.8a)〜(7.8b) の機構に従うためである。一方本来，式 (7.7a)〜(7.7b) の機構で進むと考えられる β-ジケトン錯体 $Ce(tmhd)_4$ (tmhd, 2,2,6,6,–tetramethyl–3,5–heptanedionate) を用いた CeO_2 膜堆積や他のいくつかの事例においても，類似の効果が確認されている[7]。

一方で，酸化剤としての O_2/O_3 ガス添加は $Zn(acac)_2$ (acac, acethylacetonate), $Ru(Cp)_2$ (Cp, cyclopentadien) や TEOS など，多様な原料種での金属酸化物膜の堆積において酸化状態の変化や官能基解離などの効果を発

揮している[6),8)~11)]。さらにβ-ジケトン配位子とアルコキシド基を複数有したTi(tmhd)$_2$(OiPr)$_2$などの化合物を原料とした膜堆積なども実施されている[7),12),13)]。このように，さまざまなタイプの原料化合物から金属酸化物が形成されているので，複数の化学反応機構が関与していると判断するのが妥当であろう。

7.5.3 反応装置

前述の反応自体は，原料化合物が金属酸化物固体が転換する過程だけを示していて，基板上の再析出の有無に関係ない。つまり，原料化合物が超臨界流体中に溶解するものであれば，溶解性の温度依存性を問わずに堆積物を得ることが可能である。この点では，7.4節の金属膜堆積の（単層吸着の）場合とメカニズムは同じことになる。

しかしながら，それらの反応は基板上の再析出物層内でも流体中に溶解したままでも，場所を問わず無差別に進行しうる。したがって，パーティクル発生につながる均一核形成や，配管/内壁での材料堆積など不利益な反応を避ける必要がある。金属膜堆積の場合の還元反応は下地依存性により回避できるが，絶縁膜堆積の場合は，適切な装置構成および条件の設定を工夫する必要が生じる。

そこで実際の超臨界流体中での材料堆積においては，「再析出」および「化学反応」の両者が基板表面近傍で選択的に進行し，基板表面に目的化合物が堆積するように装置を設計する。具体的には，反応器内に基板ヒータを設置して局所的に加熱したり，基板表面に対する原料・添加物の流通方法の調整などを行ったりする[9)~13)]。

超臨界流体に対する原料化合物の溶解・再析出・化学反応と，それぞれにかかわる条件パラメータは，最終的に得られる堆積物の状態や品質と密接に関係する。材料の堆積量不足/過剰や未反応原料の堆積物内残留など，典型的な材料堆積でのトラブルを避けるためには，まず実験前にそれらの条件パラメータを十分に検証する必要がある。

とりわけ MEMS 特有の高度に立体化・複雑化した構造体に対して，精度および効率よく膜堆積を実施するためには，さらに精密な条件調整が求められる。例えば，アスペクト比の高いトレンチ構造内を均質に段差被覆するには，トレンチ入口近傍での目詰まりを防ぐために，材料堆積速度を抑制しながら十分な量の原料化合物を供給する必要がある。そのため，基板温度や流体温度・圧力・流速，原料化合物の溶解性など，多岐にわたる条件パラメータを調整しつつ目的物を得るための堆積条件を設定せねばならない。材料堆積状態のさらに高度なコントロールを目指すためには，流体の対流や熱伝導，添加剤のフロー混合条件など，より詳細な条件をも考慮に入れて，それらの膜堆積に及ぶ影響を検討する必要がある。

コーヒーブレイク

バッチ式

「バッチ式」とは途中で出し入れをしない一括処理法のことである。多くの場合，反対語は「連続式」であるが，分野が異なれば用語も用法も異なる。

半導体プロセス分野でバッチ式といえば，複数枚のウェーハを炉や真空容器に入れて一括で処理することをいう。反対語は「枚葉式」で，ウェーハを 1 枚ごとに出し入れして処理することをいう。原料やガスの流通の仕方には関係ない。

ところで，圧力鍋で調理するとき，材料と水を鍋に入れ蓋をして火にかけたら通常は途中で止めることなく，封じたまま処理する。これが 7 章でいうバッチ式（密閉式）で，原料と基盤と CO_2 を耐圧容器に入れ封じ込めたまま加熱するのが基本である。原料やガスの流通の視点でそう呼称しているのである。なお，圧力鍋では調理中蒸気が逃げていくが，超臨界流体処理でも一定圧に保つために余分な CO_2 を逃がすこともある。

7 章で出てきた「バッチ式」の対語は「フロー式」（流通式）である。ついでに料理で例えると，流水でそうめんを冷やす作業に似るか，あるいは煮こぼれさせながら水を足していくようなものだろうか。

本書は「半導体・MEMS のための超臨界流体」だから，両方の意味を重ねてもいいことになる。"バッチ式のバッチ型反応装置" とか，"フロー式の枚葉型装置" などというのは誤りではない。読者のみなさんはどんな装置がイメージできるだろうか？ "連続式のフロー型反応装置" は可能であろうか？

7.6 ま と め

　本章では，超臨界流体中での化学的薄膜堆積について述べた。本手法は媒体である超臨界流体の特徴，すなわち気体と液体の中間的な位置に属する拡散および物質溶解の特性とそれらのチューナブル性を利用して，従来の膜堆積技術における不足点を補うことを目的とした新たな膜堆積手法である。多層吸着や過飽和再析出などのモードは他の成膜手法にはないもので，既存の成膜方法に対して大きな優位性がある。低温堆積，反応設計の自由度の大きさ，リサイクルによるコストメリットなど，本項で述べた薄膜堆積は，多くの魅力的な特長を有している。

　本手法を工業的に利用する際には，製造装置の大規模化と運用時の安全保持の両立，堆積膜の製品としての再現性・信頼性の確保，といったプロセス運用上の問題点についても十分に配慮する必要がある。これらは安全工学や法令，生産管理などの要素を含んだ取扱いが困難な問題であるが，多くの専門家の協力により総合的に解決されるであろう。

8章 超臨界流体を用いたエッチング加工

8.1 従来のエッチング手法

8.1.1 マイクロマシニングにおけるエッチング工程

エッチングとは，対象となる材料を化学的な反応により選択的に分解除去することで，目的とする形状へと加工する工程である。マイクロマシニングにおけるエッチング工程は，基板表面に形成した膜をエッチング除去を目的とする「表面マイクロマシニング」，膜のみならず基板自体をもエッチングする「バルクマイクロマシニング」，といったようにその対象に応じて2種類に大別される（2.2節参照）[1]~[3]。

表面マイクロマシニングは，基板上に形成した構造体層や犠牲層などの種々材料からなる膜を，エッチングにより除去することで構造体を製造する手法である。その際に加工の対象となる膜の構造は，比較的，アスペクト比の低い平板状のものが多い。既存の半導体プロセスで利用されてきたエッチング工程との技術的な親和性は高いといえる。MEMSの本領となる大規模かつ複雑な立体構造体の形成への十分な対応は困難であるが，単純なカンチレバーやダイヤフラム構造などの形成，あるいはCMOS素子混載回路など従来の半導体デバイスに近いMEMS回路を形成する際には，こちらの手法が利用されることとなる。

一方のバルクマイクロマシニングは，基板自身のエッチングにより3次元的な回路の加工を可能とする手法であり，MEMS最大の特徴である立体構造体の形成に基づく多種多様な回路の構築を支える重要な技術である。しかしなが

ら,半導体プロセスの発展により規格化が進んだ表面マイクロマシニングとは異なり,立体加工のためにより新規技術・設備の導入が求められる。また,さらなる工程数および時間を要する,個別用途ごとに設計の独自性が強い,などといった難点を現行では含んでいる。結晶異方性エッチングやディープエッチングなどの,バルクマイクロマシニングに適したさまざまな技術の研究・開発は続けられており,今後のさらなる進展が期待される(図 **8.1**)。

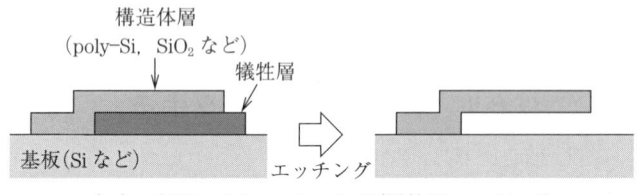

(a) 表面マイクロマシニング(犠牲層エッチングによるカンチレバー形成)

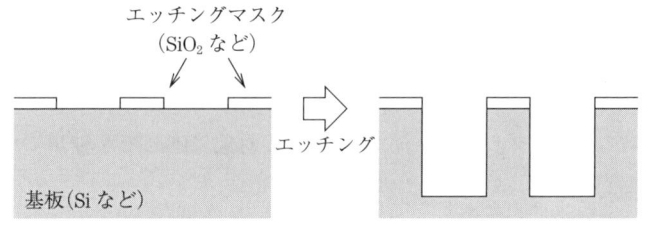

(b) バルクマイクロマシニング(RIE エッチングによるトレンチ形成)

図 **8.1** マイクロマシニングにおけるエッチング工程

8.1.2 ウェットエッチングとドライエッチング

エッチングにより材料を加工するためには,目的の材料を反応性の高い化学種(エッチング剤,エッチャントなど)と作用させることで分解除去することが必要である。そして,それらのエッチング手法はその反応進行する反応場の種類に応じて区分され,液体を用いた「ウェットエッチング」や気体を用いた「ドライエッチング」といった手法が現行では利用されている。

8.1 従来のエッチング手法

ウェットエッチングは酸，アルカリ，酸化剤などの水溶液から調製されたエッチング液を，ドライエッチングではハロゲン系ガスや酸素などからなるエッチングガスやプラズマをそれぞれ利用して，目的の材料をエッチングすることになる。一般的にそれぞれの手法は**表 8.1**にまとめるような特徴を有するが，加工する基板材料やエッチング剤の特性，エッチング工程の条件に応じてその特徴は大きく変化しうるので，ここでは参考程度に触れるにとどめる。

表 8.1 一般的なエッチング手法の特徴

	ウェットエッチング	ドライエッチング
手法	酸，アルカリ，酸化剤などの水溶液により材料を分解除去する(化学的)。	反応性の高いエッチングガスやイオン・ラジカルなどによる材料を分解除去する(物理・化学的)。
長所および短所	水溶液の拡散侵入による等方的なエッチングの進行(材料の結晶異方性を利用した異方性エッチングも実現可能)。 加工精度が低く超微細回路の加工にはやや不向き。 操作後の基板洗浄・溶媒除去が必要。	反応種の制御により材料のエッチング様式を選択することが可能(等方性/異方性エッチング)。 加工精度が高く超微細回路の加工にも対応可能。 操作後に溶媒付着の影響なし。
装置・プロセスの特徴	水溶液を利用したプロセス。 比較的に安価な装置・試薬を使用。 廃液の管理・処分に注意が必要。	真空装置内での反応を基とするプロセス。 複雑・高価な装置を使用。 反応ガスの毒性がきわめて高い。
プロセスの適所	プリント配線板の製造加工。 表面マイクロマシニングによる自立構造形成。	超微細集積回路の形成(サイズ＜1μm)。 3次元構造体のバルク加工。

ウェットエッチングにおいては，エッチング液や反応生成物の循環などを考慮した揺振/混合器を備えた液浴に試料を浸すディップ方式，エッチング液を試料表面に噴霧するスプレー方式，回転板に取り付けた基板にエッチング液を滴下するスピン方式などの装置が採用されている。

ドライエッチングにおいては，膜堆積と同じく真空系やガス導入系，場合に応じてプラズマ発生器などを備えた装置内でエッチング操作が実施される。手法の性質上，ウェットエッチングは超微細な構造体の加工には適しておらず，

線幅 1 μm を下回る集積回路の製造を主体とする近年の半導体製造プロセスでは，超微細加工に対応可能なドライエッチングが主として採用されてきた[4),5)]。

しかしながら，MEMS 製造プロセスにおいては超微細回路が要求される機会が半導体製造プロセスと比較して少ないことや，結晶異方性エッチング（後述）などのウェットな手法が MEMS 回路形成において果たす役割が再評価され始めていることなどから，現時点ではウェット手法およびドライ手法の使い分け，あるいは両者の併用によるプロセスの構築がなされている。

8.1.3 等方性エッチングと異方性エッチング

多くの金属や絶縁体，そしてシリコンなどの材料エッチングの場面において，材料の除去はエッチング剤と材料の接触界面よりすべての方位に対して等方的に進行する。このような「等方性エッチング」では，エッチングマスクなどにより材料表面の一部を被覆した場合でも，マスクの裏面において横方向からのエッチング（アンダーカット）が進行する（図 8.2 (a)）。そしてマスク材料がエッチング剤に対して強い耐食性を有すると，マスクのみが残存した状態でエッチングが完了する。等方性エッチングは表面/バルクマイクロマシニングの両者で頻繁に利用される。特に表面マイクロマシニングによる材料加工ではこのようなエッチング選択性を生かした構造体の形成が積極的に実施されており，犠牲層の形成→エッチングによるカンチレバーなど，自立構造の形成（リリース）が実現されている。

他方において，材料エッチングが等方的に進行せずに特定方位へ選択的に進行する「異方性エッチング」の現象も，多くの材料および反応系で確認されている（図 8.2 (b)）。例えば，単結晶シリコンウェーハにおけるウェットエッチング速度の結晶方位依存性を利用した結晶異方性エッチングや，ドライエッチング時に発生する反応種イオンを，電場などで加速して反応の指向性を与えたイオンエッチングが代表的なものである。とりわけフッ素や塩素などの反応性イオンやフルオロカーボン系の側壁保護膜の交互導入を行う deep RIE (reactive ion etching, RIE, 反応性イオンエッチング) は有名であり，アスペクト比 100 以

エッチングマスク

基板

(a) 等方性エッチング　　　(b) 異方性エッチング

エッチング進行

アンダーカット

(結晶異方性エッチング)

(イオンエッチング，RIE)

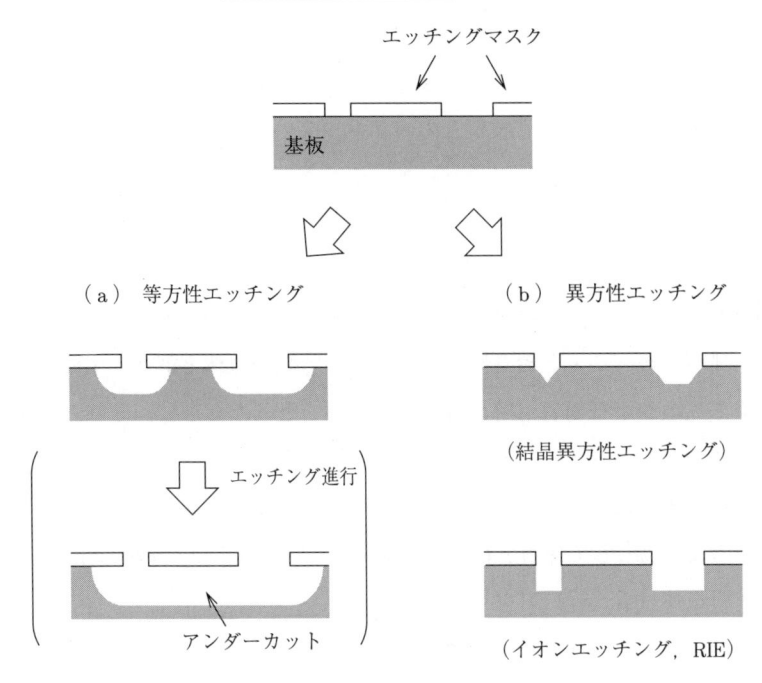

図 **8.2**　材料エッチングの様式

上のエッチングが可能なこの手法はボッシュ法という名称で広く知られている。これらの異方性エッチングは，高アスペクト比のトレンチ整列など，MEMS 回路で頻繁に見受けられる，規則正しい周期的立体構造を形成するために利用されている。

8.2　超臨界流体を利用したエッチング手法

　集積回路製造においては，10～50 nm 程度の微細エッチング加工が行われている。これはプラズマを利用するもので，生成されるイオンの直進性の作用により異方性の高い加工が可能となっている。

　超臨界流体は高密度な流体であるので，分子の運動自体を制御することは難しく，可能ではあってもエッチング加工においては大きなメリットはないと思

われる。むしろ，高い拡散輸送流束やゼロ表面張力などを活用した，比較的大きなスケールの加工に適していると考える。すなわちMEMS回路を形成するためのマイクロマシニング技術との親和性が高い。

現在までに超臨界流体中での材料エッチング，すなわち超臨界流体エッチングに関する研究がいくつか報告されているが[6]~[16]，その多くは半導体集積回路おける材料加工，あるいは表面マイクロマシニングによるMEMS回路形成を目的とした，エッチング技術の開発に主眼を置いたものである。これまでに繰り返し述べられているとおり，超臨界流体の特徴は気体と液体の中間的な位置に属する拡散および物質溶解の特性を有すること，ならびに，それらを流体温度・圧力などをパラメータとして比較的容易に調整できることにある。それらの特徴を踏まえたうえで，これまでの研究において超臨界流体がエッチングプロセスの反応場として採用された主な理由は，以下の二つの事項に集約される。

(1) 構造体付着/破壊の抑制[7]~[10]。
(2) エッチング剤や反応生成物の除去[11]~[15]。

8.2.1 構造体付着/破壊の抑制

最初の(1)の観点は，超臨界流体を利用した構造体乾燥の技術（3章参照）と共通点が非常に多い。例えば，先述したような犠牲層の形成→等方性エッチングによる自立構造形成の工程では，ウェット条件で犠牲層のエッチングが行われると，残留液滴が乾燥する際に液体の表面張力によって自立構造の強い付着が発生する（図8.3）。薄層の堆積膜から表面マイクロマシニングによって形成される自立構造は材料の剛性が低く，わずかな表面張力由来の応力発生によってもその構造体は容易に変形し，ゆがんだまま元の形状に戻れなくなってしまう。

MEMSで利用されるその他多種多様な自立構造においても，構造体同士や基板との付着が発生する可能性があり，それらがMEMS回路の可動部の動作を阻害する結果となる。最悪の場合，液体の乾燥により発生する付着応力によって構造体自身の破壊へと至る。

この問題を解決する手法として，水媒体を利用しないドライ条件下での犠牲

8.2 超臨界流体を利用したエッチング手法

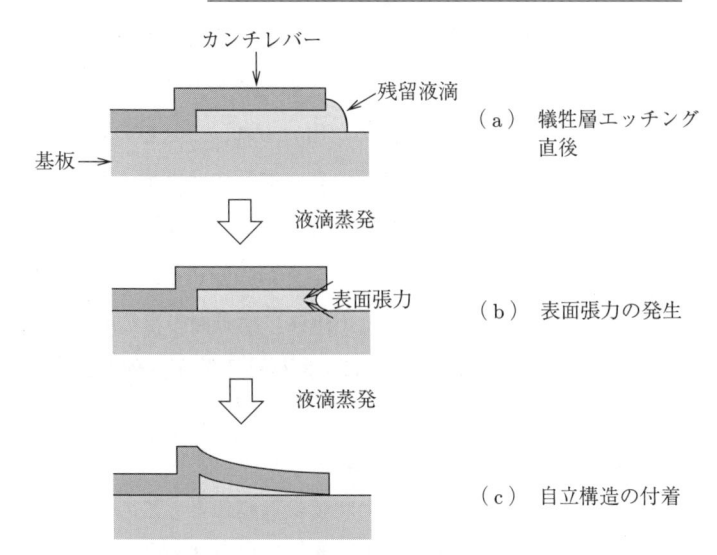

図中ラベル:
- カンチレバー
- 残留液滴
- 基板
- 液滴蒸発
- 表面張力
- （a）犠牲層エッチング直後
- （b）表面張力の発生
- （c）自立構造の付着

図 8.3 残留水滴の蒸発による自立構造の付着

層エッチングに関する技術研究が数多く進められているが，その一貫として超臨界流体をエッチングの反応場として利用した非水系環境下でのエッチング反応の研究が，これまでにいくつか報告されている．

超臨界 CO_2 を利用した超臨界乾燥の技術は，構造体の付着・破壊を防ぐための後処理技術として，電子顕微鏡試料の調製や材料加工の分野においてすでに確立している．それをさらに拡張し，エッチングから反応生成物の除去，反応場媒体の除去に至るまでの一連のプロセスを，すべて非水系の超臨界 CO_2 中で実施することができる．

通常，超臨界流体中でのエッチング操作は密閉型あるいは循環型の反応装置を使用して実施される．エッチングがなされる試料，エッチング剤および CO_2 を耐圧・耐食性の反応容器内に導入したのち，所定の温度・圧力条件下で任意の時間保持する．反応終了後の媒体（CO_2）は，温度および圧力パラメータの適切な調節により液相状態を経由することなく気体として除去することが可能であるため，表面張力由来の応力が発生することなく媒体を除去することができることになる．

このような研究は主としてシリコンウェーハ上に堆積したSiO_2膜やSi自然酸化膜に対するエッチング[7),8)]をターゲットに進められている。エッチング剤としてはフッ化水素やそのピリジン錯体が用いられ，これらの試薬が分散した超臨界CO_2中に対象となる試料を浸漬する。本手法はウェットエッチングが苦手とするサブミクロンサイズの立体構造体（ビアホール）内での材料加工にも適用され，超臨界流体の拡散性がエッチング剤の輸送挙動に有利に働くことを示している。シリコン–ゲルマニウム（SiGe）膜表面の自然酸化膜除去[9)]や酸窒化ケイ素SiO_xN_yのエッチング[10)]にも同様の手法が試験されている。

8.2.2 エッチング剤や反応生成物の除去

つづく(2)の観点では，超臨界流体の物質輸送媒体としての特長に注目している。エッチング反応により分解された材料は反応媒体を通じて系外へと排除されることになるが，その際に生じる反応生成物や未反応物の除去が，しばしばプロセスのボトルネックとして取り扱われる。

一例として，半導体デバイスで配線材料として頻繁に使用される，Cu電極のドライエッチング加工の事例を挙げる[11)〜15)]。反応生成物として発生するCuハロゲン化物は低揮発性の化合物であるため，エッチング箇所に固体残留物として付着し続け，結果として以降のエッチング処理が阻害されてしまう。酸水溶液をエッチング剤として利用するウェットエッチングを採用すればこのような問題は解決されるが，超微細加工に不向きなウェット手法特有の性質や前述の構造体付着/破壊など，それらの手法においてもさまざまな問題が生じ得る。

そこで，材料のエッチングと反応生成物の除去を同時に効率よく実施するための媒体として，超臨界流体を利用する。そのエッチング反応は，酸化剤によるCu電極膜の酸化，それにつづくβジケトン配位子（hexafluoroacetylacetone, hfacH）付加による反応生成物のキレート錯体化，といった過程を経て進行する。

$$CuO + 2hfacH \rightarrow Cu(hfac)_2 + H_2O \tag{8.1a}$$

$$Cu_2O + 2hfacH \rightarrow Cu(hfac)_2 + Cu + H_2O \tag{8.1b}$$

ここで示す CuO および Cu_2O は固体であるが，その一方で金属キレート錯体 $Cu(hfac)_2$ は超臨界 CO_2 に溶解性を示す．ゆえに，これらの反応を超臨界流体中で進行させることができれば，効率的なエッチングおよび生成物除去が実現可能となる．

Cu 電極膜の酸化は，系外での過酸化水素水への浸漬や酸素プラズマ処理などといった前処理的手法で行うことができるが，それらに加え，超臨界 CO_2 流体中への酸化剤（ペルオキシ二炭酸ジエチルなど）とキレート剤の同時添加による一括処理的な手法での実施も可能である．その場合，酸化とエッチングの過程・装置を区別せず，図 4.19 と同様の装置を用いたバッチ処理により，電極のエッチングを実施することができる．Cu 電極の他，超臨界 CO_2 流体に溶解する金属錯体の存在は数多く報告されているため[16]~[18]，同過程によるエッチングプロセスは他の金属膜に対しても適用可能であると判断される．

これらの観点ではどちらも超臨界流体の特性，すなわちここでは流体粘性と溶解性を活用することで，従来手法の問題点を解決することを試みている．このような考え方はエッチング工程のみに固有の考え方ではなく，前述の超臨界乾燥をはじめ，表面洗浄，めっき，材料堆積，リソグラフなど他の材料処理工程においても，同様の概念が適用できると判断される．

8.3　超臨界中でのエッチング，洗浄，乾燥一貫処理

MEMS マイクロマシニングでは，微小なビーム，カンチレバー，ダイアフラム構造など等方的な構造では，製作時にウェットエッチングが用いられてきた．その後のリンス・乾燥工程ではスティッキングが発生する．4 章の図 4.19 の上段に示したような従来の IPA 蒸気乾燥などは，アスペクト比が比較的低い構造物の乾燥にしか適用できない場合が多い．そこで，超臨界 CO_2 中で犠牲層 SiO_2 エッチングから洗浄・乾燥までを一貫して行う方法を検討した（図 4.19 下段）（4 章の引用・参考文献 11), 19)）．

超臨界 CO_2 中でのエッチング実験は，図 **8.4** に示すような装置構成の洗浄

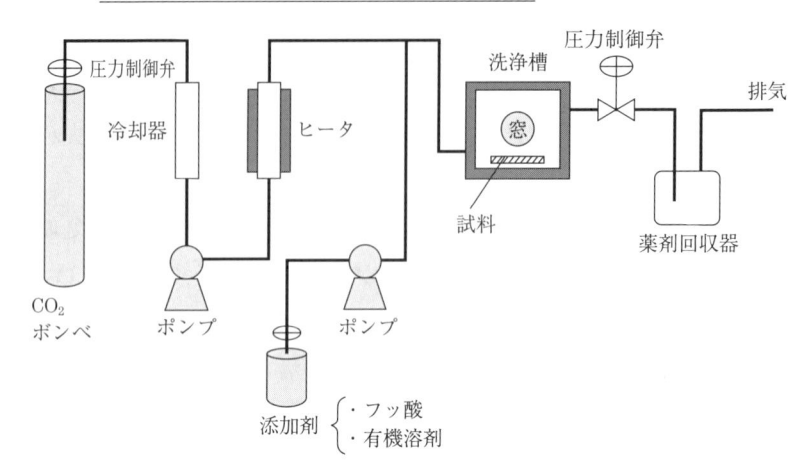

図 8.4 MEMS エッチング・洗浄プロセスに用いた超臨界 CO_2 洗浄装置

システムを用いて行った。50%HF 水溶液を数 vol.%有機溶剤に溶解させ，それをさらに CO_2 に 10 vol.%溶解して，TEOS SiO_2[†]犠牲層のエッチングを行った。エッチング後，溶剤/CO_2 リンス，次いで CO_2 のみでリンスを行った。

エッチング剤を超臨界 CO_2 中に添加したときに均一相になっているか否かは，処理チャンバのサファイア窓から観察することで確認した（濃度が高過ぎると CO_2 と液体が分離してしまうのが観察できる）。また，昇圧昇温後，CO_2 が確実に超臨界状態になっていることも窓から確認した（図 8.5）。

図 8.6 は，HF を 2%添加した各種薬液中でのエッチング速度の比較を示す。図中，右側の二つは，超臨界 CO_2 中に有機溶剤（相溶剤）としてメタノールまたは有機溶剤 A（ベンゾニトリル系）を用いたときのエッチング速度を示している。有機溶剤には HF が 2%含有されている。また，同じ濃度の HF を添加した水溶液，メタノール，有機溶剤の常温常圧下の液体中でのエッチング速度も図の左側に表示している。

メタノールを溶剤として用いて超臨界 CO_2 中でエッチングした場合には，1 nm/min 程度しかエッチングできなかったのに対し，有機溶剤 A を用いて超

[†] TEOS (tetraethyl orthosilicate, $Si(OC_2H_5)_4$) を原料として CVD で形成した SiO_2 膜。段差被覆性に優れ，nm オーダーの膜厚制御が可能なため，先端半導体デバイス製造に広く使われている。

(a) 液体 CO$_2$ (b) 超臨界 CO$_2$

図 8.5 密閉高圧洗浄槽のサファイア窓から観察した液体 CO$_2$ と超臨界 CO$_2$
（超臨界状態では気液界面が完全に消失している点に注目）

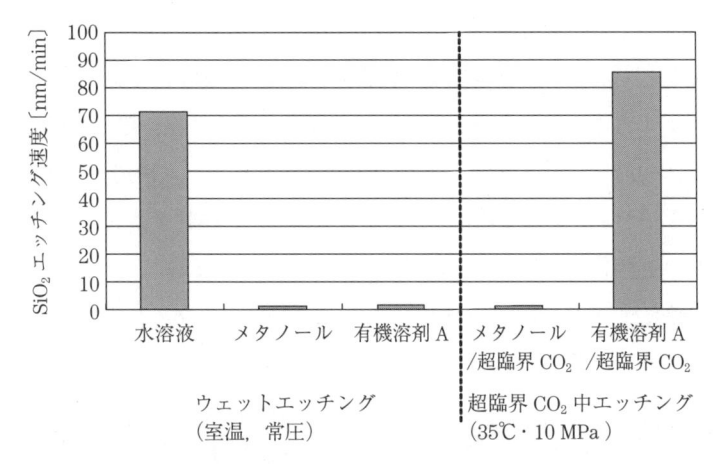

図 8.6 2%HF を添加した各種薬液中での SiO$_2$ エッチング速度

臨界 CO$_2$ 中でエッチングした場合には 85 nm/min と，水溶液中と同等以上の高いエッチング速度が得られた．ところが，この有機溶剤 A を用いても，常温常圧下の液体中では高いエッチング速度が得られなかった．

　処理中の溶剤および HF の赤外吸収スペクトル分析により，超臨界 CO$_2$ 中では，常圧の液体とは異なるエッチング種の生成過程が起きていることがわかった（4 章の引用・参考文献 11), 19)）．このようなエッチング種の生成過程の違いは，有機溶剤と CO$_2$ の相互作用により，有機溶剤の種類によっては，HF 分子の周囲に有機溶剤のクラスタリングが起こり，局所的に密度が高くなり，溶

媒極性が変化して，解離状態が変化するものと考えられる．

超臨界 CO_2 に添加した有機溶剤の種類によりエッチング速度は大きく異なり，一般にアルコール類よりもカルボン酸，エステル，ケトン，環状エーテル，ニトリル類のエッチングレートははるかに大きい．ある有機溶剤を用いた場合，実用レベルの高いエッチング速度（TEOS CVD 酸化膜に対して 500 nm/min）が得られた．この速度は，わずか 10 分間の処理で，片側 5 μm のエッチングが可能で，幅 10 μm のビーム構造の犠牲層が完全除去されて完全に中空になることを意味する．

このようにフッ化水素水/有機溶剤を超臨界 CO_2 に添加することにより，実用レベルでシリコン酸化膜のエッチングが可能であることがわかった[†]．

今回開発したエッチング用添加剤により，超臨界 CO_2 中でシリコン酸化膜をエッチングすることができ，貼付きを起こすことなく洗浄，乾燥が可能となり，低コスト・短時間で高アスペクト比の中空 MEMS ビーム構造を形成できる．

上記の手法および薬液を用いて，シリコン基板上に犠牲層として減圧 CVD によりシリコン酸化膜を 30 nm 形成した後，poly Si を積層し，そのエッチング，洗浄，乾燥を同一高圧チャンバ内で行い，超微小ギャップを有する MEMS ビーム構造を作成することに成功した（図 **8.7**，4 章の引用・参考文献 11），19））．

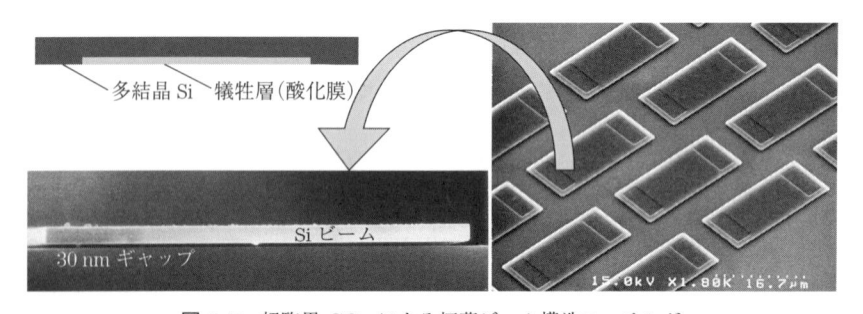

図 **8.7** 超臨界 CO_2 による極薄ビーム構造エッチング

[†] なお，この超臨界 CO_2 専用エッチング液は，後に三菱ガス化学で商品化された．

8.4 ま と め

　超臨界流体利用のエッチング技術の特徴を紹介し，その特徴について考察した。他の材料処理手法と同様，輸送・反応媒体としての超臨界流体の利用は従来のエッチング手法における諸問題を解決に導くことができる有望なアプローチであると期待される。実施例は多くはないが，表面マイクロマシニングの分野では幅広い応用が期待できる。

　極性分子を媒体とした流体（超臨界水）を利用すれば，媒体中に反応性の高いイオン性の化学種（エッチング剤）を導入[19]でき，あるいはめっきの例（6.2節）のような反応場のエマルジョン化などにより，さまざまなエッチング技術の開発の転換が可能であろう。

　報告された事例ではいまのところ等方性エッチングが主体であり，結晶異方性の利用や，化学種の誘導による異方性エッチングに成功した報告例はないようである。これは超臨界CO_2中のメカニズムに由来している可能性もあり，興味深い研究課題である。

引用・参考文献

1章
1) C. Cagniard de La Tour：Ann. Chem. Phys., 21, 127, 178 (1822)
2) T. Andrews：Phil. Trans. Roy. Soc., 159, 575 (1869)
3) J.M. BlackBurn, D.P. Long, A. Cabanas and J.J. Watkins：Science, 294, 141 (2001)
4) J.B. Hanny and J. Hogarth：Proc. Roy. Soc. London, 29, 324 (1879)
5) Fang Han, Yuan Xue, Yiling Tian, Xuefeng Zhao and Li Chen：J. Chem. Eng. Data, vol.50, no.1 (2005)
6) S.T. Bowden：Nature 174, 4430 (1954)
7) J.G. Giddins, M.N. Myers, L. McLaren and R.A. Keller：Scinece, 162, 67 (1968)
8) J. Chrastil：J. Phys. Chem., 86, 3016 (1982)
9) R.B. Bird, W.E. Stewart and E.N. Ligtfoot："Transport Phenomena", 1st ed., Wiley (1960)
10) J. Specovius, G.H. Findenegg and B. Bunsenges：Phys. Chem., 84, 690 (1980)
11) 荒井康彦，東　秀憲：JASCO Report，平成9年5月8日号
12) P.G. Jessop, T. Ikariya and R. Noyori：Science, 368, 231 (1994)

2章
1) S.M. Sze（南日康夫・川辺光央・長谷川文夫　訳）："半導体デバイス（第2版）基礎理論とプロセス技術"，産業図書（2004）
2) 鴨志田元孝："改定版　ナノスケール半導体実践工学"，丸善（2010）
3) International Technology Roadmap for Semiconductors, available from ITRS Website
4) A. Yagishita, T. Saito, K. Nakajima, S. Inumiya, Y. Akasaka, Y. Ozawa, K. Hieda, Y. Tsunashima, K. Suguro, T. Arikado and K. Okumura：IEEE Trans. Electron Devices, 47, 1028 (2000)
5) N. Inohara, T. Fujimaki, K. Yoshida, K. Miyamoto, T. Katata, J. Wada, A.

Sakata, K. Kinoshita and F. Matsuoka : Ext. Abst. International Electron Devices Meeting, IEEE, 931 (2001)
6) MEMS Technology 2008―イノベーションと異分野融合をもたらす―, 日経BP社 (2007)
7) C. Cagniard de La Tour : Ann. Chem. Phys., 21, 127, 178 (1822)
8) T. Andrews : Phil. Trans. Roy. Soc., 159, 575 (1869)
9) J.M. BlackBurn, D.P. Long, A. Cabanas and J.J. Watkins : Science, 294, 141 (2001)
10) J.B. Hanny and J. Hogarth : Proc. Roy. Soc. London, 29, 324 (1879)
11) Fang Han, Yuan Xue, Yiling Tian, Xuefeng Zhao and Li Chen : Journal of Chemical and Engineering Data, vol.50, no.1 (2005)

3章

1) K. Deguchi, K. Miyoshi, T. Ishii and T. Matsuda : Jpn. J. Appl. Phys., 31, 2954 (1992)
2) T. Tanaka, M. Morigami and N. Atoda : J. Electrochem. Soc., 140, L115 (1993)
3) H. Namatsu, K. Kurihara, M. Nagase, K. Iwadare and K. Murase : Appl. Phys. Lett., 66, 2655 (1995)
4) G.L. Pearson, W.T. Read and W.L. Feldmann : Acta Metall., 5, 181 (1957)
5) H. Namatsu, K. Yamazaki and K. Kurihara : Microelectron Eng., 46, 129 (1998)
6) T. Tanaka, M. Morigami, H. Oizumi and T. Ogawa : Jpn. J. Appl. Phys., 32, 5813 (1993)
7) H. Namatsu, K. Yamazaki and K. Kurihara : J. Vac. Sci. Technol., B18(6), 780 (2000)
8) H. Namatsu : J. Vac. Sci. Technol., B18, 3308 (2000)
9) H. Namatsu : Jpn. J. Appl. Phys., 43, L456 (2004)
10) H. Namatsu : J. Vac. Sci. Technol., B19, 2709 (2001)
11) M. Watanabe, Y. Tomo, M. Yamabe, Y. Kiba, K. Tanaka and R. Naito : Proc. SPIE, vol.5037, p.925 (2003)
12) H. Namatsu : Jpn. J. Appl. Phys., 45, L887 (2006)
13) H. Okamoto and H. Namatsu : Proceedings of Ultra Clean Processing of Silicon Surfaces IX, pp.327–330, Trans Tech Publication Ltd. (2007)

14) H. Namatsu：Proc. SPIE, vol.4688, p.888 (2002)
15) H. Namatsu and M. Sato：Jpn. J. Appl. Phys., 44, L227 (2005)

4章

1) 嵯峨幸一郎, 国安 仁, 服部 毅：高アスペクト比微細構造におけるウェット洗浄の限界とパターン破壊フリー洗浄技術 (SDM2003-172), 電子情報通信学会技術研究報, vol.103, no.374, pp.15-20 (2003)
2) 服部 毅：最新半導体洗浄技術の課題と展望, 表面技術, vol.59, no.8, pp.526-533 (2008)
3) 服部 毅：最先端半導体洗浄技術の課題と展望, 空気清浄, vol.28, no.6, pp.30-38 (2011)
4) T. Hattori：Ultrapure-Water Related Problems and Water-less Cleaning Challenges, ECS Transactions, vol.34, no.1, pp.371-376, The Electrochemical Society (2011)
5) T. Hattori：Non-Aqueous/Dry Cleaning Technology without Causing Damage to Fragile Nano-Structures, ECS Transactions, vol.25, no.5, pp.3-14, The Electrochemical Society (2009)
6) C.C. Yang：Wet Clean Induce Pattern Collapse Mechanism Study, Solid State Phenomena, vol.187, pp.253-256 (2012)
7) P. Matz and R. Reidy：Supercritical CO_2 Applications in BEOL Cleaning, Solid State Phenomena, vol.103-104, pp.315-322 (2005) および巻末に掲載された参考文献
8) 服部 毅："超臨界流体を用いた半導体洗浄技術", 最近の化学工学 58 超臨界流体技術の実用化最前線 (化学工学会 編), pp.18-25, 化学工業社 (2007)
9) 服部 毅：超臨界二酸化炭素を用いた半導体洗浄技術, 化学工学, vol.75, no.7, pp.443-445 (2011)
10) M. Korzenski, C. Xu, T. Baum, K. Saga, H. Kuniyasu and T. Hattori：Chemical Additive Formulations for Silicon Surface Cleaning in Supercritical Carbon Dioxide, Cleaning Technology in Semiconductor Device Manufacturing VIII, vol.PV2003-26, pp.222-231, The Electrochemical Society (2003)
11) M. Saga, H. Kuniyasu, T. Hattori, K. Yamada and T. Azuma：Etching of Silicon Oxide Films in Supercritical Carbon Dioxide, Solid State Phenomena, vol.103-104, pp.115-118 (2005)

12) M. Korzenski, D. Bernhand, T. Baum, K. Saga, H. Kuniyasu and T. Hattori : Chemical Additive Formations for Particle Removal in SC CO_2 Cleaning, Solid State Phenomena, vol.103–104, pp.193–198 (2005)
13) M. Korsenski, T. Baum, K. Saga, H. Kuniyasu and T. Hattori : Chemical Formulations for Stripping Post-etch Photoresists on a Low-k Film in Supercritical Carbon Dioxide, ECS Transactions, vol.1, no.3, pp.285–292, The Electrochemical Society (2005)
14) K. Saga, H. Kuniyasu, T. Hattori, M. Korzenski, P. Visintin and T. Baum : Ion-implanted Photoreisit Stripping Using Supercritical Carbon Dioxide, ECS Transactions, vol.1, no.3, pp.277–284, The Electrochemical Society (2005)
15) K. Saga, H. Hirano, H. Kuniyasu and T. Hattori : Ion Implanted Photoresist Striping in Supercritical CO_2, Proc. 8th International Symposium on Supercritical Fluid (ISSF2006), CD 収録論文番号 BO-2-16 (2006)
16) K. Saga and T. Hattori : Wafer Cleaning Using Supercritical CO_2 in Semiconductor and Nanoelectronic Device Fabrication, Solid State Phenomena, vol.134, pp.97–103 (2008)
17) K. Saga, H. Kuniyasu, T. Hattori, K. Saito, I. Mizobata, T. Iwata and S. Hirae : Effect of Wafer Rotation on Photoresist Stripping in Supercritical CO_2, Solid State Phenomena, vol.134, pp.355–358 (2008)
18) H. Kiyose, K. Saito, I. Mizobata, T. Iwata, S. Hirae, K. Saga, H. Kuniyasu and T. Hattori : Effect of Pressure Pulsation on Post-Etch photoresist Stripping on Low-k films in Supercritical CO_2, Solid State Phenomena, vol.134, pp.341–344 (2008)
19) 嵯峨幸一郎, 国安 仁, 服部 毅, 渡邊広也, 東 友之:「超臨界 CO_2 中でのシリコン酸化膜のエッチング」, 第 51 回 (2004 年春季) 応用物理学会予稿集, p.847 〔30p-B-5〕
20) 嵯峨幸一郎, 国安 仁, 服部 毅, M. コルツェンスキー, C. ズー:「超臨界 CO_2 中でのシリコンウェーハ表面汚染除去」, 第 51 回 (2004 年春季) 応用物理学会予稿集, p.847〔30p-B-6〕
21) 嵯峨幸一郎, 国安 仁, 服部 毅, M・コルツェンスキー, D・ベルンハルド, T・バーム:「超臨界 CO_2 中でのシリコンウェーハ表面パーティクル除去」, 第 65 回 (2004 年秋季) 応用物理学会予稿集, p.670〔3p-B-7〕
22) 嵯峨幸一郎, 国安 仁, 服部 毅, M・コルツェンスキー, D・ベルンハルド, T・

バーム:「Low–k 膜エッチング後のフォトレジストの超臨界 CO_2 中での除去」, 第 65 回 (2004 年秋季) 応用物理学会予稿集, p.720 [3p–M–13]

23) 嵯峨幸一郎, 国安　仁, 服部　毅, M・コルツェンスキー, D・ベルンハルド, T・バーム:「超臨界 CO_2 を用いたイオン注入フォトレジスト剥離」, 第 52 回 (2005 年春季) 応用物理学会講演予稿集, p.880 [29a–ZC–2]
24) 嵯峨幸一郎, 村田裕史, 国安　仁, 服部　毅:「超臨界 CO_2/添加剤による銅酸化物汚染除去の検討」, 第 66 回 (2005 年秋季) 応用物理学会予稿集, p.705 [8p–A–4]
25) 嵯峨幸一郎, 国安　仁, 服部　毅:「超臨界 CO_2 中でのフォトレジスト剥離に及ぼす基板回転の影響」, 第 53 回 (2006 年春季) 応用物理学講演会予稿集, p.885 [25a–J–13]
26) 村田裕史, 嵯峨幸一郎, 国安　仁, 服部　毅:「超臨界 CO_2/添加剤による Low–k 膜エッチング残査除去の検討」, 第 53 回 (2006 年春季) 応用物理学会予稿集, p.884 [25a–J–12]
27) 村田裕史, 嵯峨幸一郎, 国安　仁, 服部　毅:「超臨界 CO_2/添加剤による Porous Low–k 膜エッチング残渣除去の検討 (2)」, 第 67 回 (2006 年秋季) 応用物理学会予稿集, p.753 [31a–ZN–6]
28) 平野栄樹, 嵯峨幸一郎, 国安　仁, 服部　毅:「イオン注入後のフォトレジストの超臨界 CO_2 を用いた剥離 (2)」, 第 67 回 (2006 年秋季) 応用物理学会予稿集, p.705 [29p–ZN–8]
29) 嵯峨幸一郎, 国安　仁, 服部　毅, P・ヴィシンティン, M・コルツェンスキー, T・バーム:「Low–k 膜エッチング後のフォトレジストの超臨界 CO_2 中での除去 (2)」, 第 67 回 (2006 年秋季) 応用物理学会予稿集, p.753 [31a–ZN–5]
30) 服部　毅:半導体クリーン化技術・洗浄技術徹底解説, 電子ジャーナル (2011)
31) T. Hattori, Y.J. Kim, C. Yoon and J.K. Cho: Novel Single-Wafer, Single-Chamber, Combined Dry/Wet, Systemfor High-Dose Ion-Implanted Photoreist Removal, IEEE Transactions on Semiconductor Manufacturing, vol.22, no.4, pp.468–474 (Nov. 2009)
32) A. Danel, C. Millet, V. Perrut, J. Daviot, V. Jousseaume, O. Louveau and D. Louis: Supercritical CO_2 for ULK Cu Integration, Proc. IITC, pp.248–250 (2003)
33) C.Y. Wang, W.J. Wu, C.M. Yang, W.H. Tseng, H.C. Chen, T.I. Bao, H. Lo, J. Wang, C.H. Yu and M.S. Liang: A Novel Solution for Porous Low–k Dual Damascene Pst Etch Stripping/Clean with Supercritical CO_2 Technology for 65 nm and beyond Application, Tedch. Digest IEDM, pp.333–336 (2004)

34) T. Hattori: Ultra Clean Processing of Silicon Surfaces–Secrets of VLSI Manufacturing, Springer–Verlag (1998); 服部　毅:「シリコン・ウェーハ表面のクリーン化技術」, リアライズ社 (2000)
35) M. Wagner, J. DeYoung and C. Harbinson: Development of EUV Resists in Supercritical CO_2 Solutions Using CO_2 Compatible Salts, Proc. SPIE, vol.6153, pp.615311–615318 (2006)

5 章

1) 吉川公麿：ULSI の微細化と多層配線技術への課題, 応用物理, 68 巻, 11 号, pp.1215–1225, 応用物理学会 (1999)
2) Mikhail Baklanov, Karen Maex, Martin Green: "Dielectric Films for Advanced Microelectronics", Wiley (2007)
3) L.W. Hrubesh, L.E. Keene and V.R. Latorre: J. Mater. Res., 8, 1376 (1993)
4) S.E. Schultz, A. Bertz, W. Leyffer, M. Rennau, I. Streiter, M. Uhlig, T. Winkler and T. Gessner: Proc Advanced Metallization Conf., Colorado Springs, p.485 (1998) (Materials Research Society, Warrendale, PA, 1999)
5) N. Kawakami, Y. Fukumoto, T. Kinoshita, K. Suzuki and K.-i. Inoue: Jpn. J. Appl. Phys., 39, L182 (2000)
6) 作花済夫：ゾル–ゲル法の科学, アグネ承風社 (1988)
7) R.A. Pai, R. Humayun, M.T. Schulberg, A. Sengupta, J.N. Sun and J.J. Watkins: Science, 303, 507 (2004)
8) H. Yokoyama and K. Sugiyama: Macromolecules, 38, 10516 (2005)
9) J.A. Lubguban, S. Gangopadhyay, B. Lahlouh, T. Rajagopalan, N. Biswas, J. Sun, D.H. Huang, S.L. Simon, H-C. Kim, J. Hedstrom, W. Volksen, R.D. Miller and M.F. Toney: J. Mater. Res., vol.19, no.11, 3224 (2004)
10) B. Xie and A.J. Muscat: IEEE Trans. Semicond. Manufact., vol.17, no.4, p.544 (2004)
11) B. Lahlouh, J.A. Lubguban, G. Sivaraman, R. Gale and S. Gangopadhyay: Electrochemical and Solid–State Letters, 7, G338 (2004)

6 章

1) K. Poulakis and E. Schollmeyer: Chemie Fasern/Textilind., 41, 93 (1991)
2) 堀　照夫 ほか：超臨界流体プロセスの実用化, 技術情報協会, p.82 (2000)
3) K. Hirogaki, I. Tabata, K. Hisada and T. Hori: J. Supercritical Fluid, 36,

166 (2005)
4) 田畑 功, 宮川しのぶ, 堀 照夫：繊維工業研究協会誌, 12, 42 (2002)
5) 堀 照夫 ほか：超臨界流体の最新応用技術, NTS, 233 (2004)
6) 趙 習, 田畑 功, 久田研次, 奥林里子, 堀 照夫, 鄭 光洪：繊維学会誌, 62 (3), 47 (2006)
7) Proceedings of "The 1st International Symposium of Supercritical Fluid in Fiber/Textile Science and Technology", The Society of Fiber Science and Textile Technology, Japan, Tower Hall Funabori, Tokyo (2008)
8) T. Baba, K. Hirogaki, I. Tabata, S. Okubayashi, K. Hisada and T. Hori：Sen-i Gakkaishi, 66, 63 (2010)
9) 堀 照夫, 馬場俊之, 久田研次, 廣垣和正, 田畑 功, 奥林里子：繊維学会誌, 66, 70 (2010)
10) X. Zhao, K. Hirogaki, I. Tabata, S. Okubayashi and T. Hori：Surface and Coating Technology, 201, 628 (2006)
11) M. Belmus, I. Tabata, K. Hisada and T. Hori：Sen-i Gakkaishi, 66, 215 (2019)
12) N. Martinez, K. Hisada, I. Tabata, K. Hirogaki, S. Yoneda and T. Hori：J. Supercritical Fluid, 56, 322 (2011)
13) T. Inagaki, I. Tabata, K. Hirogaki, K. Hisada and T. Hori：Sen-i Gakkaishi, to be submitted
14) H.-J. Cho, I. Tabata, K. Hisada, K. Hirogaki, T. Kubo and T. Hori：Sen-i Gakkaishi, 68, 79 (2012)
15) H.-J. Cho, I. Tabata, K. Hisada, K. Hirogaki and T. Hori：Textile Research J., submitted
16) 堀 照夫 ほか：文部科学省 都市エリア産学官連携促進事業「福井まんなかエリア」報告書 (2008)
17) 大貫秀文, 高久真治, 廣垣和正, 角 真司, 堀 照夫：繊維学会誌, 67, 245 (2011)
18) J.A. Darr and M. Poliakoff：Chem. Rev., 99, pp.495–541 (1999)
19) R.E. Sievers and B.N. Hansen：U.S. Patent, 4, 582, 731 (1986)
20) J.J. Watkins, J.M. Blackburn and T. McCarthy：Chem. Mater., 11, pp.213–215 (1999)
21) E. Kondoh and J. Fukuda：J. Supercrit. Fluids, 44, pp.466–474 (2008)
22) G. Silvestri, S. Gambino, G. Filardo, C. Cuccia and E. Guarino：Angew. Chem. Int. Ed. Engl., 20, pp.101–102 (1981)

23) H. Yan, T. Sato, D. Komago, A. Yamaguchi, K. Oyaizu, M. Yuasa and K. Otake : Langmuir, 21, pp.12303–12308 (2005)
24) J. Ke, W. Su, S.M. Howdle, M.W. George, D. Cook, M. Perdjon-Abel, P.N. Bartlett and P. Sazio : Proc. Nat. Acad. Sci. U.S.A., 106, pp.14768–14772 (2009)
25) H. Yoshida, M. Sone, A. Mizushima, K. Abe, X.T. Tao, S. Ichihara and S. Miyata : Chem. Lett., 11, pp.1086–1087 (2002)
26) H. Yoshida, M. Sone, A. Mizushima, H. Yan, H. Wakabayashi, K. Abe, X.T. Tao, S. Ichihara and S. Miyata : Surf. Coat. Tech., 173, pp.285–292 (2003)
27) H. Yoshida, M. Sone, H. Wakabayashi, K. Abe, X.T. Tao, A. Mizushima, H. Yan, S. Ichihara and S. Miyata : Thin Solid Films, 446, pp.194–199 (2004)
28) H. Wakabayashi, N. Sato, M. Sone, Y. Takada, H. Yan, K. Abe, K. Mizumoto, S. Ichihara and S. Miyata : Surf. Coat. Tech., 190, pp.200–205 (2004)
29) A. Mizushima, M. Sone, H. Yan, T. Nagai, K. Shigehara, S. Ichihara and S. Miyata : Surf. Coat. Tech., 194, pp.149–156 (2005)
30) T.F.M Chang, M. Sone, A. Shibata, C. Ishiyama and Y. Higo : Electrochim. Acta, 55, pp.6469–6475 (2010)
31) H. Yan, M. Sone, N. Sato, S. Ichihara and S. Miyata : Surf. Coat. Tech., 82, pp.329–334 (2004)
32) H. Yan, M. Sone, A. Mizushima, T. Nagai, K. Abe, S. Ichihara and S. Miyata : Surf. Coat. Tech., 187, pp.86–92 (2004)
33) Md. M. Rahman, M. Sone, H. Uchiyama, M. Sakurai, S. Miyata, T. Nagai, Y. Higo and H. Kameyama : Surf. Coat. Tech., 201, pp.7513–7518 (2007)
34) H. Uchiyama, M. Sone, C. Ishiyama, T. Endo, T. Hatsuzawa and Y. Higo : J. Electrochem. Soc., 154, pp.E91–E94 (2007)
35) M. Seshimo, T. Hirai, Md. M. Rahman, M. Ozawa, M. Sone, M. Sakurai, Y. Higo and H. Kameyama : J. Memb. Sci., 342, pp.321–326 (2009)
36) B.H. Woo, M. Sone, A. Shibata, C. Ishiyama, K. Masuda, M. Yamagata, T. Endo, T. Hatsuzawa and Y. Higo : Surf. Coat. Tech., 204, pp.3921–3926 (2008)
37) B.H. Woo, M. Sone, A. Shibata, C. Ishiyama, S. Edo, M. Tokita, J. Watanabe and Y. Higo : Surface & Coating Tech., 204, pp.1785–1792 (2010)
38) H. Adachi, K. Taki, S. Nagamine, A. Yusa and M. Ohshima : The J. Super-

crit. Fluids, 49, pp.265–270 (2009)
39) 清水哲也，曽根正人，宮田清蔵：「電気めっき方法」特許 4163728 号（2008），「無電解めっき方法」特許 4177400 号（2008）
40) T.F.M. Chang, T. Tasaki, C. Ishiyama and M. Sone：Ind. Chem. Eng. Res., 50, 13, pp.8080–8085 (2011)
41) M. Seshimo, M. Ozawa, M. Sone, M. Sakurai and H. Kameyama：J. Memb. Sci., 324, pp.181–187 (2008)
42) K. Ueno, Y. Shimada, S. Yomogida, S. Akahori, T. Yamamoto, T. Yamaguchi, Y. Aoki, A. Matsuyama, T. Yata and H. Hashimoto：Jpn. J. Appl. Phys., 49, 05FA08 (2010)

7 章

1) B.N. Hansen, B.M. Hybertson, R.M. Barkley and R.E. Sievers：Chem. Mater., 4, 749 (1992)
2) 前田龍太郎 編著："MEMS のはなし"，日刊工業新聞社（2005）
3) 江刺正喜："はじめての MEMS"，森北出版（2011）
4) 藤田博之："マイクロ・ナノマシン技術入門――半導体技術で作る微小機械とその応用――"，工業調査会（2003）
5) S.S. Manson："Behavior of Materials under Conditions of Thermal Stress", NACA Report, Report 1170, p.317 (1954)；A.K. Sinha, H.J. Levinstein and T.E. Smith：J. Appl. Phys., 49, 2423 (1978)
6) T. Gougousi, D. Barua, E.D. Young and G.N. Parsons：Chem. Mater., 17, 5093 (2005)
7) A. O'Neil and J.J. Watkins：Chem. Mater., 19, 5460 (2007)
8) T. Shimizu, K. Ishii and E. Suzuki：Mater. Res. Soc. Symp. Proc., 890, 119 (2006)
9) H. Yamada, T. Momose, Y. Kitamura, Y. Hattori, Y. Shimogaki and M. Sugiyama：IEEE MEMS 2011 Proceeding 49 (2011)
10) T. Momose, H. Yamada, Y. Kitamura. Y. Hattori, Y. Shimogaki and M. Sugiyama：IEEE MEMS 2011 Proceeding, 1309 (2011)
11) E. Kondoh, K. Sasaki and Y. Nabetani：Appl. Phys. Exp., 1, 061201 (2008)
12) H. Uchida, A. Otsubo, K. Itatani and S. Koda：Jpn. J. Appl. Phys., 44, L561 (2005)
13) J. Kano, H. Uchida and S. Koda：J. Supercrit. Fluids, 50, 313–319 (2009)

14) J.H. Lee, H.Y. Son, H.-B.-R. Lee, H.-S. Lee, D.-J. Ma, C.-S. Lee and H. Kim：Electrochem. Sol.-Stat. Lett., 12, D45 (2009)
15) 佐古　猛 編著："超臨界流体——環境浄化とリサイクル・高効率合成の展開——", アグネ承風社 (2001)
16) A. O'Neil and J.J. Watkins：Mater. Res. Soc. Bull., 30, 967 (2005)
17) E. Kondoh, K. Nagano, C. Yamamoto and J. Yamanaka：Microelectron. Eng., 86, 902 (2009)
18) K. Shimomura, T. Tsurumi, Y. Ohba and M. Daimon：Jpn. J. Appl. Phys., 30, 2174 (1991)
19) T. Morita, M.K. Kurosawa and T. Higuchi：Sens. Actuat. A, 83, 225 (2000)
20) 作花済夫："ゾル-ゲル法の科学——機能性ガラスおよびセラミックスの低温合成——", アグネ承風社 (1988)
21) O.A. Louchev, V.K. Popov and E.N. Antonov：J. Cryst. Growth., 155, 276 (1995)
22) J.M. Blackburn, D.P. Long and A. Cabañas：Science, 294, 141 (2001)
23) E. Kondoh and H. Kato：Microelectron. Eng., 64, 495 (2002)
24) D.P. Long, J.M. Blackburn and J.J. Watkins：Adv. Mater., 12, 913 (2002)
25) X.-R. Ye, Y. Lin, C. Wang, M.H. Engelhard, Y. Wang and C.M. Wai：J. Mater. Chem., 14, 908 (2004)
26) Y. Zhang, D. Kang, C. Saquing, M. Aindow and C. Erkey：Ind. Eng. Chem. Res., 44, 4161 (2005)
27) E. Kondoh：Jpn. J. Appl. Phys., 44, 5799 (2005)
28) A. O'Neil and J.J. Watkins：Chem. Mater., 18, 5652 (2006)
29) B. Zhao, T. Momose and Y. Shimogaki：Jpn. J. Appl. Phys., 45, 1296 (2006)
30) M. Matsubara, M. Hirose, K. Tamai, Y. Shimogaki and E. Kondoh：J. Electrochem. Soc., 156, H443 (2009)
31) E. Kondoh：U. S. Patent 7651671 (2010)
32) X. Shan et al.：J. Supercritical Fluids, 40, 84 (2007)
33) Y. Fukushima and H. Wakayama：J. Phys. Chem. B, 103, 3062 (1999)
34) Neil G. Smart, Thomas Carlesonc, Timothy Kast, Anthony A. Clifford, Mark D. Burford and Chien M. Wai：Talanta, vol.44, Issue 2, pp.137-150 (Feb. 1997)
35) C.Y. Tsang and W.B. Streett：Chem. Eng. Sci., 36, 993 (1981)

8 章

1) 前田龍太郎 編著："MEMS のはなし"，日刊工業新聞社（2005）
2) 江刺正喜："はじめての MEMS"，森北出版（2011）
3) 式田光宏・佐藤一雄・田中 浩 監修："マイクロ・ナノデバイスのエッチング技術"，シーエムシー出版（2009）
4) 平尾 孝，吉田哲久，早川 茂："薄膜技術の新潮流"，工業調査会（1997）
5) R. Waser (Ed.)："Nanoelectronics and Information Technology"，Wiley-VCH, Weinheim (2003)
6) A.H. Romang and J.J. Watkins：Chem. Rev, 110, 459 (2010)
7) C.A. Jones III, D. Yang, E.A. Irene, S.M. Gross, M. Wagner, J. DeYong and J.M. DeSimone：Chem. Mater., 15, 2867 (2003)
8) Y.X. Li, D. Yang, C.A. Jones III, J.M. DeSimone and E.A. Irene：J. Vac. Sci. Technol., B25, 1139 (2007)
9) B. Xie, G. Montano-Miranda, C.C. Finsta and A.J. Muscat：Matar. Sci. Semicond. Process., 8, 231 (2005)
10) R. Morrish, A. Witvrouw and A.J. Mascut：J. Phys. Chem. C, 111, 15251 (2007)
11) C.A. Bessel, G.M. Denison, J.M. DeSimone, J. DeYoung, S. Gross, C.K. Schauer and P.M. Visintin：J. Am. Chem. Soc., 125, 4980 (2003)
12) B. Xie, C.C. Finstad and A.J. Muscat：Chem. Mater., 17, 1753 (2005)
13) A.D. Dunbar, D.M. Omiatek, S.D. Thai, C.E. Kendrex, L.L. Grotzinger, W.J. Boyko, R.D. Weinstein, D.W. Skaf, C.A. Bessel, G.M. Denison and J.M. DeSimone：Ind. Eng. Chem. Res., 45, 8779 (2006)
14) X. Shan and J.J. Watkins：Thin Solid Films, 496, 412 (2006)
15) M. Durando, R. Morrishi and A.J. Muscat：J. Am. Chem. Soc., 130, 16659 (2008)
16) M. Haruki, F. Kobayashi, S. Kihara and S. Takishima：Fluid Phase Equilib., 297, 155 (2010)
17) M. Skerget, Z. Knez and M. Knez-Hrncic：J. Chem. Eng. Data, 56, 694 (2011)
18) M. Haruki, F. Kobayashi, S. Kihara and S. Takishima：J. Chem. Eng. Data, 56, 2230 (2011)
19) K. Morita and K. Ohnka：Ind. Eng. Chem. Res., 39, 4684 (2000)

索引

【あ】

浅溝素子分離 45, 90
亜酸化窒素 25
アスペクト比 109
アッシング 81
圧電アクチュエータ 179
圧電センサ 179
アニール 160
アラミド繊維 129
亜臨界状態 6
亜臨界水 23
アルマイト 152
アレニウスの式 185
アレニウスプロット 186
アンモニア 25
アンモニア/過酸化水素/
　純水混合液 92

【い】

イオンエッチング 202
鋳型 113
異方性エッチング 202
移流 33, 173

【う】

ウェーハ回転 106
ウェットエッチング 98, 200
ウェル 45
埋込み性 190

【え，お】

エアロゲル 114
液晶ポリマー 137
液相法 166

エタン 24
エチレン 24
エッチング 55, 199
エッチング残渣 99
エッチング残渣除去 103
エッチング種 209
エッチング速度 208
エッチングマスク
　66, 169, 178, 202
エマルジョン 31
エレクトロマイグレー
　ション 51, 160
エントレーナー 30, 129
オーバハング 190
汚染物質 29

【か】

界面活性剤 31
化学薄膜堆積法 140
化学機械研磨 47
化学効果 13
化学蒸着 48
化学的気相堆積法 164
拡散 33
拡散係数 20
拡散流束 20
活性化エネルギー 37, 186
換算圧力 21
換算温度 21
換算密度 13
乾燥 26
カンチレバー
　108, 167, 178, 207
貫通孔 60

【き】

気液変態温度 4
希釈 HF 洗浄 92
犠牲層
　57, 66, 80, 108, 178, 199
犠牲層エッチング 80, 204
キセノン 24
キセロゲル法 112
気相エッチング 82
気相法 163
基板シリコンリセス 92
基板シリコンリセス制御 92
逆ミセル 31
吸着過剰 123
吸着量 16
共溶媒 8, 30
極性溶媒 30
キレート錯体化 206
均一電着性効果 158
金属埋込み 50
金属材料 176
金属–酸化物–半導体電界
　効果トランジスタ 40

【く】

クヌーセン拡散 123
クラウジウス・モソッティ
　の式 112
クラウン 167
クラスタ 11, 72, 131
クラスタリング 11, 16
クラスト層 92, 93
グラスホフ数 36
グルベルグ則 4

索引

クロロトリメチルシラン 116

【け】

珪酸エチル 102
経時絶縁破壊 46, 51
結晶異方性エッチング 200, 202
ケブラー繊維 135
ゲル化 115
ケルビン凝集 192
ケルビン細孔 192
ケルビン式 191
原子層堆積 50

【こ】

構造体層 199
光沢ワット浴 143
高ドーズ・イオン注入 92
高誘電率絶縁膜 46
極狭ゲート・スタック構造 90
国際半導体技術ロードマップ 41
コソルベント 30, 129
固体表面 29
孤立レジストライン 71
コンタクトホール 47

【さ】

細孔 34
細孔改質 120
細孔凝集 123, 192
細孔形成 119
細孔内吸着 122
細孔内洗浄 119
再生セルロース繊維 135
最大ストレス 68
材料接合技術 56
酢酸イソアミル 28
サテンめっき 140
サリサイドプロセス 47
残留応力 167

【し】

シード層 50
シーム 190
自己形成バリア 50
自己整合プロセス 47
支持電解質 141
自由体積 114
シュミット数 35
状態効果 13
状態図 1
蒸着法 163
触媒担持 127, 155
シリコンウェーハプロセス 42
シリコン熱酸化膜 116
シリコンロス 91
シリル化 98, 116
真空蒸着 164
親水性 30

【す】

垂直型膜堆積法 181
水平型膜堆積法 181
スーパーフィリング 50
スケーリング 40, 41
スケーリング則 40
スティッキング 27, 57, 66, 80, 207
スパッタリング 164
スピンオンベーク 48
スピンコート 117
スピン方式エッチング 201
スプレー方式エッチング 201
スリットヤーン 135

【せ】

生体模倣構造 63
成膜 55
赤外吸収 99, 119, 122
絶縁キャップ膜堆積 51
絶縁膜 177
セルファラインプロセス 47

洗浄 28

【そ】

層間絶縁膜堆積 48
双極子モーメント 11, 30, 112
相図 1
相溶剤 208
ソース/ドレイン拡張部 92
疎水性合成繊維 128
疎水性・親油性 30
ゾル・ゲルプロセス 114
ゾル・ゲル法 163

【た】

ターボ分子ポンプ 119
ダイアフラム 57, 108, 178, 207
ダイシング 55
堆積速度 169, 189
堆積深さ 189
多孔質薄膜 112
多孔質 low-k 膜 99
多孔触媒 190
多成分成膜 174
多層吸着 17, 123, 191
多層配線構造 42
多層配線工程 90, 97
多層 Cu 配線 176
ダマシンゲート 46
ダマシン法 48, 98, 177
段差被覆性 167, 171, 188
弾性支持 178
短 TAT 86

【ち】

地球温暖化係数 79
中空構造 81, 108
超低誘電率膜 98
超臨界改質 89
超臨界乾燥 28, 70, 80, 116
超臨界状態 2, 4
超臨界水 23

索引 225

超臨界ナノプレーティング	141
超臨界流体	2
超臨界流体エッチング	204
超臨界流体析出法	140
超臨界 CO_2	10
超臨界 He	79
超臨界 HFE 流体	102
直接接合	56
苧麻	136

【つ、て】

つきまわり	165
ディープエッチング	200
低温化	167
ディップ方式エッチング	201
低誘電率絶縁膜	48, 112
低誘電率塗布ガラス	112
低誘電率膜	97
テトラメチルジシラザン	116
デュアルダマシン	49
電解めっき	50
電解 SNP 法	142
電気バイオピンセット構造	64
電極層	50
電子線マイクロアナライザ	131
電磁波シールド材	131, 135
テンプレート	113
テンプレート除去	118

【と】

倒壊ストレス	68
凍結乾燥	70
動粘性係数	21
動粘度	21
等方性エッチング	202
等方性多孔構造	152
銅めっきアラミド素繊	133
ドーパントロス	91
塗布ベーク	48
塗布法	166

ドライアイス	2
ドライエッチング	98, 200
ドライエッチング残渣	105
ドラッグデリバリ MEMS	63
トランジスタ形成工程	90, 91
トリクレン	129
トレンチ	49, 167, 177
トレンチファースト	50

【な行】

内部応力	167
ナイロン	134
ナノドメイン	117
ナノパターンドメディア	190
二次粒子	115
ニッケルめっき浴	143
熱応力	168
ネットワーク化	115
ノジュール	152

【は】

パークレン	129
バーズビーク	44
パーティクル除去	32, 105
ハードマスクプロセス	50
パーフルオロカーボン	79
配位子	131, 183
バイオ MEMS	63
配線溝	49
配線溝エッチング	49
配線工程	48, 90, 97
配線層間絶縁膜	111
ハイドロフロロエーテル	79
薄膜	163
パターン倒れ	65
蜂の巣状多孔構造	152
バックエンドプロセス	42
バッチ式装置	180
発展型 SNP 技術	158
バリアメタル	50
バルクマイクロプロセス	56

バルクマイクロマシニング	199
反射防止膜	100
半導体集積回路	40
反応性イオンエッチング	47, 202
汎用性繊維	134

【ひ】

ビア埋込み性	192
ビアファースト	50
ビアホール	101, 139, 177, 206
ビアホールエッチング	49
ビーム	108, 207
ピール強度	138
光 MEMS 用導波路	179
ひずみ Si チャネル	45
ピニング効果	167
表面活性化接合	56
表面吸着	16
表面張力	18
表面マイクロプロセス	56
表面マイクロマシニング	56, 199
ピラニア処理	69
ピリジン錯体	206
ピンホール	145

【ふ】

フィブリル化	135
フォトニックデバイス	190
フォトレジスト	50, 92
フォトレジスト剥離	92, 102
副生成物	184
フッ化水素	206
フッ酸処理	69
物質の三態	1
物質流束	34
沸点	4
物理的気相堆積法	163
フラクタル構造	115

プラズマアッシング	92, 122	
プラズマ酸素アッシング	92	
プラズマダメージ	98, 113	
フラッシュメモリ	44	
プラントル数	37	
ブリッジ	167, 178	
プリント基板	137	
フルオロ化合物	24	
ブレークスルーエッチング	101	
フロー式装置	180	
ブロックコポリマー	117	
プロパン	24	
フロントエンドプロセス	42	
分極率	112	
分散相	140	

【へ，ほ】

米国半導体産業協会	41
ヘキサメチルジシラザン	116
ベクトラン	136
ペクレ数	33
ポアシール形成	99
ポイズンド・ビア	50
ボイド	190
芳香族ポリアミド繊維	132
ホール・ペッチの関係式	146
ボッシュ法	61, 203
ホットエレクトロン	47
ホットホルダ	78, 84
ボトムアップ	50, 52
ボトムアップ埋込み	52
ボトムアップ成長	159
ボトムアップめっき	50
ポリイミド	155
ポリエステル	134
ポリエチレンオキシドアルキルエーテル	142
ポリエチレングリコール	129
ポリエチレンテレフタレート	128
ポリシリコン CVD	47
ポリテトラフルオロエチレン	137
ポリプロピレン	128
ポリプロピレン繊維	134
ポロジェン	118

【ま行】

マイクロマシニング	176, 199
マイクロ TAS	63
マランゴニー乾燥法	108
ミクロポア	123
ミセル	31
密閉式成膜装置	179
ムーアの法則	41
無極性溶媒	30
無電解めっき	140
無電解 Ni–P めっき	151
無電解 SNP 法	142, 151
メソポーラスシリカ	117
メタノール	24
メタライズ技術	126
メタルハードマスク	50
めっき核づけ	132
めっき膜改質	160
メニスカス	26, 68, 191
毛細管力	67
モディファイア	30
モル融解熱	13

【や行】

ヤング・ラプラスの式	27
有機金属錯体	183
誘電体キャパシタ	178
誘電体経時破壊	116
誘電率	30

癒着	27, 80
溶解度パラメータ	12, 30
陽極接合	56
溶体急速膨張法	170
溶媒作用	11
溶剤染色	129
溶媒和	11

【ら，り】

ラウール則	10
ラングミュア吸着等温式	17
ラングミュア・ヒンシェルウッド型	184
リーク電流	116
リカンド	131
リソグラフィー	55, 160
硫酸/過酸化水素処理	92
流通式成膜装置	179
流通式装置	180
リヨセル	135
リリース	202
臨界圧力	13
臨界温度	4
臨界点	2
臨界点乾燥法	26
リンケイ酸ガラス	178

【れ，ろ】

レイノルズ数	34
レジスト	50, 92
レジスト剥離	92
レジストパターン	66
レベリング	147
レベリング効果	145, 158
連続相	140
ロジック集積回路	42

【A】

ALD	50
ArF レーザ露光用レジスト	77
as–received	119

索　引　227

【B】

BARC　101
BEOL　42, 48, 90, 97
BEP　42
BETの多層吸着等温式　188

【C】

CFD　140
Chrastil則　14
CMOS　42, 44
CMP　47, 51
CoWPキャップ堆積　51
critical point　3
Cu析出反応　185
Cu配線　48
CVD　47, 164, 165
C/Wエマルジョン　142
C_2HF_5　24

【D】

DD　49
deep RIE　202
Deep RIEエッチング　178
DRAM　44
$D\rho$積　20, 173

【E～G】

e-テキスタイル　135
EM　51, 160
EPMA　131
EUVリソグラフィー　110
FEOL　42, 44, 90, 91
FEP　42
FT-IR　122
F_2レーザ露光レジスト　77
GWP　79

【H～K】

HFE　79
HFE超臨界乾燥　83
high-k絶縁膜　46
high-k/メタルゲート技術　46
HL脱離反応　185
HMDS　116
H_2解離吸着反応　185
IPA蒸気乾燥　108, 207
ITRS　41, 53
ITWG　41
KrFレーザ露光用レジスト　77

【L～N】

LCP　137
LDD　47
LH型　184
LOCOS　44
low-k膜　48, 97, 112
low-kレジスト剥離　101
LSI　40
Lyocell　135
Maxwell-Garnet有効媒質近似　119
MEMS　159
MOSFET　40
M-SNP　158
MSQ系多孔質low-k薄膜　121
nウェル　45
N_2O　25

【O, P】

O_2プラズマ処理　99
pウェル　45
PBO繊維　132
PCB　137
Pdコロイド法　138
Pd/γ-アルミナ/アルマイト傾斜複合皮膜　152
PEG　129
PET　128
PFC　79
PP　128
PRTR　24
PSG　178
PTFE　137
PVD　164

【R】

RESS法　170, 194
RIE　47, 202

【S】

salicideプロセス　47
SCFD　140
SC1　92
SFT-CD　140
SF_6　24
Siパターン　66
SIA　41
SiO_2　178
SNP　141
SOG　112
SOI　45
STI　45, 90

【T～W】

TDDB　46, 51, 116
TEOS　102, 195, 208
tie line　5
TMAH　76
TMCS　116, 122
TMDS　116
TSV　60
ultra low-k膜　98
W-CVD　48
β-ジケトン錯体　195
βジケトン配位子　206
γ-アルミナ　152
0次反応　187
1次反応　187

―― 編著者・著者略歴*および執筆分担 ――

こんどう えいいち
近藤 英一 (1 章, 2.2.4 項, 5 章, 7 章)
1985 年 早稲田大学理工学部金属工学科卒業
1987 年 早稲田大学大学院博士前期課程修了
 (資源および金属工学専攻)
1987 年 川崎製鐵株式会社 (現 JFEスチール株式会社) 勤務
1994 年 川崎製鐵株式会社ハイテク研究所主任研究員
1995 年 博士 (工学) (京都大学)
1996 年 IMEC (ベルギー) 研究員
1997 年 IMEC エキスパート研究員
1998 年 九州工業大学助教授
2000 年 山梨大学助教授
2007 年 山梨大学教授
 現在に至る

うえの かずよし
上野 和良 (2.1 節)
1982 年 東北大学工学部応用物理学科卒業
1984 年 東北大学大学院博士前期課程修了
 (応用物理学専攻)
1984 年 日本電気株式会社および NEC エレクトロニクス株式会社 (現 ルネサス エレクトロニクス株式会社) 勤務
1991 年 工学博士 (東北大学)
2006 年 芝浦工業大学教授
 現在に至る

うちだ ひろし
内田 寛 (7 章, 8 章)
1995 年 上智大学理工学部化学科卒業
1997 年 上智大学大学院博士前期課程修了
 (応用化学専攻)
2000 年 東京工業大学大学院博士後期課程満期退学 (無機材料工学専攻)
2000 年 上智大学助手
2001 年 博士 (工学) (東京工業大学)
2006 年 米国テキサス大学オースチン校研究員
2007 年 上智大学助教
2010 年 上智大学准教授
 現在に至る

そね まさと
曽根 正人 (6.2 節, 6.3 節)
1991 年 東京工業大学工学部高分子工学科卒業
1993 年 東京工業大学大学院博士前期課程修了
 (高分子工学専攻)
1996 年 東京工業大学大学院博士後期課程修了
 (高分子工学専攻)
 博士 (工学)
1996 年 日本石油株式会社 (現 JX日鉱日石エネルギー株式会社) 勤務
2000 年 東京農工大学助手
2005 年 東京工業大学精密工学研究所准教授
 現在に至る

なまつ ひでお
生津 英夫 (3 章, 4.3.3 項)
1977 年 早稲田大学理工学部応用化学科卒業
1979 年 早稲田大学大学院修士課程修了
 (応用化学専攻)
1979 年 日本電信電話公社 (現 NTT) 研究所勤務
1993 年 博士 (工学) (早稲田大学)
2005 年 NTT アドバンステクノロジ株式会社勤務
 現在に至る

はっとり たけし
服部 毅 (3.3.1 項, 4 章, 8.3 節)
1969 年 上智大学理工学部電気電子工学科卒業
1971 年 上智大学大学院修士課程修了
 (電気電子工学専攻)
1971 年 ソニー株式会社勤務
1973 年 米国スタンフォード大学集積回路研究所兼務 (1974 年まで)
1975 年 米国スタンフォード大学大学院 D.Eng. 課程修了 (電気工学 (半導体工学) 専攻)
1980 年 工学博士 (上智大学)
2005 年 米国 The Electrochemical Society フェロー
2007 年 Hattori Consulting International 代表
 現在に至る

* 編著者以降, 著者表記は五十音順.

堀　照夫　(6.1 節)
1969 年　福井大学工学部繊維染料学科卒業
1971 年　福井大学大学院修士課程修了
　　　　（繊維染料学専攻）
1974 年　スイス連邦工科大学（ETH）大学院博士
　　　　課程前期修了（工業化学専攻）
　　　　Ph.D.
1975 年　福井大学助手
1979 年　福井大学講師
1981 年　福井大学助教授
1995 年　福井大学教授
2001 年　福井大学評議員兼任（現在まで）
2001 年　福井大学地域共同研究センター長兼任
　　　　（2004 年まで）
2004 年　日本学術振興会繊維・高分子機能加工
　　　　120 委員会委員長（2008 年まで）
2004 年　福井大学学長補佐兼任（産学連携担当，
　　　　2007 年まで）
2007 年　福井大学副学長兼任（国際交流担当，2010
　　　　年まで）
2012 年　福井大学産学官連携本部特命教授
　　　　現在に至る

森口　誠　(2.2 節, 3.3.1 項)
1993 年　東京理科大学理工学部電気工学科卒業
1993 年　オムロン株式会社勤務
2001 年　東北大学未来科学技術共同研究センター
　　　　兼務（2003 年まで）
　　　　現在に至る

半導体・MEMS のための超臨界流体
Supercritical Fluid Technology in MEMS and Semiconductor Processing
© Kondo, Ueno, Uchida, Sone, Namatsu, Hattori, Hori, Moriguchi 2012

2012 年 9 月 28 日　初版第 1 刷発行　　　　　　　　　★

検印省略	編著者	近　藤	英　一
	著　者	上　野	和　良
		内　田	寛
		曽　根	正　人
		生　津	英　夫
		服　部	毅
		堀	照　夫
		森　口	誠
	発行者	株式会社　コロナ社	
	代表者	牛来真也	
	印刷所	三美印刷株式会社	

112-0011　東京都文京区千石 4-46-10
発行所　株式会社　コロナ社
CORONA PUBLISHING CO., LTD.
Tokyo Japan
振替 00140-8-14844・電話 (03) 3941-3131 (代)
ホームページ　http://www.coronasha.co.jp

ISBN 978-4-339-00837-1　　（金）　　（製本：愛千製本所）
Printed in Japan

本書のコピー，スキャン，デジタル化等の無断複製・転載は著作権法上での例外を除き禁じられております。購入者以外の第三者による本書の電子データ化及び電子書籍化は，いかなる場合も認めておりません。

落丁・乱丁本はお取替えいたします